海洋强国出版工程

极地科考与
海洋科学研究问题

王泽林 著

内容提要

近年来，极地问题逐渐成为国际社会关注的焦点，特别是南极的海洋保护区问题和北极国际规则的制定问题成为极地利益相关国家研究和参与的重点。极地科学研究是目前各国在极地的主要活动内容。虽然现有国际法规则可以规范极地科学研究活动，但是在理论上与实践中依然存在不少的争议，例如，南极海域的法律性质与海洋科学研究适用法律争议问题、斯瓦尔巴德的科学研究问题等，本书针对这些具体争议问题，结合《南极条约》体系、《联合国海洋法公约》规定的海洋科学研究制度以及相关国家的国内法规进行客观系统地分析与思考。

本书可供理论与实务界的读者阅读参考。

图书在版编目(CIP)数据

极地科考与海洋科学研究问题 / 王泽林著. —上海:
上海交通大学出版社, 2015
ISBN 978 - 7 - 313 - 14412 - 6

Ⅰ. ①极… Ⅱ. ①王… Ⅲ. ①极地—科学考察—研究
②海洋学—研究 Ⅳ. ①P941.6②P7

中国版本图书馆 CIP 数据核字(2015)第 318588 号

极地科考与海洋科学研究问题

著　　者: 王泽林
出版发行: 上海交通大学出版社　　地　　址: 上海市番禺路 951 号
邮政编码: 200030　　电　　话: 021 - 64071208
出 版 人: 韩建民
印　　制: 杭州富春印务有限公司　　经　　销: 全国新华书店
开　　本: 787 mm×960 mm　1/16　　印　　张: 22.75
字　　数: 310 千字
版　　次: 2015 年 12 月第 1 版　　印　　次: 2015 年 12 月第 1 次印刷
书　　号: ISBN 978 - 7 - 313 - 14412 - 6/P
定　　价: 88.00 元

南北极环境综合考察与评估专项

国家社会科学基金项目“中国北极权益的国际法问题研究”(项目编号：14BFX126)

中国博士后科学基金资助项目(资助编号：2012M520877)

西北政法大学“国际法前沿问题研究”青年学术创新团队项目

前　言

极地科学考察活动是我国目前在南极和北极的主要活动，我国的极地科考活动已不是简单的实地观察与调查，而是更高层级的科学研究活动。

对于南极，从 1984 年我国第一次派遣南极科学考察队算起，至今已经派遣 32 次南极科学考察队前往南极进行科考，已在南极建立长城站、中山站、昆仑站和泰山站等四个科学考察站，目前正在着手建立第五个科学考察站。

对于北极，我国于 2004 年 7 月在斯瓦尔巴德群岛新奥尔松建成北极黄河科学考察站并开展首次科学考察。自 1999 年我国首次派遣北极科学考察队对北极地区进行科考以来，迄今已经派遣 6 次北极科学考察队对北极进行科考。

南极和北极的科考地理范围有所不同，在南极主要的科学研究活动区域是南极大陆及其周边海域，在北极主要是北极海域以及斯瓦尔巴德群岛地区。因此，南极和北极科学研究活动适用的法律制度也有所不同。

南极地区的科学研究活动主要适用《南极条约》法律体系，但在实践中，对于《南极条约》法律体系适用范围的争议，使得在南极周边海域是否适用《南极条约》法律体系中所规定的科学研究制度，以及能否适用《联合国海洋法公约》的海洋科学研究制度存在较大的争议，国际社会迄今未能解决这个问题，随着部分南极领土主权要求国纷纷提交南极海域外大陆架的划界案，又使得该问题愈加复杂。

对于北极海域的科学研究活动，主要适用《联合国海洋法公约》中的海洋科学研究制度，对于斯瓦尔巴德群岛地区，适用《斯瓦尔巴德条约》规定的科学研究制度，但是由于该条约签署时间较早，相关内容模糊，以及随着国际海洋法律制度的发展，致使斯瓦尔巴德群岛周边海域的法律性质产生争端，进而令该海域的海洋科学研究适用法律问题产生争议。

如上所述，无论是南极还是北极科考，都无法回避海洋科学研究的法律制度，因此对极地科学研究法律制度不能仅仅研究相关的陆域科研法律制度，即除了研究《南极条约》法律体系以及《斯瓦尔巴德条约》规定的科学研究制度之外，同时还要研究目前规范海洋科学研究的《联合国海洋法公约》中的相关制度，以及研究它们之间的相互关系，因为在理论和实践中，它们之间存在相互补充以及矛盾的地方。

对于《联合国海洋法公约》中规定的海洋科学研究制度，虽然有专门的部分加以规定，但理论上和实践中依然存在很多争议的问题，同时各国可以依据《联合国海洋法公约》的规定，制定本国管辖海域的海洋科学研究制度，对于北极海域沿岸国而言，这些国家制定国内法规以规范北极海域中属于其管辖范围海域的海洋科学研究活动，如对领海、专属经济区或大陆架（包括外大陆架）海洋科学研究的管制。因此，还需要研究这些国家国内的相关海洋科学研究法规与政策，才能保障在北极沿岸国管辖海域的科考活动顺利进行。

另外,《联合国海洋法公约》规定的海洋科学研究制度并非十分完善,因为《联合国海洋法公约》本身是缔约国经过长期谈判妥协的产物,结果造成相关条款内容模糊导致解释多元化,这也表现在《联合国海洋法公约》规定的海洋科学研究制度中,理论上,不同海域的海洋科学研究规定仍然存在不同的解释,在实践中也必然会影响到科学研究活动的进行。

面对这些问题,本书首先通过对南极地区和北极地区地理范围与科考范围的界定、国际海洋科学研究立法的背景以及《联合国海洋法公约》规定的海洋科学研究条款等基础理论方面的研究,继而对南极的科学研究适用法律,对《南极条约》法律体系中的科学研究规定,包括适用范围、南极科学研究的自由与限制、南极领土主权要求国的实践与法理等,以及《联合国海洋法公约》与《南极条约》法律体系之间的关系进行深入的研究;对于北极的科考制度,重点研究《斯瓦尔巴德条约》中的科学研究规定,对北极海域周边沿岸国(美国、加拿大、俄罗斯、丹麦和挪威)制定的国内法规与政策进行深入研究分析,同时也翻译了这些国家的国内相关法规。

本书试图通过对极地科考、《联合国海洋法公约》中的海洋科学研究制度以及相关国家的实践,进行层层递进、抽丝剥茧式的研究,深入了解极地科学研究与海洋科学研究存在的法律问题,并从国际法角度对这些问题进行阐释,基于未雨绸缪的思维,希望本书对未来极地科学研究活动的争端提供国际法视角的理论研究,以供读者参考。

王泽林

2015年11月于西安

目　录

第一章　极地科考概述 ………………………………………… 1

第一节　极地的界定 …………………………………………… 1

第二节　极地科考的含义 ……………………………………… 5

第三节　极地科考的地理范围 ………………………………… 9

第四节　极地科考适用的法律制度 …………………………… 10

第二章　海洋科学研究的国际立法 ………………………………… 15

第一节　海洋科学研究的定义 ………………………………… 15

第二节　海洋科学研究的立法过程 …………………………… 20

第三节　海洋科学研究发展对未来立法的影响 ……… 38

第三章　《联合国海洋法公约》的海洋科学研究制度 ……… 46

第一节　海洋科学研究的基本原则 …………………………… 48

第二节　各海域的海洋科学研究制度 ………………………… 54

第三节　海洋科学研究争端的解决 …………………………… 98

第四节　海洋科学研究制度中的其他问题 ………………… 103

第五节　海洋科学研究与海洋军事活动…………………… 120

第四章　南极科考的法律制度……………………………… 135
第一节　《南极条约》体系中的科考制度………………… 136
第二节　南极的海洋科学研究制度……………………… 159

第五章　北极科考的法律制度……………………………… 184
第一节　北极陆域的科学研究制度……………………… 185
第二节　北极海域的科学研究制度……………………… 213

附　录……………………………………………………… 266
附录一　南极条约………………………………………… 266
附录二　斯瓦尔巴德条约………………………………… 273
附录三　联合国海洋法公约　第十三部分　海洋科学研究………………………………………………… 282
附录四　中华人民共和国涉外海洋科学研究管理规定………………………………………………… 292
附录五　俄罗斯联邦内海、领海、专属经济区和大陆架内海洋科学研究实施法规……………………… 296
附录六　俄罗斯联邦内海、领海、专属经济区和大陆架内海洋科学研究实施法规　附件1～4 …… 320
附录七　关于外国在挪威内水、领海和经济区以及大陆架上进行海洋科学研究的规章………… 331

参考文献…………………………………………………… 338

第一章　极地科考概述

第一节　极地的界定

一、极地的概念

“极地”(Polar)一词，在中文中包含两层含义：一是指极点，即指地球的自转轴穿过地心与地球表面相交之点，地球上分别有南极点和北极点，英文中分别用 South Pole 和 North Pole 来表示；二是指极地地区，与南极点和北极点相对应，分别有南极地区和北极地区，英文中分别称之为 Antarctic 和 Arctic①。

本书所讲的极地科考，是指极地地区的科考活动，而不是仅指极点的科考活动。

二、极地地区的范围

(一) 北极地区

北极地区的范围可从多个标准界定，主要有 3 个标准，分别是：

---

① 北极问题研究编写组.北极问题研究[M].北京：海洋出版社，2011：1.

一是地理学划分方法：北极地区是指北极点以南、北极圈（北纬 66°34′）以北的区域，北极圈内夏至日太阳终日不落，冬至日太阳终日不出。以该方法确定的北极地区总面积约 2 100 万平方千米，包括北冰洋的绝大部分及其岛屿和群岛，北美大陆和欧亚大陆的北部边缘地带，北极圈内陆地部分（包括岛屿）占 800 万平方千米①。

二是气候学划分方法：以全年气温最高时（7 月份）平均气温低于 -10℃ 的等温线作为北极地区的南界，海洋区域则以海表温度 5℃ 作为等温线。

三是生态学划分方法：即以树线界定北极地区，树线是指以树生长的高矮作为界限，在北半球陆地上，低矮的苔原带和南部的森林有着清楚的界限，树线以北的区域为北极地区。

除此之外，还有海洋学划分方法、冰川学划分方法、行政区域划分方法等。

北极地区的主要组成部分是海洋，即北冰洋。北冰洋是地球上最小也是人类知之较少的海洋②，另外还有北极圈内的陆地和岛屿，北极地区的范围如图 1-1 所示。

（二）南极地区

南极地区是指围绕南极点的区域，但是关于南极地区的范围尚存在不同观点。

一种观点认为南极地区包括南极洲，以及南极辐合带以南的南大洋中的冰架、水域和岛屿，实践中，南极研究科学委员会

---

① 北极问题研究编写组．北极问题研究[M]．北京：海洋出版社，2011：1.

② Betsy Baker. Law, Science, and the Continental Shelf: The Russian Federation and The Promise of Arctic Cooperation [J]. American University International Law Review, 2010(25): 251.

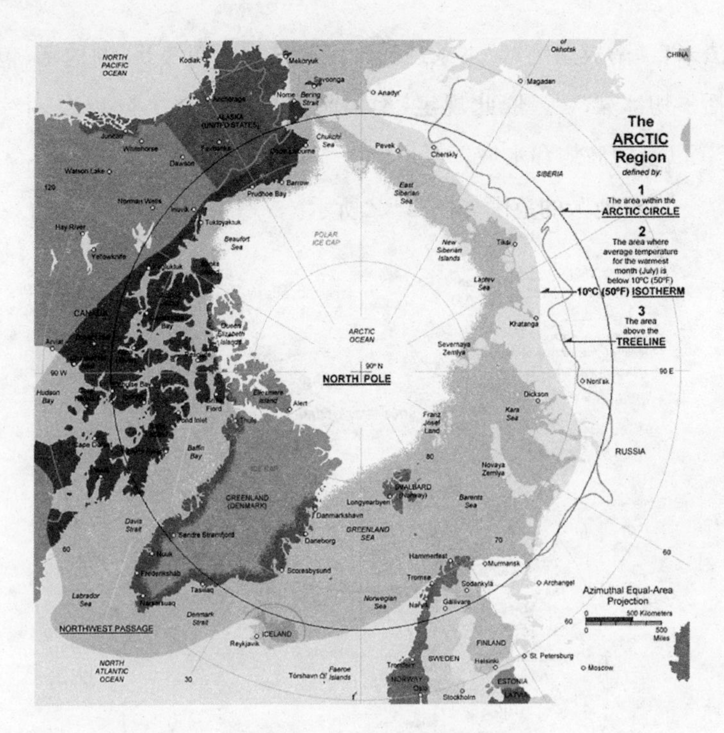

图 1－1　北极地区①

(SCAR)关注的南极地区即是这种观点所涵盖的范围②。

此外,《南极海洋生物资源养护公约》第一条明确规定:“本条约适用于南纬 60°以南和该纬度与构成南极海洋生态系统一部分的南极辐合带之间区域的南极海洋生物资源”③。

另一种观点认为,南极地区是指南纬 60°以南的区域,而不是指南极圈(南纬 66°34′)以南的区域。这种划分南极地区的方

① Map of the Arctic[EB/OL]. http://www.athropolis.com/map2.htm,2014－12－09.

② 中国地名研究所.国际组织南极地名工作研究[M].北京:中国社会出版社,2010:113.

③ 《南极海洋生物资源养护公约》第 1 条第 4 款规定“南极辐合带应被视为连接下列经纬线各点的一条水域带:50°S,0°;50°S,30°E;45°S,30°E;45°S,80°E;55°S,80°E;55°S,150°E;60°S,150°E;60°S,50°W;50°S,50°W;50°S,0°。”

法来自《南极条约》,“本条约的规定应适用于南纬60°的地区,包括一切冰架”①。依此规定,南极地区包括南极大陆以及南纬60°以南的岛屿和水域。

南极地区的范围如图1-2所示。

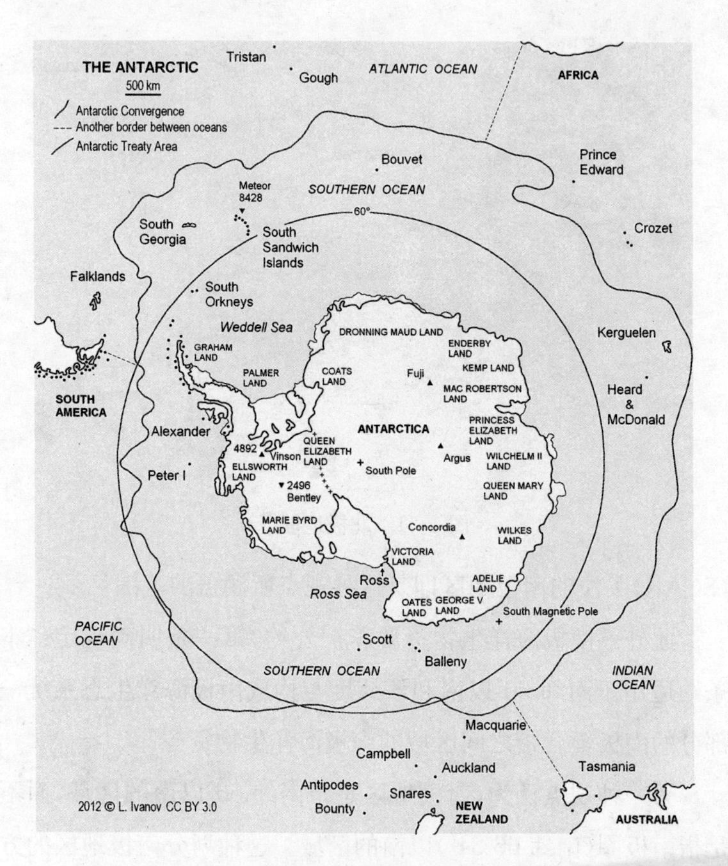

图1-2　南极地区②

---

① Antarctic Treaty, Article 6.

② Map of the Antarctic. Source: Ivanov, L. and N. Ivanova. Antarctic: Nature, History, Utilization, Geographic Names and Bulgarian Participation. Sofia: Manfred Wörner Foundation, 2014. p.9 (in Bulgarian). [EB/OL]. https://en.wikipedia.org/wiki/File:Antarctic-Overview-Map-EN.tif.

第二节　极地科考的含义

在我国，出于历史和惯例，将极地科考活动称之为极地考察或者极地科学考察，与之相对应的管理机构是“国家海洋局极地考察办公室”（Chinese Arctic and Antarctic Administration，CAA）。

科学考察与科学研究的含义有所不同。

“考察”一词，重点强调实地观察调查；“研究”一词则指探求事物的真相、性质、规律等。

科学研究，总体来讲是指利用科研手段和装备，为了认识客观事物的内在本质和运动规律而进行的调查研究、实验、试制等一系列活动。科学研究的基本任务是探索、认识未知。科学研究的基本要素主要包括研究者、研究范围对象、研究方法、研究机构、物质辅助手段、科学研究的已有成果和社会背景等七个要素。

科学考察一般指研究人员就某一主题在实验室以外实地研究考察工作，通过收集样本、数据等为科学研究提供数据和资料基础，目的主要是观察研究对象在自然环境中的状态。所以，科学研究偏向于室内工作，而科学考察偏向于室外工作。随着科学技术的不断发展，科学研究与科学考察联系已经非常紧密，科学研究指导科学考察，但是科学研究也需要科学考察提供的各种基本研究素材和数据等资料，甚至在有的情况下，进行科学考察的同时已经在进行科学研究①。

20 世纪 50 年代，中国著名气象学家、地理学家竺可桢等一

---

①　李军. 北极科学考察国际法律制度研究. 载贾宇主编《极地法律问题》[M]. 北京：社会科学文献出版社，2014：32.

批科学家先后提出开展极地研究的建议。60年代,中国开始酝酿极地考察的组织工作。1964年国家海洋局成立,在国务院赋予海洋局的工作任务中,包括进行南、北极考察工作①。1981年5月11日国务院批复成立国家南极考察委员会,同年9月15日委员会的办事机构国家南极考察委员会办公室成立,至此,中国南极事业走向正规。1984年12月中国南极考察队登上南极洲乔治王岛,1985年2月20日建成中国第一个南极科考站长城站②。2004年7月,中国在北极斯瓦尔巴德群岛新奥尔松建成中国北极黄河站,并开展首次科学考察③。

由上述记载可知,我国在20世纪50年代后,囿于当时的经济与技术条件,无法真正对极地展开科学研究,所以先提出进行南北极的考察工作,即我国的科学家前往极地进行实地观察与调查活动。但是,考察的后续或深入性的工作即是展开科学研究,目前我国已经具备经济科研实力,对极地不仅进行考察活动,更多的是进行科学研究活动。

因为历史原因,我国的极地管理机构虽然叫做"国家海洋局极地考察办公室",但实际上承担的职责除"负责极地考察(expeditions)的组织、协调、指导、监督"之外,还要"组织开展极地领域的科学研究(scientific research)工作"④。

---

① 陈连增. 中国极地科学考察回顾与展望[J]. 中国科学基金,2008(4): 199.

② 褚建勋. 中国极地科考历史及极地政策走向. 载丁煌主编《极地国家政策研究报告》(2012~2013) [M]. 北京: 科学出版社,2013: 179-181.

③ 申红果. 中国实现极地国家安全利益的历史依据分析. 载丁煌主编《极地国家政策研究报告》(2013~2014) [M]. 北京: 科学出版社,2014: 195.

④ 参见国家海洋局极地考察办公室官方网站"极地考察办公室主要职责"的介绍。[EB/OL]. http: //www.chinare.gov.cn/caa/gb_article.php? modid=02001, http: //www.chinare.gov.cn/english/gb_article.php? modid=10001, 2015-01-05.

因而，本书中所称的极地科考，不仅指极地科学考察或极地考察，也指极地科学研究或者极地研究。这不仅与我国极地考察活动的目的相符合，也与管理部门的职责相符合。同时，在媒体的报道中，虽然有时报道内容用的是极地考察，但实际上更多谈及的是极地科学研究的成果，因为现阶段我国的极地活动早已不是当年进行实地观察调查的初步目标，而是在考察的基础之上进行科学研究，并且“创造了令人瞩目的科研成果”①。

世界上其他国家对极地研究的称谓与管理机构也有所不同，此处简单介绍一些主要国家的极地研究机构。

（一）俄罗斯的极地研究

俄罗斯负责极地科学的机构是：俄罗斯联邦国家科学中心北极与南极研究所（AARI），北极与南极研究所隶属于水文气象和环境保护的俄罗斯联邦机构，其也是俄罗斯在极地地区历史最悠久和规模最大的研究机构②。

（二）美国的极地研究

美国的极地事务负责机构为：美国海洋与极地事务办公室（OPA），其隶属于美国国务院的海洋与国际环境暨科学事务局（OES），负责制定和实施美国在领海、专属经济区和大陆架（部分情况下包括超过200海里的大陆架）进行海洋科学研究的政策，以及负责制定和执行有关海洋、北极和南极国际问题的美国

① 中国海洋报：中国极地科学考察30年科研成果回顾，2014年11月19日，A6－A7版.

② 俄罗斯AARI官方网站介绍[EB/OL]. http://www.aari.ru/main.php? lg=1, 2014－08－16.

政策①。

（三）澳大利亚的极地研究

出于地理位置以及权利主张，澳大利亚的极地研究侧重于南极研究，其负责南极事务的机构为澳大利亚南极局（AAD），隶属于环境部。南极局推进澳大利亚在南极和南大洋的战略、科学、环境和经济利益②。

（四）挪威的极地研究

挪威极地研究所（NPI）是挪威的中央政府机构，隶属于气候和环境部，其职责是在北极和南极进行科学研究、制图和环境监测，该所就极地相关事项向挪威政府提供建议，并且是挪威南极的环境主管部门③。

（五）日本的极地研究

日本国立极地研究所（NIPR）是一家大学的研究机构，对极地地区展开全面的科学研究和观察④。

日本对南极地区的研究历史已经超过50年，“日本国立极地研究所”的历史可追溯至1961年，当年5月日本科学委员会宣布成立“极地研究所”，1962年4月国立科学博物馆成立“极地部”，1970年4月“极地部”改组为“极地研究中心”，1973年9月29日正式成立“国立极地研究所”。近年来，该所也开始对北极地区展开科学研究。

① 美国国务院海洋与极地事务办公室官方网站介绍[EB/OL]. http://www.state.gov/e/oes/ocns/opa/index.htm，2014-08-16.

② 澳大利亚南极局官方网站介绍[EB/OL]. http://www.antarctica.gov.au/about-us，2014-08-16.

③ 挪威极地研究所官方网站介绍[EB/OL]. http://www.npolar.no/en/，2014-08-17.

④ 日本国立极地研究所官方网站介绍[EB/OL]. http://www.nipr.ac.jp/english/index.html，2014-08-17.

第三节　极地科考的地理范围

极地科考的地理范围，可以分为南极科考和北极科考的地理范围。

一、南极科考的地理范围

对于南极科考的地理范围，本书采用《南极条约》适用的地理范围加以界定。

《南极条约》第6条规定："本条约适用于南纬60°以南的地区，包括一切冰架；但本条约的规定不应损害或在任何方面影响任何一个国家在该地区根据国际法所享有的对公海的权利或行使这些权利。"

国际水文地理组织（International Hydrographic Organization，IHO）于2000年确定并定义一个新大洋，名称为南极洋（Antarctic Ocean）或南大洋（Southern Sea），它包括南纬60°为界的经度360°内的海洋，即包围南极洲的海洋，主要有罗斯海、别林斯高晋海、威德尔海、阿蒙森海，部分南美洲南端的德雷克海峡以及部分新西兰南部的斯克蒂亚海，面积2 032.7万平方千米，海岸线长度为17 968千米。

依据《南极条约》的规定，以及国际水文地理组织对南大洋的界定，南极科考的地理范围，是指南纬60°以南的南极地区，包括其中的陆地区域和海洋区域，即南极大陆和岛屿，以及南大洋。

二、北极科考的地理范围

笔者认为，北极科考的地理范围应该适用地理学划分方法界定的北极地区，即北极科考的地理范围是指北极点以南，北极圈（北纬66°34′）以北的区域。

以该方法确定的北极科考地理范围内主要是北冰洋的大部分，以及北冰洋沿岸各国的部分大陆与岛屿。

北冰洋占北极地区总面积的60%以上，其绝大部分都在北极圈以北。北冰洋为欧亚大陆、北美大陆和格陵兰所环绕，几乎封闭，仅通过狭窄的白令海峡和太平洋连接，通过格陵兰海与大西洋连接。北冰洋分为北极点周围的中心海域和边缘海域，后者可分为北极海峡和北欧海域，这些边缘海以顺时针方向依次为林肯海、加拿大北极群岛海峡、波弗特海、楚科奇海、东西伯利亚海、拉普捷夫海、喀拉海、巴伦支海、挪威海、格陵兰海(北欧海域)①。

北冰洋中的岛屿绝大多数属于陆架区的大陆岛。如果不包括格陵兰南部和加拿大北极群岛南部，北冰洋北极圈内的岛屿总面积约为330万平方千米。最大的岛屿是格陵兰岛，面积为218万平方千米(北极圈内约174.4万平方千米)，最大的群岛是加拿大北极群岛，面积为160万平方千米(北极圈内约140万平方千米)。其他主要岛屿和群岛有：新地岛(8.26万平方千米)、斯匹次卑尔根群岛(6.1万平方千米)、北地群岛(0.96万平方千米)、新西伯利亚群岛(2.9万平方千米)以及法兰士约瑟夫地群岛(1.6万平方千米)②。

第四节　极地科考适用的法律制度

依据上述方法界定的极地科考范围，不仅包括陆地区域，也

① 北极问题研究编写组.北极问题研究[M].北京：海洋出版社，2011：2.

② 北极问题研究编写组.北极问题研究[M].北京：海洋出版社，2011：2.

包括海洋区域。

极地不同区域适用不同的科学研究法律制度，虽然表1-1直观地表述了不同研究区域适用不同法律的区别，但基本每一区域都存在法律适用上的争议，这其中的争议与具体适用问题需要阅读本书中的相关部分。

表1-1　极地不同区域适用不同的科学法律制度

<table>
<tr><th colspan="3">科考区域</th><th>适用法律</th></tr>
<tr><td rowspan="2">南极</td><td colspan="2">南极大陆(含冰架)</td><td>《南极条约》体系</td></tr>
<tr><td colspan="2">南极海域(含海底)</td><td>存在争议：公海制度；人类共同继承财产；《联合国海洋法公约》；《南极条约》体系</td></tr>
<tr><td rowspan="3">北极</td><td rowspan="2">北极陆域</td><td>大陆与岛屿</td><td>相关主权国家的国内法规</td></tr>
<tr><td>斯瓦尔巴德群岛</td><td>《斯瓦尔巴德条约》；挪威国内法规</td></tr>
<tr><td colspan="2">北极海域(含海底)</td><td>《联合国海洋法公约》；相关国家国内法规</td></tr>
</table>

一、极地陆地科考适用的法律制度

对于南极地区的陆地区域科考则适用《南极条约》法律体系。

对于北极地区的陆地区域科考，则适用相应主权国家的国内法律制度。但是，北极地区中的斯瓦尔巴德群岛主权虽然属于挪威，但是科考活动却适用《斯瓦尔巴德条约》所规定的制度。

二、极地海域科考适用的法律制度

(一) 南极地区海域科考的法律适用

对于南极地区的海洋区域，《南极条约》第6条规定的“本条约适用于南纬60°以南的地区(area)，包括一切冰架”；显然，《南极条约》适用的范围从第6条语义而言，特别提及冰架，但没有提及未结冰的海洋区域。因此，《南极条约》是否排除了适用于南纬60°以南的海洋区域还存在争议，但应理解为包括其中的海洋区域，例如《南极条约》第5条规定的"禁止在南极进行任何核爆炸和在该区域处置放射性废物"，适用的范围就应当被解释为包括海洋。

但是，《南极条约》第6条又明确地规定："本条约的规定不应损害或在任何方面影响任何一个国家在该地区根据国际法所享有的对公海的权利或行使这些权利。"这又意味着在南极地区还有公海，而公海实行的是海洋科学研究自由之制度。

另外，《南极条约》第4条冻结缔约方对南极领土主权的要求，但并没有提及对相关海域的主张问题，因而对南极领土的海洋提出专属经济区的主张在法律上成为一个不确定的问题。

总之，南极地区海域科考的法律制度应该适用《南极条约》体系，也应该同时补充性地适用《联合国海洋法公约》规定的海洋科学研究制度。

（二）北极地区海域科考的法律适用

北极的科考对整个人类而言非常重要，目前全球科学家在北极的合作研究成果斐然①。近年来，科学家特别是在北极的海洋酸化、海冰碳汇等新领域展开深入研究②。

2008年5月27～29日，北极五国即加拿大、丹麦、挪威、俄罗斯和美国发布《伊鲁利萨特宣言》，认可"国际法律体制适用于北冰洋……特别是海洋法在大陆架的外部界限，海洋环境的保护，包括冰封区域、航行自由、海洋科学研究以及其他的海洋利

---

① Elliot L. Richardson. Legal Regimes of the Arctic [J]. American Society of International Law Proceedings, 1988(82): 317.

② Arctic Law & Policy Institute, University of Washington. Arctic Law & Policy Year in Review: 2014 [J]. Washington Journal of Environmental Law & Policy, 2015(5): 172.

用方面规定了重要的权利和义务。我们遵守该法律体制并有序解决可能存在的重叠主张争端”[①]。

北极地区的海域除北冰洋之中的公海外，还包括边缘海域，这些边缘海域目前已是北冰洋沿岸国家的内水、领海、专属经济区以及大陆架等区域。北极地区海域科考应遵守《联合国海洋法公约》规定的海洋科学研究制度[②]。

虽然美国还不是《联合国海洋法公约》的缔约国，但美国承认国际法所规定的沿海国对领海行使海洋科学研究的主权，以及对专属经济区和大陆架行使海洋科学研究的管辖权。

但是对于斯瓦尔巴德群岛周边的海域应该适用何种法律，即适用《联合国海洋法公约》规定的海洋科学研究制度、还是适用《斯瓦尔巴德条约》所规定的制度？目前还存在争议。

极地地区科考的法律适用是一项复杂的研究内容，上述内容仅是对极地科考法律制度的简单概述，除南极地区适用《南极条约》法律体系规定的研究制度之外，南极地区的海洋区域适用何种法律制度目前还有争议；而在北极地区，除适用《联合国海洋法公约》规定的海洋科学研究制度之外，陆地区域科考则需要适用各国国内法律制度，但斯瓦尔巴德群岛又是一个例外，虽然《斯瓦尔巴德条约》规定了相关研究条款，但早先模糊的规定已经不适应现代的科考活动，同时其周边的海域科考活动法律制度更为复杂。

---

① Craig H. Allen. “Lead In The Far North” By Acceding to the Law of the Sea Convention [J]. Washington Journal of Environmental Law & Policy, 2015(5): 2.

② Edward T. Canuel. The Four Arctic Law Pillars: A Legal Framework [J]. Georgetown Journal of International Law, 2015(46): 740.

虽然《联合国海洋法公约》规定了海洋科学研究的基本制度，但是各国对该制度相关条款的解释不同，进而在国内立法中对管辖海域的科学研究制度规定又不一致，实践中对部分海洋科学研究造成不利影响。

因此，无论从理论上还是实践中，极地地区的科考活动所适用的法律，不仅包括国际法，这其中有《南极条约》法律体系、《联合国海洋法公约》以及《斯瓦尔巴德条约》；同时，在极地地区相关国家的领土上进行科学考察，还需要遵守其本国的法律规章制度。尤其重要的是，在相关国家的管辖海域进行科学研究，除需要遵守《联合国海洋法公约》的相关规定外，还需要遵守沿岸国家依据该公约所制定的国内法规。

第二章　海洋科学研究的国际立法

第一节　海洋科学研究的定义

海洋科学研究(Marine Scientific Research, MSR)在海洋法中是一项比较重要的内容,随着人类技术的不断发展,人类对海洋的利用,特别是资源开发与军事利用方面能力的增强,更加离不开对海洋的研究。

在英文中,还有海洋研究(marine research)和海事研究(maritime research)之分。

海洋研究是地球科学的一个分支,研究海洋包括其中的动植物,以及它们与海岸地区、大气的交互关系。海洋研究涵盖广泛的科学知识和现象,如海洋生物、生态系统动力学、洋流、板块构造和地质学,这些不同的研究领域涉及运用多学科去理解它们相互作用之间的复杂性。目前海洋研究主要关注内容之一是海洋生态系统的养护。

海事研究是指旨在运用技术和创新的解决方案以更好地开发海洋资源,如船舶、石油平台等设计、建造和操作,以及以海洋资源为中心的任何相关的人类活动(如旅游)。

一、海洋科学研究观念的转变

虽然人类早已开始利用海洋,但是直到19世纪70年代,人类才开始系统地对海洋展开较全面的研究。一般认为,当代海洋科学研究发端于1872年到1876年,英国海军“挑战者号”船舶对大西洋、印度洋和太平洋所进行的三年半的科学考察①。

受技术所限,当时人类的海洋科学研究范围十分有限,其目的也是仅限于海洋航行、捕鱼以及制盐等行业。而对于科学研究的观念,也认为应当尽量避免政府干预,将海洋科学研究视为人类学术研究之一,置于保障海洋学术研究自由之环境。因而,直到20世纪中叶,海洋科学研究所受沿海国干预甚少,国际社会对于海洋科学研究,特别是在国家管辖范围之外的区域,认为不需要法律规范,甚至认为,海洋科学研究应当鼓励,不能予以管制或限制。

但是自20世纪始,国家对海洋科学研究自由的立场逐渐改变。沿海国对在其管辖范围海域内的海洋科学研究,扬弃过去鼓励或不加干预的态度,转为积极介入的态度,试图对海洋科学研究活动进行管制②。

这其中的原因可归因于:

(1) 海洋利用的可行性、重要性与日俱增。

(2) 发展中国家逐渐了解到海洋科学研究的重要性。

(3) 海洋科学研究日益频繁,且所涉范围与程度均与日俱增,以致影响到研究与其他种类的海洋利用。

(4) 新兴国家对海洋大国所进行的科研行为持怀疑甚至敌对态度,因为部分国家所进行的海洋研究活动的过程与成果转

---

① 魏敏.海洋法[M].北京:法律出版社,1987:315.

② 姜皇池.国际海洋法(下册)[M].台北:学林文化事业有限公司,2004:1258.

为军事情报收集与资源抢夺之用。

(5) 海洋科学研究所涉及的船舶、专业人员与设施，仅有少数国家有此能力，对绝大多数国家而言，并无能力从事研究。

基于上述理由，国际社会成员，特别是新兴的发展中国家，试图对海洋科学研究有所规范。随着国家管辖权的扩张，进而逐步演化为对既有海洋科学研究制度进行修改，这主要表现在第三次联合国海洋法会议中①。

在这次会议中，许多沿海国，特别是发展中沿海国，为了维护其领海、大陆架和专属经济区的主权和主权权利，认为外国在其管辖海域进行海洋科学研究应受到管制，而海洋大国以公海自由为借口，要求在沿海国管辖海域内享有科研自由，最后通过的《联合国海洋法公约》第十三部分(海洋科学研究)在国家管辖范围海域进行科学研究制定了法律制度②。

二、海洋科学研究的定义

《联合国海洋法公约》并没有对“海洋科学研究”做出任何定义。但是依据该公约的条文可以推知，海洋科学研究主要是指人类在海洋区域的活动，一般认为，它是人类通过研究或相关科学试验增加对海洋环境的了解③。海洋科学研究涉及海洋地质、生物、物理、化学、水文、气象、潮流等学科的研究④。

---

① 上述内容可参考姜皇池的总结。姜皇池.国际海洋法(下册)[M].台北：学林文化事业有限公司，2004.

② 陈德恭.现代海洋法[M].北京：海洋出版社，2009：474.

③ 这一定义来自联合国第三次海洋法会议《非正式单一协商案文》，第三部分第一条。

④ Florian H. Th Wegelein. Marine Scientific Research：The Operation and Status Research Vessels and Other Platforms in International Law [M]. Leiden/Boston：Martinus Nijhoff Publishers 2005，12-16.

不过在《联合国海洋法公约》的制定过程中,“海洋科学研究”的定义曾经有多个提案①。

1972年加拿大向海底委员会第三委员会提交一份“海洋科学研究”的定义:

> 海洋科学研究是指任何研究(无论是基础性或应用性的),其目的是增进海洋环境知识,包括所有的资源和生物,其也包括所有相关的科学活动。

1973年,四个东欧国家提交“世界海洋中科学研究”术语的解释②:

> ……任何基础或应用性的研究和相关的试验工作,由国家和其法人或自然人以及国际组织实施,其并不针对于产业开发,但旨在获取在海洋、海床及其底土所发生的自然现象和过程的所有方面的知识,其对国家深入发展航行和其他方式对海洋的利用,以及对世界海洋上空的利用等和平活动是必要的。

马耳他的提案中,将“科学研究”解释为③:

> 任何系统性的调查,无论是基础性的或是应用性的,以及相关的试验工作,其主要目标是为和平目的提高对海洋环境的认识。

---

① George K. Walker General Editor. Definitions For the Law of the Sea: Terms not Defined by the 1982 Convention[M]. Leiden/Boston: Martinus Nijhoff Publishers, 2012.

② 提案中对“世界海洋”解释为:世界海洋包括所有的海域区域、海床及其底土,除内水、领海和大陆架的海床和底土之外。

③ Shabtai Rosenne & Alexander Yankov. Volume Editors. United Nations Convention on the Law of the Sea 1982: A Commentary, Volume Ⅳ[M]. Dordrecht/Boston/London: Martinus Nijhoff Publishers, 1991.

1974年,特立尼达和多巴哥提交一份草案的定义如下:

(a) 海洋科学研究是对海洋环境的任何研究或调查,以及相关的试验。

(b) 海洋科学研究的本质是在纯科学研究和工业或其他目的为商业开发或军事利用的研究之间排除任何明确或精确的区分。

同样在1974年,在一份合并替代的文本中,"海洋科学研究"被规定为"任何在海洋环境中的研究或相关的试验工作,用来提高人类的知识并用于和平目的"。但这只限于国家管辖之外的区域。而对沿岸国享有资源经济权利的区域,只有与自然资源的勘探或开发无关的研究,海洋科学研究自由才被认可。

同年,埃及提交了一份不同的草案:

科学研究是处理海洋环境及其上空自然现象的所有调查活动,以及提高减少海洋污染和其他异常情况的方法。科学研究与所有非和平方面是对立的,其活动目的不是为了海洋资源的直接开发。

1975年,9个社会主义国家提交的草案是:

海洋科学研究是指在海洋环境中的任何研究或相关的试验,目的是提高人类的知识并且为和平目的而实施。

《非正式单一协商案文》第三部分第1条规定一个简短的定义:

海洋科学研究是指任何研究或相关的试验,目的是增进人类海洋环境的知识。

非正式法律专家组提交了修改条款:

依本公约之目的,海洋科学研究是指任何研究或相关的试验,目的是增进人类海洋环境包括其资源的知识。

在1977年的《非正式综合协商案文》没有出现定义条款；1978年也没有重新加入定义条款。

最终，《联合国海洋法公约》没有给出“海洋科学研究”的定义，这是因为第三次海洋法会议上各方争执情况异常复杂，无法达成一个满意的结果，最后与会者认为没有必要再做出定义，取而代之的是对不同海域规定了不同的海洋科学研究规则，从这些规则中可以显而易见地知道海洋科学研究的含义。

《联合国海洋法公约》（以下简称《公约》）还在其他条款中使用“科学研究”一词，“科学研究”与“海洋科学研究”显然不同，“科学研究”的范畴大于“海洋科学研究”，海洋科学研究强调在海洋环境中进行的研究活动。

不过，由于“海洋科学研究”缺乏定义，没有明确的范围界定，在理论和实践中也产生一些问题，如水文测量与军事测量是否属于海洋科学研究的范畴，不同学者以及不同国家都有不同的解释，这些内容在后文中会有讨论。另外，海洋科学研究是否包括海洋考古，一般认为寻找和打捞历史沉船的行为不属于该公约中的海洋科学研究，后者是指对自然海洋环境的研究以获取知识①。

第二节　海洋科学研究的立法过程

一、1958年之前的海洋科学研究问题

早先的海洋科学研究发展缓慢，这个时候的海洋科学研究

---

① Anne M. Cottrell. The Law of the Sea and International Marine Archaeology：Abandoning Admiralty Law to Protect Historic Shipwrecks［J］. Fordham International Law Journal，1994(17)：709.

并不是海洋活动的主要部分。

一般认为，海洋科学研究的起点就是前文中所提到的1872年12月21日至1876年5月24日，英国海军“挑战者号”船舶的调查活动。

早期的海洋科学研究主要是为安全航行、潮汐预报以及地理发现等人类的基本海洋活动而进行的。到了19世纪早期，由于技术的发展，人类需在横跨大西洋海底铺设电报电缆，因而需要了解海底的情况，进而开始对深海展开研究。

20世纪50年代之前，在内水的海洋科学研究需要得到沿岸国的批准或者与沿岸国达成临时协定，领海的海洋科学研究一般也仅通知沿岸国的科学家，在其他海域的海洋科学研究被认为是公海自由的一部分①。

第二次世界大战后，海洋学者的工作逐渐让海洋对国家的利益重要起来。特别是第二次世界大战中，由于战争的需要，海洋科学技术突飞猛进，在这期间发明一系列的重要的技术，例如雷达、声纳等，而且二战后的冷战格局依然促进相关技术的发展。另外，世界人口的快速发展导致对资源、交通以及军事战略的需求更加强烈，这也促进对海洋科学研究的重视，相关国家以期从海洋中满足这些需求。同时，国际社会之间科学研究的合作也使得海洋研究得以迅猛发展②。

---

① Florian H. Th Wegelein. Marine Scientific Research: The Operation and Status Research Vessels and Other Platforms in International Law［M］. Leiden/Boston: Martinus Nijhoff Publishers, 2005, 22 - 25.

② Florian H. Th Wegelein. Marine Scientific Research: The Operation and Status Research Vessels and Other Platforms in International Law［M］. Leiden/Boston: Martinus Nijhoff Publishers, 2005, pp.25 - 28.

由于上述因素，传统的海洋科学研究自由观念与沿岸国家的管控理念发生冲突，这使得国际社会不得不考虑制定国际规章规范海洋科学研究。

联合国国际法委员会也开始重视海洋科学研究。该委员会在其为第一次联合国海洋法会议起草的文件中，认为应该考虑在大陆架底土及其上覆水域进行海洋科学研究是否实行自由制度。1956 年，联合国国际法委员会提出的条款对大陆架底土及其上覆水域做了不同的规定。

二、1958 年《日内瓦公约》体系的海洋科学研究

1957 年 2 月，联合国大会通过决议，决定“召开一次全球的国际会议以制定海洋法公约，不仅考虑到问题的法律方面，而且要考虑到技术、生物、经济以及政治方面。其工作成果体现在一个或几个国际公约之中”。

在此背景下，1958 年 2 月 24 日至 4 月 27 日在日内瓦举行了第一次联合国海洋法会议，有 86 个国家和地区参加这次会议，讨论联合国国际法委员会拟定的海洋法草案，最后通过《领海与毗连区公约》、《公海公约》、《公海渔业和生物资源养护公约》和《大陆架公约》。

（一）领海的海洋科学研究

《领海与毗连区公约》没有提及海洋科学研究，但规定国家主权及于领海①，沿海国之主权及于领海之上空及其海床与底土②。

依据国家主权原理，可以推知领海内的海洋科学研究属于沿海国主权范畴，他国需提前取得沿海国的同意才可以进行海

① 《领海及毗连区公约》第 1 条。

② 《领海及毗连区公约》第 2 条。

洋科学研究。

另外,1958年日内瓦四个公约均未提及内水的海洋科学研究,但是沿海国当然对内水享有主权,依据主权理论,其他国家必须得到沿海国的同意才可在其内水中进行海洋科学研究。

(二)公海的海洋科学研究

1958年的《公海公约》规定[①]:

> 公海对各国一律开放,任何国家不得有效主张公海任何部分属其主权范围。公海自由依本条款及国际法其他规则所规定之条件行使之。公海自由,对沿海国及非沿海国而言,均包括下列等项:
>
> (1)航行自由;
>
> (2)捕鱼自由;
>
> (3)敷设海底电缆与管线之自由;
>
> (4)公海上空飞行之自由。

《公海公约》并未列举海洋科学研究作为公海的四项自由之一,然而1956年国际法委员会的报告对第2条作了如下说明:"……公海自由的清单是没有限制的,除所列举的4项自由外,如在公海进行研究的自由,这种自由仅仅由于任何行动违背了普遍原则,对另一国家的国民在公海利用上产生不良影响而受到限制。"[②]

所以,可以推知各国在公海中享有海洋科学研究自由。实践中,各国的研究船在公海上实施海洋科学研究已逾百年,也未见任何沿海国有抗议的记录[③]。

---

① 《公海公约》第2条。

② 陈德恭.现代海洋法[M].北京:海洋出版社,2009:475.

③ R.R. Churchill & A.V. Lowe. The Law of the Sea, third edition[M]. Manchester: Manchester University Press, 1999, 401.

1958年《公海渔业和生物资源养护公约》没有对海洋科学研究做任何规定。

（三）大陆架的海洋科学研究

《大陆架公约》对海洋科学研究有明确的规定[①]：

探测大陆架及开发其天然资源不得使航行、捕鱼或海中生物资源之养护受任何不当之妨害，亦不得对于以公开发表为目的而进行之基本海洋学研究或其他科学研究有任何妨害[②]。

同时，又对大陆架上的海洋科学研究规定了下述条件[③]：

对大陆架从事实地研究必须征得沿海国之同意。倘有适当机构提出请求而目的系在对大陆架之物理或生物特征作纯粹科学性之研究者，沿海国通常不得拒予同意，但沿海国有意时，有权加入或参与研究，研究之结果不论在何情形下均应发表[④]。

---

① 《大陆架公约》第5条第1款。

② 原文：The exploration of the continental shelf and the exploitation of its natural resources must not result in any unjustifiable interference with navigation, fishing or the conservation of the living resources of the sea, nor result in any interference with fundamental oceanographic or other scientific research carried out with the intention of open publication.

③ 《大陆架公约》第5条第8款。

④ 原文：The consent of the coastal State shall be obtained in respect of any research concerning the continental shelf and undertaken there. Nevertheless, the coastal State shall not normally withhold its consent if the request is submitted by a qualified institution with a view to purely scientific research into the physical or biological characteristics of the continental shelf, subject to the proviso that the coastal State shall have the right, if it so desires, to participate or to be represented in the research, and that in any event the results shall be published.

这一规定源于1956年联合国国际法委员会在起草海洋法相关公约的时候，已经认识到必须对大陆架与其上覆水域的科学研究分别处理。国际法委员会提交的草案中，将大陆架的海洋科学研究分为以下两种类型：

一是“目的为公开发表的基础海洋和其他科学研究”；二是“对大陆架的物理或生物特征进行纯科学研究”。

《大陆架公约》第5条第1款的规定表明，对于第一种类型的研究保留传统的海洋科学研究自由，沿海国不得对此类研究“有任何妨害”。

对于第二类研究，即“对大陆架之物理或生物特征做纯科学性”的研究，必须经沿海国的同意才可研究，主要是考虑这类研究关系到沿海国大陆架资源的勘探与开发。对于“适当机构”提出的请求，沿海国“通常”不得拒绝，但是沿海国“有权加入或参与研究”，研究结果不论在任何情况下均应发表。

依据《大陆架公约》关于海洋科学研究的条款，可以得出如下结论：

任何有关大陆架的研究或者在大陆架进行的研究（any research concerning the continental shelf and undertaken there），都必须取得沿海国的同意（consent of the coastal State shall be obtained）。

但是，一个“适当机构”（qualified institution）提出的“对大陆架之物理或生物特征做纯科学性”的研究，沿海国“通常”不应该拒绝，而应予以同意。

不过，上述的条款仍然存在一些模糊之处：

(1)《大陆架公约》第5条第8款规定的“对大陆架从事实地研究必须征得沿海国之同意”（The consent of the coastal State shall be obtained in respect of any research concerning the continental shelf and undertaken there)。该条款中的“对大陆架从事实地研究”，即英文中所讲的 any research concerning the continental shelf and undertaken there 究竟是指何意？

第一种观点认为这种研究不仅必须与大陆架有关，而且还指在物理上在大陆架的研究，如在海床上；第二种观点认为与大陆架有关的研究（无论是在海床上还是在毗邻大陆架的上覆水域）和在海床上进行的研究（无论是否与大陆架有关），均需取得沿海国的同意。

上述何种观点正确？在《大陆架公约》的准备工作材料以及国家实践中也找不到指导。但是从法理上可推知，第二种观点很难成立。因为大陆架上覆之毗邻水域应当适用公海的科学研究自由制度，其并不需要大陆架沿海国的同意，这也可以从《大陆架公约》第 5 条第 1 款得以证实，沿海国不得有任何妨害①。

(2) “纯科学研究”(purely scientific research)难以解释。理论上的纯科学研究也可能转为商业、渔业或军事用途。例如海洋地质学的基础研究，对油气公司具有重大商业价值；单纯的鱼类统计数据，对商业捕捞也有重大价值；对海洋地理的纯科学研究，也可以用于军事武器设计或侦查设施放置。另外，由何国认定其是否为纯科学研究，沿海国与申请国之间可能对此认识并不一致而发生冲突。

(3) 何谓“适当机构”(a qualified institution)？海军或海岸巡防队的侦查船舶是否是适当机构？应由何国断定特定的研

---

① R. R. Churchill & A. V. Lowe. The Law of the Sea, third edition[M]. Manchester: Manchester University Press, 1999, 402.

究机构是否为适当机构？如有争议怎么解决[①]？

三、20 世纪 60 年代的海洋科学研究实践与发展

从 20 世纪 60 年代初期以来，许多中小国家要求对其领海、大陆架和渔区内的科学研究进行管理和控制，这其中的主要原因是：

海洋资源对于沿海国的经济发展极具重要性；海洋大国的远洋科研船队数目大量增加；海洋大国的科研实际上与资源开发密切相关；许多曾经是殖民地而现在取得独立的国家要求维护其海洋权益，他们通过国内立法和多边协议要求对其国家管辖海域的科学研究行使管理和控制权[②]。

同期，部分国家纷纷立法规定：在沿海国领海、大陆架和专属渔区内，第三国进行的科学研究必须取得沿海国的许可，甚至不准第三国在其领海或内水进行任何科学研究。例如，南斯拉夫 1965 年 5 月 22 日《南斯拉夫边缘海、毗连区和大陆架法令》第 23 条规定："勘探开发大陆架自然资源，以及为勘探开发所需的建造、操作和维护设施和装置，应根据本法令所制定的法律和规章所规定的条件进行。"苏联在 1960 年 8 月有关海洋区域管理的规章规定：外国船舶禁止在苏联领海和内水进行水文测量和研究[③]。

一些国家也在纷纷扩张本国的管辖海域，这主要表现在：

---

① 姜皇池.国际海洋法(下册)[M].台北：学林文化事业有限公司，2004：1264－1265.

② 依据舍尔兹提供的材料，1963 年至 1966 年美国在国外的海洋调查项目中，只有 6 项计划遭到拒绝，而在 1967 年至 1971 年则有 32 项。到 1976 年，把美国大学和国家试验室系统的记录，在别国管辖海域拟进行的科研计划，约有一半遭到拒绝或由于限制而放弃。上述资料参见陈德恭.现代海洋法[M].北京：海洋出版社，2009.

③ 陈德恭.现代海洋法[M].北京：海洋出版社，2009：476.

(1) 许多国家宣布超过12海里的管辖区,包括专属经济区、大陆架、渔区和领海。根据对135个沿海国中的58个国家海洋立法的研究,有22个国家明确规定对在其海洋区域的科学研究进行管制:其中7个国家主张对其专属经济区的科学研究享有专属权利,或专属权利与管辖权,以授权、管理和控制科学研究①;10个国家规定或按照《大陆架公约》要求外国在其大陆架上进行科研必须得到批准②;6个国家要求外国渔船在其200海里渔区进行科学研究必须事先得到授权③。阿根廷甚至要求在其200海里的领海的科研也要经其批准。

58个国家中的其余36个国家,虽然没有制定管辖海域的科学研究的管理制度,但根据国际习惯法已承认外国在沿海国大陆架进行科学研究需取得同意的制度,而且还因海洋科学研究也是作为沿海国对其领海主权的附属权利,因而这些国家可以对外国科研实施管理。至于专属经济区或渔区,由于沿海国对其资源可以开发、管理和养护的理由行使主权权利或管辖,因而也可以认为沿海国为了控制有关资源的开发可以将管辖扩展到海洋科学研究方面④。

(2) 区域性宣言涉及海洋科学研究控制的问题⑤。1970年8月8日,15个拉丁美洲国家通过《关于海洋法的利马宣言》决议中重申:在一国海洋管辖范围内进行的海洋科学研究,必须得到该国的事先授权,而且应遵守上述授权所规定的条件;沿海

① 这7个国家是:缅甸、印度、毛里求斯、巴基斯坦、塞舌尔、斯里兰卡和民主也门。

② 这10个国家是:阿根廷、孟加拉国、巴西、缅甸、圭亚那、毛里求斯、巴基斯坦、塞舌尔、斯里兰卡和民主也门。

③ 这6个国家是:巴哈马、巴西、斐济、圭亚那、印度和日本。

④ 陈德恭.现代海洋法[M].北京:海洋出版社,2009:476-477.

⑤ 陈德恭.现代海洋法[M].北京:海洋出版社,2009:477.

国有权参加在其管辖范围内所进行的任何研究，并获得上述研究所取得的利益和结果；从这种研究中所获得的全部标本，应属于在其管辖权内的国家所有，只有经该国明确表示同意，才可由从事研究的国家据为已有；经授权的任何科学研究，应属于严格和绝对的科学的性质。

1976 年 6 月 9 日，加勒比海国家通过《圣多明戈宣言》，主张建立 200 海里的“承袭海”，对该海域的科学研究做出下列规定：沿海国家有义务促进承袭海内的科学研究，并有权对之加以管理，而且有权采取必要措施，防止海洋污染和保证其对资源的主权。同时提出在国际海底区域，应由国际机构从事或按照共同协议所确定的方法和条件通过第三方进行海洋科学研究。

1973 年 5 月 24 日，非洲统一组织《关于海洋法问题的宣言》主张建立 200 海里的专属经济区，对科学研究规定如下：在领海内或专属经济区内的科学研究，只有在有关沿海国的同意下才能进行。还规定，各国同意促进在国家管辖范围以外区域内的海洋科学研究的国际合作，这种科学研究应当按照国际机构规定的规章和程序进行。

四、海底委员会关于海洋科学研究的讨论

1967 年 8 月 17 日，马耳他常驻联合国代表阿维德·帕多向联合国秘书长提出“各国现有管辖权范围以外海水下面的海洋和洋底专供和平使用及其资源用于谋求人类福利的宣言和条约”提案，提出将深海洋底宣布为“人类共同继承财产”且用于和平用途，为全体人类利益而开发①。

① UN DOC. A/6695, 19 August 1967, 22 GAOR, Annex 1 (Agenda item 92), at p.1.

帕多的提案无疑是一件标志性的事件。不仅推动了区域制度的形成，也间接推动了第三次联合国海洋法会议的举行[①]。

联合国大会于1967年12月18日通过第2340号决议，同意建立36个国家组成的“国家管辖权以外海床、洋底和平利用特设委员会”(一般称为海底特设委员会)[②]。

早期国际海底特设委员会关于海洋科学研究的讨论主要聚焦于海洋科学研究的自由以及在该领域国际合作的重要性，部分委员提出应当在基础或纯科学研究与应用研究或资源导向性研究之间进行区分。

1968年12月21日，联大通过第2467A决议将特设委员会改名为常设委员会，即所谓的海底委员会。1970年12月17日，联大依据第2750C决议，计划在1973年召开海洋法会议。

1969年至1973年期间，海底委员会针对海洋科学研究的讨论情况如下。

1970年12月17日，第25届联大通过第2749号决议《关于各国管辖范围以外海床洋底及其底土的原则宣言》，在该宣言中，第10段涉及海洋科学研究：

> 各国应当促进专为和平目的的科学研究的国际合作：
>
> (1) 通过参与国际项目和鼓励不同国家间的科学研究合作。
>
> (2) 通过研究项目的有效出版和国际途径传播研究结果。
>
> (3) 通过增强发展中国家研究能力之措施进行合

---

① 王泽林.论人类共同继承财产原则的确立和发展[J].国际法评论,2012(3)：29.

② 参见 http：//legal. un. org/diplomaticconferences/lawofthesea-1982/lawofthesea-1982. html，2015-03-05.

作,包括其国民参与研究项目。

在1971年至1973年海底委员会的会议中,海洋科学研究问题受到各国的普遍重视,在这期间,各国有关海洋科学研究的专门提案有9项[①],此外,还有一些提案涉及海洋科学研究的内容[②]。

会议中,出现两种对立观点:一是发展中国家和多数第二世界国家,主张海洋科学研究应有管制,特别在沿海国国家管辖范围内进行海洋科学研究,要受到沿海国的专属管辖;二是由美国、苏联及少数海洋大国主张的海洋科学研究应自由进行。

阿尔及利亚、中国等21国提案规定:在一沿海国主权和国家管辖范围内海域从事海洋科学研究,应先得到该国的明确同意,然后才可以进行。巴西等5国提案规定:沿海国应有权在属于其主权和管辖权的海洋区域进行的科学研究给予管制,又

---

① 海底委员会有关海洋科学研究的提案主要的:(1)加拿大《关于海洋科学研究原则的工作文件》;(2)保加利亚、乌克兰、苏联《关于海洋科学研究国际合作的基本原则》;(3)保加利亚、乌克兰、波兰、苏联《世界海洋科学研究条约条款草案》;(4)马耳他《关于科学研究的条款草案》;(5)中国《关于海洋科学研究的工作文件》;(6)美国《关于海洋科学研究一章的条款草案》;(7)巴西、厄瓜多尔、萨尔瓦多、秘鲁、乌拉圭《关于沿海国主权管辖区域内科学研究的工作文件》,(8)意大利《并于沿海国对海洋科学研究的义务的提案》;(9)阿尔及利亚、阿根廷、巴西、中国、厄瓜多尔、萨尔瓦多、埃塞俄比亚、埃及、印度尼西亚、伊朗、肯尼亚、墨西哥、巴基斯坦、秘鲁、菲律宾、罗马尼亚、索马里、特拉尼达和多巴哥、突尼斯、坦桑尼亚、南斯拉夫21国《关于同意进行海洋科学研究的条款草案》。Report of the Committee on the Peaceful Uses of the Sea Bed and the Ocean Floor Beyong the Limits of National Jurisdiction, 1973,1. 转引自陈德恭. 现代海洋法[M]. 北京:海洋出版社,2009.

② 主要有:(1)马耳他《海洋区域条约草案》;(2)哥伦比亚、墨西哥、委内瑞拉《条约条款草案》;(3)乌拉圭《关于领海的条约条款草案》;(4)厄瓜多尔《列入海洋法公约的条款草案》;(5)阿根廷《条款草案》。转引自陈德恭. 现代海洋法[M]. 北京:海洋出版社,2009.

规定有意从事科学研究的国家、国际组织、自然人和法人应向该沿海国申请许可,并遵守它的规定。厄瓜多尔等3国提案规定:在沿海国的邻接海域中进行科学研究,应经该国批准,沿海国有权参加这种活动和取得研究结果。

另一方面,美、苏等国提案则强调"科研自由"和国际标准。苏联等3国提案规定:进行海洋科学研究,应遵守全世界公认的国际法原则和标准,包括联合国宪章在内。公海应当开放,任由一切国家在平等基础上毫无歧视地进行科学研究工作,不受阻碍。美国的提案实际上是强调由合格的机构以纯科学为目的进行的研究只需要事先通知沿海国即可进行①。

在第三次联合国海洋法会议召开之前,1972年,海底委员会通过《海洋法项目和问题清单》,将海洋科学研究问题列入第13项中:

13. 海洋科学研究

13.1 海洋科学研究的性质、特性和目的

13.2 取得科学情报的途径

13.3 国际合作

总之,在海底委员会工作期间,与会国家关于海洋科学研究的讨论没有结果,这些问题被带到1973年召开的第三次联合国海洋法会议中继续协商。

五、第三次联合国海洋法会议的海洋科学研究立法

海底委员会关于海洋科学研究的讨论继续在第三次联合国海洋法会议中进行,但是又面对着新的背景与概念,如沿海国对不同海域管辖权的扩张、国家管辖权之外的海床洋底被视为人类的共同继承财产等,这些都严重影响到海洋科学研究法律制

① 陈德恭.现代海洋法[M].北京:海洋出版社,2009:478~479.

度的制定。

同时,其他领域的发展也加速了海洋科学研究法律制度制定的进程,例如,专属经济区沿海国与其他国家相关权利的界定,大陆架外部界限确定的新方法等。海洋科学研究自由不得不与沿海国在不同海域享有不同的权利、义务和责任的海洋管辖权之分区方法相协调[①]。会期上,科学调查的自由与沿岸国扩张管辖权成为无法避免的矛盾,对海洋科学研究要求更加严格控制的呼声主要来自发展中国家,这主要因为以下两个因素:

一是发展中国家认为如果仅拥有 200 海里的专属经济区,但是没有控制在其内用于资源勘探的海洋科学研究的权利,则他们不能从其资源开发的权利中完全受益;二是一些发展中国家怀疑,一些主要军事强国的海洋科学研究经常被用作间谍活动,这种怀疑被 1968 年美国的普韦布洛(Pueblo)科考船的行为所证实[②]。

发展中国家进一步控制海洋科学研究的主张首先被科学界所反对,科学界认为目前的控制已经令他们感到难以接受,如果进一步控制的话他们担心计划的海洋科学研究可能会遭到拒绝,或不得不遵守不合需要的条件,或遭遇官僚式的拖延。他们认为科学研究有益于全人类,海洋科学研究不能被少数人为的界限所限制。科学界的这种观点被第三次联合国海洋法会议中的发达国家认可,这些发达国家当时从事绝大多数的海洋科学

---

① Shabtai Rosenne & Alexander Yankov. Volume Editors. United Nations Convention on the Law of the Sea 1982: A Commentary, Volume Ⅳ[M]. Dordrecht/Boston/London: Martinus Nijhoff Publishers, 1991, 433.

② R. R. Churchill & A. V. Lowe. The Law of the Sea, third edition[M]. Manchester: Manchester University Press, 1999. 403.

研究活动[1]。

在会议中,一个主要争论的焦点或冲突是:“基础”研究和“应用”研究的区别。支持者认为在专属经济区和大陆架进行的基础研究应当适用公海上科学调查自由的原则,同时他们承认应当向相关的沿海国提前通知;另一方面,他们也认为应用研究或资源导向性研究也只能经沿海国同意后才可进行。反对者认为在不同类型的科学研究之间划清界限极其困难,因为从科学调查中获取的任何数据可以用于商业或其他实际用途。结果,建立两种海洋科学研究的法律制度被认为是没有道理的[2]。

第三次联合国海洋法会议上关于海洋科学研究的争议主要体现在各国的提案中[3]。

第二期会议上,关于科学研究的正式提案有:特拉尼达和多巴哥《关于海洋科学研究的条款草案》;哥伦比亚(七十七国集团主席)《关于海洋科学研究的条款草案》;奥地利、比利时、玻利维亚等 17 国《关于海洋科学研究的条款草案》;此外,还有 39 个非正式的海洋科研条款。这些提案仍然反映出两种基本对立的观点,即对沿海国管辖区域是由沿海国管制科研还是所谓“科研自由”的两种主张。

发展中国家强调对海洋科学研究实行管制。巴西、巴基斯坦、秘鲁、塞拉利昂、索马里、伊朗、南斯拉夫的非正式提案中主

---

① R. R. Churchill & A. V. Lowe. The Law of the Sea, third edition[M]. Manchester: Manchester University Press, 1999. 404.

② Shabtai Rosenne & Alexander Yankov. Volume Editors. United Nations Convention on the Law of the Sea 1982: A Commentary, Volume Ⅳ[M]. Dordrecht/Boston/London: Martinus Nijhoff Publishers, 1991, 433.

③ 下文中的各国提案以及内容请参考陈德恭. 现代海洋法[M]. 北京:海洋出版社,2009.

要规定：沿海国对其管辖海域内的科学研究有专属权利，别国在该区域进行科研，必须得到沿海国的批准。国际海域的海洋科研应由国际管理机构直接进行，或在国际管理机构直接有效地控制下，由自然人或法人通过合同方式进行。在会议后期，哥伦比亚代表七十七国集团提出的共同提案《关于海洋科学研究的条款草案》规定：在沿海国国家主权和管辖区域内，沿海国有专属权利进行和管理科学研究，并且按规定授权和管理科学研究。在沿海国主权和管辖区域内的海洋科学研究在未得到该国明示同意下不得进行。沿海国有权参加和监督这种科学研究，并分享其资源和成果。国际区域的海洋科学研究应直接由国际海底管理局进行，适当时由自然人或法人通过与管理局签订工作合同或协议，或由管理局决定的其他方式进行，但应保证在这种研究的整个时期由管理局直接有效地控制。

美、苏等国反对发展中国家的主张，坚持科研自由。苏联非正式提案规定：在经济区范围内，各国可自由从事与勘探和开发区域内生物和矿物资源无关的科学研究工作。

在第二期会议上产生《关于海洋科学研究和条款草案和原则的非正式比较表》将海底委员会和海洋法会议各国提案分成8个问题，分别是：① 海洋科学研究的定义和目标；② 进行和促进海洋科学研究（其中包括进行科学研究的权利；沿海国的同意、参与和义务；进行海洋科学研究的一般条件）；③ 关于海洋科学研究的国际性和区域性合作，包括科学数据的交换和出版；④ 国际海洋区域机构；⑤ 科学设备在海洋环境中的地位；⑥ 责任和赔偿责任；⑦ 争端的解决；⑧《联合国宪章》和其他国际条约所规定的义务。

第三期会议上，有关海洋科学研究的新提案有：伊拉克的《关于海洋科学研究的修正条款草案》；保加利亚、苏联、民主德国、蒙古等 9 国提出的《关于海洋科学研究的条款草案》；哥伦比亚、萨尔瓦多、墨西哥、尼日利亚提出的《关于海洋科学研究的条款草案》。

第三期会议经过协商，会议最后由第三委员会主席提出一份《非正式单一协商案文》，关于海洋科学研究共计 6 章 37 条。这 6 章是：一般规定；国际和区域合作；进行和促进海洋科学研究；海洋环境中科学设备的地位；责任和赔偿责任；解决争端。其中最重要而有争议的是第三章：进行和促进海洋科学研究。该章虽然规定沿海国有在其领海进行和管理海洋科学研究的专属权利，规定在领海内进行海洋科学研究必须取得沿海国的明确同意，并在该国规定的条件下，才可进行。但对经济区或大陆架的科学研究，则区分"直接与勘探和开发生物和非生物资源有关的研究"和"不是直接与勘探和开发这种资源有关的基础研究"，前者只有经沿海国明确同意才可进行，后者只需要通知沿海国。这种规定反映了美国与苏联的主张，遭到发展中国家的反对。

第四期会议上集中讨论有关在经济区和大陆架科学研究的规定，经过协商修改的《订正的单一协商案文》较原案文有一定的改进，删去了将科研区分为两类的条款，规定：在经济区或大陆架上进行海洋科学研究，必须按照本公约的规定征得沿海国的同意。但却规定：沿海国对于以下海洋科学研究计划的进行不得拒不同意，除非该计划：① 与勘探和开发生物或非生物资源有很大的关系；② 涉及钻探或使用炸药；③ 不当干扰沿海国按照本公约规定的该国的管辖权所进行的经济活动；④ 涉及构筑、操作或使用……人工岛屿、设施和结构。然而，对协商中许多发展中国家提出的鉴别是否属于这四类研究及沿海国有最后决定权的主张没有列入案文中。

经过第五、第六两期会议的协商，除对经济区和大陆架的科研同意制度外，还对解决争端的程序进行了讨论。最后载入《非正式综合协商案文》的基本内容是：经济区和大陆架上的科研活动，必须征得沿海国同意，在正常情况下，沿海国应对科研的进行给予同意，但可拒绝下列四种科研活动(即与开发资源有关的；涉及钻探大陆架使用炸药或引入有害物质的；涉及人工岛屿、设施、结构的；研究计划的性质和目标与资料不符等)。同时规定通知沿海国后，在四个月内如无答复，即视为沿海国默认同意。还规定强制解决争端的程序不适用沿海国是否同意进行科研而引起的争端。

在第八、第九两期会议上主要是讨论美国提出的修正案，内容是：① 要求对在沿海国200海里以外大陆架上的海洋科研享有更多的自由；② 在获准的外国所进行的科研活动如违反原计划，即应"停止"进行，改为"暂停"进行，经过一段时间仍未纠正再行停止；③ 要求修改《综合案文》有关沿海国对由于对大陆架和经济区海洋科研行使权利或斟酌决定权所引起的争端不接受第三方强制解决的程序的规定。

根据两期会议的协商，在会议产生的《非正式综合协商案文》(订正二)中做了三点修改：① 规定如果沿海国已在任何时候公开指出200海里以外的大陆架上，某些特定区域已在进行或将在合理期间内进行开发或具有勘探业务的重点区域外，按公约规定进行的科研计划不得行使斟酌决定权而拒不同意；② 对于不按原来通知方式进行，或不遵守公约规定的沿海国对研究计划的权利，沿海国有权在"停止"这种科研活动之前，先要求"暂停"，如在一段时间未得到纠正，则可要求"停止"；③ 规定以下两类争端不适用第三方强制解决争端程序，而采用"强制调解"程序，即(a) 因研究国就一个具体项目指控沿海国以不符合公约规定的方式行使其对科研的权利或斟酌决定权或停止研究计划引起的争端;(b) 因沿海国对一项科研计划决定暂停而引起的争端。

至此,海洋科学研究的审议基本结束。

总而言之,第三次联合国海洋法会议中讨论的海洋科学研究制度,是在海洋科学研究自由与事先需取得沿海国同意的斗争中进行。

很多沿海国认为当他们对管辖海域的自然资源拥有勘探与开发的权利时,他们也应当对海洋科学研究拥有管辖权,因为海洋科学研究自由不可避免地损害到沿海国对资源管辖权的扩展①。

从《公约》的规定结果来看,主张同意制度的发展中国家取得相对的胜利,即除了继承传统习惯国际法所规定的内水和领海海洋科学研究同意制度之外,专属经济区和大陆架也采用了同意制度,但后者的同意制度与前者的同意制度并不相同,这也说明分持这两种主张的国家在某种程度上也达成了一种妥协。

第三节　海洋科学研究发展对未来立法的影响

虽然已经生效的《联合国海洋法公约》第十三部分专门规定海洋科学研究的基本法律制度,但是对于非缔约国而言,是否需要遵守?

1958 年《公海公约》序言明确规定"本公约当事各国,深愿

---

① John R. Stevenson & Bernard H. Oxman. The Future of the United Nations Convention on The Law Of The Sea [J]. American Journal of International Law, 1994(88): 498.

编纂关于公海之国际法规则……概括宣示国际法上之确定原则"①,此用语显然表明《公海公约》是对现在国际法已有规则的编纂,因此可以理解《公海公约》是国际习惯法的反映。

但是,《联合国海洋法公约》并非如此,在其通过后,第三次联合国海洋法会议主席在会议的最后陈述中宣称"本公约不是一部编纂的公约,认为这是对习惯法的编纂或者是反映了现有国际实践的观点是完全与事实不符和无法律根据的"②。

另外,国际法院几次声称《联合国海洋法公约》的部分条款可被视为正在形成的国际习惯法③。因此,尽管《联合国海洋法公约》(以下简称《公约》)被誉为"海洋法宪章",其整体也不能被认为是对国际习惯法的编纂,它其中的一些条款正在形成国际习惯法。

至于海洋科学研究,国家实践大多与《公约》的规定一致,考虑到在《公约》生效之前一些国家的国内法规定已经使得《公约》规定的领海、专属经济区和大陆架的海洋科学研究需要沿海国同意制度已经成为国际习惯法。

《公约》规定的海洋科学研究制度还存在一些模糊的地方或空白的地方,海洋科学研究的发展与实践正在推动在新领域形成新规则,这也本节所讨论的对未来相关立法的影响之处。

一、海洋科学研究技术发展的影响

人类对海洋研究的技术不断进步与发展,一项新的技术是

---

① 《公海公约》序言。

② Marko Pavliha & Norman A. Martinez Gutierrez. Marine Scientific Research and the 1982 United Nations Convention on the Law of the Sea[J]. Ocean & Coastal Law Journal, 2011(16): 13.

③ Delimitation of the Maritime Boundary in the Gulf of Maine Area(Can./U.S.), Judgement, 1984 I.C.J. 246, p.94(Oct. 12); Continental Shelf(Libyan Arab Jamahiriya/Malta). Judgment, 1985 I.C.J. 13, p.34(June 3).

使用卫星进行海洋科学研究,卫星传感可使人类测量海洋的表层水温以达到间接测量海洋生物生产力的目的,可以得到海洋潮流的信息。更重要的是,卫星传感可让我们同时测量几乎整个海洋的面积,以对海洋的全貌进行研究。卫星测量的一个重要限制因素是所有的信息均来自海洋表面,以此来推断海面之下发生了什么,数据均是表面的,目前重大的研究还是在水下进行的。

《联合国海洋法公约》对于卫星进行海洋科学研究没有任何规定,卫星从沿海国的专属经济区上空飞过收集海洋表面信息时并不需要沿海国的同意。卫星技术的迅速发展使得科学家在研究中获益颇多,但是使用卫星并不受《公约》的约束。

有时候科学家可能没有经过正式的申请程序,但不是故意地从沿海国专属经济区收集信息,这种情况主要是来自漂流浮标的数据,包括水面和水下的浮标。目前使用这种漂浮仪器的情况正在增多,有时候这些浮标会漂流到沿海国的专属经济区后发回信息。如果这种情况越来越多,必然会在研究国与沿海国之间产生冲突①。

二、国家管辖范围外海洋生物资源利用的影响

国家管辖范围外海洋生物资源主要指国际海底区域(“区域”)的深海底生物资源,与“区域”的矿产资源相比,其具有以下几个特点:

深海底矿产资源位于的底土属于“区域”,而相当一部分深海底生物位于底土和水体之间,这部分生物资源可视为“区域”

① John A. Knauss. The Effects of the Law of the Sea on Future Marine Scientific Research and of Marine Scientific Research on the Future Law of the Sea [J]. Louisiana Law Review, 1985(45): 9.

资源，也可视为公海资源；深海矿产资源是一种现场的有形资源，未来的开发是实时实地的公开活动。

对于北极和南极而言，科学家已发现一些生物资源已经适应其极端的环境，科学家也希望通过研究来揭开其适应环境的遗传基础①。

目前，位于国家管辖权之外的海洋基因资源（MGRs）成为科学领域和国际法领域的焦点问题。对科学家而言，其是极具潜能的未开发的资源，特别是用于医学和制药工业的价值，同时也具有科学价值②。海洋基因资源也引起国际法的问题，涉及知识产权的保护以及研究、勘探与开发的法律问题③。

海洋基因资源是一种后成资源，一旦采集到所需的生物样品，基因资源开发的后期工作可全部在实验室完成，其开发活动一般是异时异地秘而不宣地进行；基因资源的开发应用受国际专利法保护，基因资源的保存跨越了生命体与非生命体的界限。

由于深海底生物资源的这些特性，管理这一资源首先面临的问题是其法律地位的确定。现有国际条约在管理“区域”基因资源及规范有关活动方面的局限性，或者说存在重大的法律空白，其根本问题是迄今为止没有一部国际条约明确深海底生物

---

① Pamela L. Schoenberg. A Polarizing Dilemma: Assessing Potential Regulatory Gap-Filling Measures for Arctic and Antarctic Marine Genetic Resource Access and Benefit Sharing [J]. Cornell International Law Journal, 2009(42): 276.

② Arianna Broggiato. Exploration and Exploitation of Marine Genetic Resources in Areas Beyond National Jurisdiction and Environmental Impact Assessment [J]. European Journal of Risk Regulation, 2013(4): 248.

③ Eve Heafey. Access and Benefit Sharing of Marine Genetic Resource from Areas beyond National Jurisdiction [J]. Chicago Journal of International Law, 2014(14): 496.

资源本身的法律地位及由此而定的开发制度①。

目前对深海生态系统及生物群落可能造成危害的人类活动包括：深海勘探和采矿、海洋科研、生物取样与采探以及观光活动等。

《生物多样性公约》为保护生物多样性、可持续利用生物多样性各个组成部分提供了法律框架。同时，《联合国海洋法公约》规定了适用于国家管辖海域的海洋科学研究制度，《生物多样性公约》的实施也应当符合《联合国海洋法公约》的规定②。

《生物多样性公约》虽不适用于国家管辖范围以外地区的生物多样性组成部分，但适用于在缔约方控制或管辖下在国家管辖范围以外地区内进行的过程和活动。公约要求缔约方查明并监测（可能）产生重大不利影响的过程和活动，如发现对生物多样性有重大不利影响，应管制或管理此类过程和活动③。

尽管《联合国海洋法公约》和《生物多样性公约》的条款互为补充和支持，但它们并未提供一个具体的养护和可持续利用"区域"基因资源的法律框架。《联合国海洋法公约》没有明确规定任何关于海洋基因资源的规定④。

由于历史的局限，在第三次联合国海洋法会议讨论"区域"

---

① 金建才.深海底生物多样性与基因资源管理问题[J].地球科学进展，2005(1)：14.

② A. Charlotte de Fontaubert，David R. Downes & Tundi S. Agardy. Biodiversity in the Seas：Implementing the Convention on Biological Diversity in Marine and Coastal Habitats [J]. Georgetown International Environmental Law Review，1998(10)：816.

③ 《生物多样性公约》第4条、第7条和第8条。

④ Angelica Bonfanti & Seline Trevisanut. Trips on The Seas：Intellectual Property Rights on Marine Genetic Resources [J]. Brooklyn Journal of International Law，2011(37)：192.

制度时，“区域”的生物资源刚刚被发现，人类对“区域”生物资源的情况、分布范围及其价值几乎没有认识。《公约》的“区域”制度并未涉及深海底生物资源有关的活动。另一方面，在国家管辖范围以外的区域，《生物多样性公约》并没有涉及生物多样性本身的组成部分。根据这一公约，由于对资源没有主权或管辖权，各缔约方没有必须保护和可持续利用本国管辖范围以外区域中的生物多样性的具体组成部分的直接义务。显然，根据这两部公约，在国际海底区域，目前还没有一个国际机构具有监管生物资源有关活动的明确责任①。

由于深海生物资源的特性与法律地位不明确，使国际海底管理局目前难以在深海基因资源的利用与开发问题有所作为。但根据上述及其他有关规定。没有理由认为管理局无权制定保护“区域”生物多样性的有关规定；也没有理由说明管理局不该制定有关标准，以划定深海底特别敏感区域作为诸如环境参照区等保留区域。可以预料，在管理局为多金属硫化物和富钴结壳勘探活动建立的管理机制中必然会更加强调环境影响评价与预警原则，提出更为严格的环境要求。在充分行使有关“区域”环境保护职责、争取“区域”生物多样性管理权的同时，管理局采取的实际行动是通过研讨会与推进科研合作，以期确定与建立有关标准，查明和评估“区域”生物多样性以及人类活动对此的潜在威胁。管理局从深海环境合作项目获得的益处，一是使之较其他国际机构对“区域”生物多样性问题拥有更权威的发言权；二是显示了管理局协调开展科学界，以及科学界与海底承包者之间开展合作的务实作风与组织能力；三是对于指导管理局

① 金建才.深海底生物多样性与基因资源管理问题[J].地球科学进展,2005(1)：14.

制定规章和必要措施提供了科学依据①。

2006年联合国大会不限成员名额非正式特设工作组在联合国总部召开会议，研究国家管辖范围以外海洋生物多样性的养护和可持续利用问题。与会代表认为当前国家管辖范围以外海洋生物多样性的法律框架存在的问题是：一是对现有法律制度的执行方面存在空白，即对相关协定执行不力和现在机制利用不够；二是法律制度本身存在空白，因而需要对相关领域制定新的法律框架②。

欧盟坚持对这两方面的空白需要同时采取行动，提议应制定《联合国海洋法公约》的第三部分执行协定，重点是在公海建立海洋保护区；一些非政府间组织支持欧盟的提议，重点应是制止破坏性捕鱼和建立监督机构。加拿大、澳大利亚和新西兰倾向于制定一个新协定的提议，但表示需要更多时间来研究这一提议的价值，以确保这一提议对机构间协调与统一行动，以及对政府间的合作能起作用。美国、日本、韩国、挪威、冰岛明确反对制定一部新协定的提议，认为谈判出台一个新的国际条约既费时间，也存在许多不确定的因素，强调就深海生物多样性保护而言，充分有效地执行现有协定与利用现有机制完全可以解决当前面临的紧迫问题。七十七国集团和中国对欧盟的提议反应冷淡，因为这一提议几乎没有涉及发展中国家最为关注的深海基因资源问题③。

在2015年5月11日联合国大会第69届会议“关于海洋和

① 金建才.深海底生物多样性与基因资源管理问题[J].地球科学进展，2005(1)：15.

② 林新珍.国家管辖范围以外区域海洋生物多样性的保护与管理[J].太平洋学报，2011(10)：99.

③ 朱建庚.海洋环境保护的国际法[M].北京：中国政法大学出版社，2013：129.

海洋法”议程项目74(a)中,决定根据《联合国海洋法公约》的规定就国家管辖范围以外区域海洋生物多样性的养护和可持续利用问题拟订一份具有法律约束力的国际文书。

如果联合国就此制定一个新的国际条约,其中的内容必然涉及对国家管辖范围以外区域海洋生物多样性的科学研究问题,必然影响和发展现有国际法关于海洋科学研究的相关内容。

三、海洋军事活动的影响

《联合国海洋法公约》规定海洋科学研究要专为和平目的而进行①,和平利用海洋是所有国家利用海洋的基本原则,也符合《联合国宪章》维持国际和平与安全的宗旨。

但是,何为“专为和平目的进行海洋科学研究”则引起不同的解释,例如以军事目的而进行的海洋科学研究是否属于和平目的就存在不同的解释。

第三次联合国海洋法会议期间就此问题展开讨论。反对军事活动者认为海洋应当非军事化,但相反的观点认为,以自卫为目的的海洋军事活动符合《联合国宪章》的要求是正当的。

《联合国海洋法公约》最后形成时,没有明确规定海洋的军事利用问题。但是,这并不排除在和平时期以和平为目的进行海洋军事活动②。

海洋军事活动与海洋科学研究在实践中因为《公约》规定模糊以及解释的不同,已经引发一些冲突,关于两者的关系可进一步参看本书第三章第五节的内容。

---

① 《联合国海洋法公约》第240(a)条。

② Florian H. Th Wegelein. Marine Scientific Research: The Operation and Status Research Vessels and Other Platforms in International Law[M]. Leiden/Boston: Martinus Nijhoff Publishers 2005, 94.

第三章 《联合国海洋法公约》的海洋科学研究制度

《联合国海洋法公约》(以下简称《公约》)本是各国妥协之下的结果,第十三部分“海洋科学研究”制度也是各国谈判妥协之后的规定,该部分确立了海洋科学研究的基本制度。

第十三部分“海洋科学研究”分为六节,分别是①:

第一节是“一般规定”(第 238 条至第 241 条),主要规定各国拥有进行科学研究的权利,促进和便利海洋科学研究的义务,以及海洋科学研究的一般原则;

第二节是“国际合作”(第 242 条至第 244 条),主要规定促进国际合作,传播海洋研究成果以及促进发展中国家自主进行海洋科学研究能力的一般条款。

第三节是“海洋科学研究的进行和促进”(第 245 条至 257 条),主要规定不同海域的海洋科学研究的具体制度与要求,主要规范专属经济区和大陆架的海洋科学研究。

---

① Shabtai Rosenne & Alexander Yankov. Volume Editors. United Nations Convention on the Law of the Sea 1982: A Commentary, Volume Ⅳ[M]. Dordrecht/Boston/London: Martinus Nijhoff Publishers, 1991,435-436.

第四节是“海洋环境中科学研究设施或装备”(第258条至262条),主要规定不同海域中科学研究设施或装备的部署与使用。

第五节是“责任”(第263条),规定由国家、自然人、法人或国际组织进行海洋科学研究导致损害而应该承担的责任。

第六节是“争端的解决和临时措施”(第264条至265条),规定海洋科学研究争端解决的适用条款与临时措施。

除《公约》第十三部分之外,“海洋科学研究”一词还在《公约》以下条款中出现:第21条第1(f)款,涉及领海无害通过时的海洋科学研究;第40条用于国际航行的海峡之海洋科学研究,第54条群岛国的研究活动,第56条第1(b)(2)款关于专属经济区内的海洋科学研究,第143条“区域”的海洋科学研究,第266条关于海洋科学研究的发展,第275条关于鼓励和推进发展中沿海国进行海洋科学研究,第297条第2款关于海洋科学研究争端解决的程序,以及附件8特别仲裁第2条专家名单的规定①。

总之,《公约》在规范海洋科学研究的时候,公平处理了国际科学界与沿海国之间的利益冲突,特别考虑到了沿海国的经济权利,即平衡了沿海国希望控制他国在本国邻接海域的调查活动与海洋科学研究自由最大化的关系,这种平衡是通过建立专属经济区的默示同意制度和保护公海的海洋科学研究自由而实现②。

---

① 专家名单在渔业方面,由联合国粮食及农业组织,在保护和保全海洋环境方面,由联合国环境规划署,在海洋科学研究方面,由政府间海洋学委员会,在航行方面,包括来自船只和倾倒造成的污染,由国际海事组织,或在每一情形下由各该组织、署或委员会授予此项职务的适当附属机构,分别予以编制并保持。

② Jonathan I. Charney. Entry into Force of the 1982 Convention On The Law Of the Sea [J]. Virginia Journal of International Law, 1995 (35): 387.

《公约》不仅保护沿海国的权利，赋予在其管辖海域海洋科学研究给予同意的权利，也制定规则禁止沿海国滥用该权利而保护国际科学界的权利。对于干预正在进行的研究项目，沿海国的权利限于核查，而唯一的执行措施是其有权要求研究暂停或停止，而无更多的权力①。

第一节　海洋科学研究的基本原则

依据《联合国海洋法公约》第十三部分，特别是其中第一节的规定，海洋科学研究的基本原则可归纳如下：

一、所有国家，不论其地理位置如何，以及各主管国际组织，在《公约》所规定的其他国家的权利和义务的限制下，均有权进行海洋科学研究②

这一规定是《联合国海洋法公约》关于海洋科学研究法律制度的基础。

“海洋科学研究”的定义当年也是在这一条款的讨论中进行，可参看本书第二章第一节的内容。

“所有国家”（all states），这一表述在之前的草案中用的是缔约国（states parties）。《公约》使用所有国家意味着任何国家，无论它们是否《公约》的缔约国，也无论它们是否主张或行使海洋科学研究的权利，无论它们是沿海国，或内陆国以及地理位

---

① Marko Pavliha & Norman A. Martinez Gutierrez. Marine Scientific Research and the 1982 United Nations Convention on the Law of the Sea[J]. 16 Ocean & Coastal Law Journal, 2011, 13.

② 《联合国海洋法公约》第 238 条，英文条款是：All states, irrespective of their geographical location, and competent international organization have the right to conduct marine scientific research subject to the rights and duties of other States as provides for in this Convention.

置相对不利国家，所有国家均享有海洋科学研究的权利①。

“各主管国际组织”也享有海洋科学研究的权利。

“各主管国际组织”(competent international organizations)在《公约》多处条款使用，有的条款可明确知道它是指一个特定的国际组织，例如第22条规定沿海国在指定海道和规定分道通航制时，应考虑到“主管国际组织的建议”，这里显然指国际海事组织。但更多的条款无法得出这样的结论，就如此处第238条所提及的“各主管国际组织”。《公约》并没有定义“各主管国际组织”，因此，就需要依据不同条款的内容来确定不同的主管国际组织。

此外，“国际组织”的定义也是不清楚的。第三次海洋法会议中，有学者认为依据《维也纳条约法公约》，国际组织应该是政府间国际组织，但这一提议没有被接受②。

对于这里的“各主管国际组织”，依据《公约》第十三部分以及与第十二部分比照，各主管国际组织并不是指任何特殊的组织，而是指在此情形下有法律能力的所有组织。这一用语暗示该组织应该有资格并且积极参与科学领域，特别是物理和化学海洋学、海洋生物学和海洋地质学。

非政府组织符合上述条件的话，也可以成为上述的“各主管国际组织”③。

---

① Shabtai Rosenne & Alexander Yankov. Volume Editors. United Nations Convention on the Law of the Sea 1982：A Commentary, Volume Ⅳ[M]. Dordrecht/Boston/London：Martinus Nijhoff Publishers, 1991, 449.

② George K. Walker General Editor. Definitions For the Law of the Sea：Terms not Defined by the 1982 Convention[M]. Leiden/Boston：Martinus Nijhoff Publishers, 2012, 140.

③ Shabtai Rosenne & Alexander Yankov. Volume Editors. United Nations Convention on the Law of the Sea 1982：A Commentary, Volume Ⅳ[M]. Dordrecht/Boston/London：Martinus Nijhoff Publishers, 1991, 449.

所有国家和主管国际组织在享有海洋科学研究权利的同时，并不是完全自由的，而是需遵守“其他国家的权利和义务”，其他国家的权利和义务必须是《公约》所规定的，而不是其他条约和国际法规则规定的内容。

从这一规定还可以得知，《公约》不承认个人为本人的科学宗旨和目标而从事海洋科学研究的自由，这是对海洋科学研究自由的进一步限制。

《公约》规定只有国家和国际组织可以行使海洋科学研究的权利，《公约》并没有赋予个人任何人权文件所承认的权利。从国家层面而言，有的国家从宪法上提供科学研究的保护。例如《德国基本法》第 5 条第 3 款规定“科学、研究和教学自由”。在其他国家，科学研究自由可能被规定为积极义务以促进和支持研究。这些保证科学研究自由国家的个人科学家拥有法律规定的权利去从事个人的科学研究，这些国家可能因国际上的行为违反国内宪法而在国内法院被诉。在制定和执行国际规范的时候，这些国家必须考虑科学研究自由。但是，在那些不承认科学自由有宪法保障的国家，个人科学家的地位难以得到法律保护[①]。

二、各国和各主管国际组织应按照《公约》促进和便利海洋科学研究的发展和进行[②]

《公约》规定各国和主管国际组织在促进和便利海洋科学研

---

① Anna-Maria Hubert. The New Paradox in Marine Scientific Research: Regulating the Potential Environmental Impacts of Conducting Ocean Science [J]. Ocean Development & International Law,2011(42): 333.

② 《联合国海洋法公约》第 239 条，英文条款是：States and competent international organizations shall promote and facilitate the development and conduct of marine scientific research in accordance with this Convention.

究的发展和进行方面负有义务。这一规定在联合国海洋法会议的讨论中没有什么异议和争论。

三、海洋科学研究应专为和平目的而进行[1]

在联合国海洋法会议的讨论中,很多代表一致认为海洋科学研究不是绝对的公海自由,当时一些国家的提案就规定海洋科学研究要以和平为目的,如1973年中国的提案规定海洋科学研究应当专为和平目的进行。

海洋科学研究应专为和平目的进行,这一规定受到发展中国家的支持。这一规定也可以在《公约》中找到其他类似的条款,如《公约》第88条规定"公海应只用于和平目的",第141条规定"'区域'应开放给所有国家,不论是沿海国或内陆国,专为和平目的利用,不加歧视,也不得妨害本部分其他规定"。第301条规定"海洋的和平利用"[2]。

四、海洋科学研究应以符合《公约》的适当科学方法和工具进行[3]

所谓"适当科学方法和工具",主要针对海洋环境保护与保全而提出,如果所采用的方法和工具适当,则海洋环境能得到保护与保全,反之,则可能对海洋环境的保护与保全造成损害。1976年国际法院关于爱琴海大陆架案明确指出:就国际法发展观点而言,使用爆炸方法勘探大陆架,应予以禁止。因为利用爆炸物勘

---

① 《联合国海洋法公约》第240(a)条,英文条款是:Marine scientific research shall be conducted exclusively for peaceful purposes.

② 《联合国海洋法公约》第301条:缔约国在根据本公约行使其权利和履行其义务时,应不对任何国家的领土完整或政治独立进行任何武力威胁或使用武力,或以任何其他与《联合国宪章》所载国际法原则不符的方式进行武力威胁或使用武力。

③ 《联合国海洋法公约》第240(b)条,英文条款是:Marine scientific research shall be conducted with appropriate scientific methods and means compatible with this Convention.

探或进行科学研究，对大陆架资源可能造成不可弥补的损害[①]。

在《订正的单一协商案文》中，原本有对适当科学方法和工具的列举如“船舶、飞机、仪器、设备与装置等”，但在《公约》最后文本中删除了上述限制，仅规定为一般的“科学方法和工具”，这就为“科学方法和工具”的解释留下很大的空间[②]。

五、海洋科学研究不应对符合《公约》的海洋其他正当用途有不当干扰，其他正当用途也应当尊重海洋科学研究[③]

该原则包含双重含义，一是海洋科学研究活动不能不当干扰其他正当的海洋活动，二是其他正当的海洋活动也应当尊重海洋科学研究活动。这一规定也表明，海洋科学研究活动是海洋合法利用的活动之一。

所谓“不当干扰”，定义并不明确，但部分核心概念可以确定，例如有学者认为不应对已经确定的国际航道构成障碍，不得将有害物质引入海洋环境等均是不当干扰的例子[④]。

六、海洋科学研究的进行应遵守依照《公约》制定的一切有关规章，包括关于保护和保全海洋环境的规章[⑤]

此处是指沿海国依据《公约》制定的一切有关的法律规章，

---

① 刘楠来.国际海洋法[M].北京：海洋出版社，1986：426－427.

② Shabtai Rosenne & Alexander Yankov. Volume Editors. United Nations Convention on the Law of the Sea 1982: A Commentary, Volume Ⅳ[M]. Dordrecht/Boston/London: Martinus Nijhoff Publishers, 1991,461.

③ 《联合国海洋法公约》第240(c)条，英文条款是：Marine scientific research shall not unjustifiably interfere with other legitimate uses of the sea compatible with this Convention and shall be duly respected in the course of such uses.

④ 刘楠来.国际海洋法[M].北京：海洋出版社，1986：426－427.

⑤ 《联合国海洋法公约》第240(d)条，英文条款是：Marine scientific research shall be conducted in compliance with all relevant regulations adopted in conformity with this Convention including those for the protection and preservation of the marine environment.

此等规章并不仅限于有关保护和保全海洋环境的规章，还可以包括：沿海国制定的有关领海无害通过的法律规章；海峡沿海国对行使过境通行权船舶有关海上交通管理与海洋污染防治的法规；群岛国家所制定的类似法规；沿海国制定的专属经济区内进行海洋科学研究的法规；根据第七部分第六节所制定的有关海洋环境保护与保全的法规①。

七、海洋科学研究不应构成对海洋环境任何部分或其资源的任何权利主张的法律根据②

《公约》第89条规定"任何国家不得有效地声称将公海的任何部分置于其主权之下"，第137条规定"任何国家不应对区域的任何部分或其资源主张或行使主权或主权权利，任何国家或自然人或法人，也不应将区域或其资源的任何部分据为己有"。

这一原则与上述规定类似，海洋科学研究活动不得对海洋环境任何部分或其资源构成任何权利主张的法律根据，这也意味着海洋科学研究不得对公海或"区域"的任何部分行使任何权利主张。各种不同性质海域的法律地位以及国家管辖权或主权，不会因海洋科学研究而受到侵害或损害。

总而言之，上述原则仍有模糊或不清楚的地方，但是《公约》确定海洋科学研究的这些一般原则说明各国对海洋科学研究的基本原则达成共识，这是指导海洋科学研究活动的基础。

---

① Shabtai Rosenne & Alexander Yankov. Volume Editors. United Nations Convention on the Law of the Sea 1982：A Commentary，Volume Ⅳ[M]. Dordrecht/Boston/London：Martinus Nijhoff Publishers，1991，462.

② 《联合国海洋法公约》第241条，英文条款是：Marine scientific research activities shall not constitute the legal basis for any claim to any part of the marine environment or its resources.

第二节　各海域的海洋科学研究制度

一、内水与领海的海洋科学研究

（一）内水

1958 年《日内瓦海洋公约》未提及内水的海洋科学研究制度[①]，1982 年《联合国海洋法公约》也没有提及内水的海洋科学研究制度，但是在国际习惯法中，内水的法律地位非常清楚，其与一国之领陆具有相同的法律地位，国家对其享有完整的主权。因此，外国在沿海国的内水进行海洋科学研究，必须取得沿海国的事先同意。

（二）领海

1958 年《领海与毗连区公约》已经规定沿海国的主权及于领海，以及领海的上空、海床和底土[②]，其他国家只享有无害通过权，因此，在领海中的海洋科学研究须事先获得沿海国的同意方可进行。

唯一可能的例外是，当一艘船舶在领海无害通过时，同时进行的附带于航行的活动可能被认为是研究。例如，航行时进行海道测量，就可能被认为是谨慎的安全措施行为，也可能被认为是对海床水文测量的研究行为[③]。

《联合国海洋法公约》第 245 条规定：

---

① 1958 年在日内瓦召开的第一次联合国海洋法会议制定《领海与毗连区公约》、《公海公约》、《公海渔业和生物资源养护公约》和《大陆架公约》等四项公约，这四项公约统称为《日内瓦海洋公约》（Geneva Conventions）。

② 《领海与毗连区公约》第 1 条和第 2 条。

③ R. R. Churchill & A. V. Lowe. The Law of the Sea, third edition[M]. Manchester：Manchester University Press，1999，401.

> 沿海国在行使其主权时,有规定、准许和进行其领海内的海洋科学研究的专属权利。领海内的海洋科学研究,应经沿海国明示同意并在沿海国规定的条件下,才可进行。

《联合国海洋法公约》第2条明确规定沿海国的主权及于领海,以及其上空、海床和底土。《公约》第245条规定海洋科学研究是沿海国的专属权利,进一步明确沿海国对领海的管辖权包括海洋科学研究。

依据这一条款,计划在沿海国领海进行海洋科学研究,必须符合以下条件:

1. 必须取得沿海国的"明示同意"(express consent)

"明示同意"显然与其他条款所规定的同意有所不同,换言之,在领海进行海洋科学研究不可能发生"强制同意"(包括"默示同意"和"视为同意")之情形①。沿海国的明示同意在该条款中也体现为"沿海国在行使其主权时,有……准许……"外国和主管国际组织在其领海内进行海洋科学研究的专属权利。"准许"(authorize)一词意味着对计划进行海洋科学研究的外国和主管国际组织进行个案审批,以决定是否予以准许。

起草委员会1979年的一份报告中已经提及是否对"同意"进行分类,分别有"明示同意"(express consent)、"同意"(consent)、"事先授权"(prior authorization)、"事先许可"(prior approval)和"明示事先许可"(express prior approval)等。报告建议这些词语表述的目的是规范翻译。《公约》第245条用的"明示同意"反映沿海国在领海中享有的主权,这与《公

---

① 姜皇池.国际海洋法(下册)[M].台北:学林文化事业有限公司,2004:1284.

约》第246条大陆架和专属经济区使用的“同意”一词,以及与《公约》第252条规定的“默示同意”显然不同①。

2. 必须遵守沿海国规定的条件

“沿海国在行使其主权时,有规定……”领海内海洋科学研究的专属权利。这里的“规定”(regulate)是指沿海国有权制定其领海内海洋科学研究的法律和规章,对于法规中之条件,计划进行海洋科学研究的外国和主管国际组织必须遵守。

这些条件的内容,完全属于沿海国依据主权而制定,可能包含严苛的研究方法或手段,也可能包含完全不合理的内容,有的学者认为对此情况,申请者并无任何救济的途径②。

因为领海内的“海洋科学研究”属于沿海国的主权范畴,沿海国完全可以在其本国领海内实施海洋科学研究自由之政策,所以沿海国也可以规定不需要外国和主管国际组织在计划研究之前提交申请。

但是,沿海国对领海“海洋科学研究”主权之行使与《公约》规定的外国船舶享有领海无害通过权相关条款存在紧密的联系。

《联合国海洋法公约》第17条规定:

> 在本公约的限制下,所有国家,不论为沿海国或内陆国,其船舶均享有无害通过领海的权利。

《联合国海洋法公约》第19条规定,如果“通过只要不损害

① Shabtai Rosenne & Alexander Yankov. Volume Editors. United Nations Convention on the Law of the Sea 1982: A Commentary, Volume Ⅳ[M]. Dordrecht/Boston/London: Martinus Nijhoff Publishers, 1991, 495.

② J. Ashley Roach. Marine Scientific Research and the New Law of the Sea[J]. Ocean Dev. & Int'l L, 2004(27): 59,63.

沿海国的和平、良好秩序或安全，就是无害的”。但是，“进行研究或测量”的活动视为损害沿海国的和平、良好秩序或安全①。

这与1958年《领海与毗连区公约》相比而言，《公约》明确做出无害通过的船舶不得进行研究或测量行为，而前者则无此规定，这就缩小沿海国在判断通过是否无害时的自由裁量权，美国认为这是一份详尽的罗列，若外国船舶没有进行任何上述罗列之活动，沿海国不得认为通过为非无害。但并非所有国家有持这种立场，有的国家认为应该依《公约》第19条第1款的一般性规定作为依据②。

《联合国海洋法公约》第21条规定“沿海国可依本公约规定和其他国际法规则，对下列各项或任何一项制定关于无害通过领海的法律和规章”，其中包括制定“海洋科学研究和水文测量”的法律和规章③。

因此，在领海内的海洋科学研究需要同时考虑《公约》所制定的上述与无害通过权相关的研究或海洋科学研究的规定：

《公约》第245条是一般性的规定，规定沿海国有权制定领海内“海洋科学研究”的法规，而《公约》第21条是特殊性的规定，规定沿海国可以制定与无害通过有关“海洋科学研究”的法规。

若沿海国依据第245条规定，制定法规要求在本国领海的海洋科学研究活动需取得其事先同意，而未规定具体的条款，外国船舶在其领海内的海洋科学研究仍有可能因违反《公约》第19条或第21条的规定而被视为非无害通过，如是这种情况，则海洋科学研究活动应该停止，否则船舶就丧失无害性，沿海国就

① 《联合国海洋法公约》第19条2(J)款。

② 路易斯·B·宋恩.海洋法精要[M].傅崐成，译.上海：上海交通大学出版社，2014：117-118.

③ 《联合国海洋法公约》第21条1(g)款。

可以“采取必要的步骤以防止非无害的通过”①，这意味着沿海国可以驱逐该船舶，甚至可以逮捕该船舶。

《公约》第 245 条规定领海内的“海洋科学研究”必须取得沿海国的明示同意，但是《公约》第 19(2)(j)条规定船舶“进行研究或测量”的活动视为损害沿海国的和平、良好秩序或安全，属于非无害的通过。显然，第 19 条(2)(j)规定的“研究”范围大于第 245 条规定的“海洋科学研究”范围，沿海国依据第 245 条仅有授权领海“海洋科学研究”，以及制定领海“海洋科学研究”的法规之权利，而不具有超越此范围的授权其他“研究”或制定其他“研究”法规的权利。

对于在领海行使无害通过权的一般船舶而言，沿海国若依《公约》第 245 条要求该船舶取得其明示同意，就会被视为沿海国侵害了外国船舶的无害通过权。若一般船舶在通过领海时进行的活动属于第 19(2)(j)条规定的“研究或测量”，则视其为非无害通过；相反，则视为无害通过行为。但是对研究船舶而言，要求取得明示同意可能不会构成侵权行为。假若研究船舶不从事任何研究活动，其就应被为一般船舶而适用《公约》的普遍性条款。理论上虽然如此，但实践中并不一样。沿海国对于研究船舶通过其领海时，难以判断该船舶是否仅是纯粹性地通过，还是伴随有违反第 19(2)(j)条的“研究或测量”活动，因此不得不对该船舶进行检查，而该检查行为显然侵害了船舶享有的无害通过权②。

一般而言，当船舶在领海内进行“研究”活动时，就不能主张

---

① 《联合国海洋法公约》第 25 条第 1 款。

② Florian H. Th Wegelein. Marine Scientific Research: The Operation and Status Research Vessels and Other Platforms in International Law[M]. Leiden/Boston: Martinus Nijhoff Publishers, 2005, 224 - 225.

无害通过权，因为该活动明显违反《公约》第19(2)(j)条的规定使其通过行为变成非无害通过。但是，如果船舶的活动不属于《公约》第19(2)(j)条规定的“进行研究或测量”，则情况就会不同，同时也不会必然违反《公约》第21(1)(g)条的规定。这种情况属于非无害通过的例外情形，本质上还是无害通过。

所以，船舶可以在沿海国领海通过时，一方面主张其行使无害通过权，另一方面从事不属于《公约》第19(2)(j)条规定的“研究或测量”活动，进而实现既不需沿海国明示同意而通过沿海国的领海，又实施船舶的相关活动。

但是，《公约》依然没有解决第19(2)(j)条规定的“研究或测量”活动与附属于航行的可允许活动如何区分的问题。

有的学者认为这一问题应由沿海国通过制定国内法规或条件加以明确。若沿海国未制定相应的法规或条件，在这种情况下，外国船舶应当向沿海国提出申请，要求沿海国明确阐明是否许可。如果沿海国没有相应的法规，也没有对申请做出明确同意的回复，则外国船舶不能将此情况视为沿海国默示同意或沿海国放弃此种权利，进而从事上述活动。《公约》第245条的制定法规是沿海国行使主权与专属权利的内容，“专属”一词，意味着未经沿海国明示同意，均不得从事这种行为①。

但是，问题是：依据《公约》第245条，沿海国仅有制定领海内“海洋科学研究”法规的专属权利，依据《公约》第21条，沿海国有制定与无害通过有关“海洋科学研究”的法规，没有制定领海内“研究”的法规之权利。但是，《公约》第19(2)(j)条规定的

① 《联合国海洋法公约》第77条第2款，规定“……权利是专属的……即……未经沿海国明示同意，均不得从事这种活动”。这一条款也从另一方面证明专属权利之内容，必须经沿海国“明示同意”，因而沿海国没有规定相关条件，或者没有回复，不能视为沿海国放弃此种专属权利。

外国船舶的“研究或测量”活动却又构成非无害通过。理论上讲，外国船舶在领海内进行不属于“海洋科学研究”的其他“研究”活动时，沿海国无制定法规和管辖的权利，只能以非无害通过来处理。

如何判断既不属于《公约》规定的“海洋科学研究”，又不属于《公约》第19(2)(j)条所规定的“研究”活动呢？

有学者认为，目前已经公认《公约》规定的“海洋科学研究”范围不包含“业务化海洋学”(operational oceanography)，因此，如果船舶在航行的时候，进行水温、风向与海流、水深等测量活动，若是附属于航行的例行活动，则这些活动不能视为“海洋科学研究”活动和《公约》第19(2)(j)条所规定的“研究”活动，这些活动不影响船舶享有的在领海的无害通过权①。

二、毗连区与群岛水域等的海洋科学研究

(一) 毗连区

《联合国海洋法公约》第33条规定：

> 1. 沿海国可在毗连其领海称为毗连区的区域内，行使为下列事项所必要的管制：
>
> (a) 防止在其领土或领海内违犯其海关、财政、移民或卫生的法律和规章；
>
> (b) 惩治在其领土或领海内违犯上述法律和规章的行为。
>
> 2. 毗连区从测算领海宽度的基线量起，不得超过24海里。

---

① Florian H. Th Wegelein. Marine Scientific Research: The Operation and Status Research Vessels and Other Platforms in International Law[M]. Leiden/Boston: Martinus Nijhoff Publishers, 2005, 181.

《公约》并未规定毗连区内的科学研究事项,甚至国家是否需要正式主张或宣布毗连区作为行使毗连区管辖权的先决条件,也存有疑问,如布郎利教授认为对毗连区必须提出主张才可行使管辖权①。

倘若沿海国存在毗连区的情形下,毗连区内的海洋科学研究活动应依下列分析进行:

首先,如果沿海国的大陆架超过毗连区的外部界限,则毗连区的海洋科学研究活动应遵守大陆架的海洋科学研究制度,必须取得沿海国的同意。

其次,若沿海国的大陆架未超过毗连区的外部界限,则未超过部分毗连区的海洋科学研究活动应视该海域是否属于沿海国的专属经济区而定:

若沿海国主张专属经济区,则该部分适用专属经济区的规定,海洋科学研究活动须取得沿海国的同意;

若沿海国未主张专属经济区,则依《公约》的相关规定,毗连区视为公海的一部分②,该部分的海洋科学研究应适用公海的海洋科学研究自由制度。

(二)群岛水域

《联合国海洋法公约》亦未规定群岛水域的海洋科学研究制度,一般认为这是海洋法会议谈判过程疏忽所致③。

---

① 詹宁斯、瓦茨.《奥本海国际法》(第一卷第二分册)[M].王铁崖,译.北京:中国大百科全书出版社,1998:40.

② 《联合国海洋法公约》第86条规定,公海是指"不包括在国家的专属经济区、领海或内水或群岛国的群岛水域内的全部海域"。

③ Shabtai Rosenne & Alexander Yankov. Volume Editors. United Nations Convention on the Law of the Sea 1982: A Commentary, Volume Ⅳ[M]. Dordrecht/Boston/London: Martinus Nijhoff Publishers, 1991, 490.

依据《公约》第49条,沿海国的主权及于群岛水域、群岛水域的上空、海床和底土。

一般认为虽然《公约》没有明文规定,但依据群岛水域的法律性质,即群岛国家对其享有主权之规定,有关领海的海洋科学研究活动规定应当适用于群岛水域①。

（三）国际海峡与群岛海道

《联合国海洋法公约》第三部分规定“用于国际航行的海峡”的通过制度,但是《公约》第34条明确规定通过制度不影响“构成这种海峡的水域的法律地位”,也不影响“海峡沿岸国对这种水域及其上空、海床和底土行使其主权或管辖权”。

《公约》并未明文规定“用于国际航行的海峡”水域的海洋科学研究制度。

但是,《公约》第40条规定:

> 外国船舶,包括海洋科学研究和水文测量的船舶在内,在过境通行时,非经海峡沿岸国事前准许,不得进行任何研究或测量活动。

因此,这一条款需结合途径水域的法律性质来考虑。如果途径的是沿海国的内水,显然任何研究或测量活动均要经沿海国事先同意。

如果途径的是沿海国的领海,则同时需要结合领海的海洋科学研究制度考虑。

《公约》第40条规定外国船舶,特别强调包括海洋科学研究和水文测量的船舶在内,行使过境通行权时,必须经海峡沿岸国事先准许,否则不得进行任何研究或测量活动。这与《公约》第

① 姜皇池.国际海洋法(下册)[M].台北:学林文化事业有限公司,2004:1285.

245条相比,要求更为严苛。《公约》第245条仅要求海洋科学研究须经沿海国的明示同意,而《公约》第40条则对"任何研究或测量活动"更宽范围的活动需经海峡沿岸国事先准许。

所以,《公约》第40条为《公约》第19(2)(j)条提供了补充,也为第245条提供了补充。第40条是一项一般性的禁止,即是一项针对过境通行时任何未经一个或多个海峡沿岸国事先准许而进行的研究或测量活动的一般性禁止。

在解读这一条时,必须考虑到《公约》第39(1)(c)条的规定,该条允许继续不停和迅速过境的通常方式所附带发生的活动,有些这种活动,如为导航为目的而进行的深度仪声波测深和使用视觉和雷达手段的海图定位等,是通过狭窄水域(多数海峡可假定如此)时通常附带的活动。只要这种活动是合法附带于通常方式下的继续不停和迅速过境的,就是不受禁止的①。

《联合国海洋法公约》第54条规定：科学研究和水文测量船舶通过群岛海道时,比照适用第40条的规定,即科学研究和水文测量船舶若要在群岛海道中进行研究,应当经群岛国家的事先准许,方可进行。

三、专属经济区与大陆架的海洋科学研究

在第三次联合国海洋法会议关于海洋科学研究的谈判中,在沿海国完全管辖和适用公海自由两个极端之间,一共出现四种观点②：

(1) 绝对同意制度：认为在沿海国管辖权所及范围内,科研活动应取得沿海国的同意,沿海国是否同意享有斟酌决定权;

---

① 萨切雅·南丹、沙卜泰·罗森.1982年《联合国海洋法公约》评注[M].北京：海洋出版社,2014：318－319.

② 姜皇池.国际海洋法(下册)[M].台北：学林文化事业有限公司,2004：1287－1288.

(2) 限制同意制度：科研必须取得沿海国的同意，但若科研符合一定国际社会所一般接受的条件，则沿海国通常不得不予同意；

(3) 通知制度：进行科研无须取得沿海国的同意，但是进行科研的国家或国际组织必须通知沿海国，并遵守国际社会一般接受的条件；

(4) 部分同意制度：涉及海洋资源之勘探与开发的科研活动，必须取得沿海国的同意，至于其他科研活动则是完全自由。

在《联合国海洋法公约》所规定的专属经济区与大陆架的海洋科学研究制度中，上述几种主张均在某种程度上有所体现。

专属经济区和大陆架的所有海洋科学研究活动，必须取得沿海国的同意。

但是这里的同意制度不同于领海的“明示同意”制度。领海中的同意制度只有一种，即必须经沿海国明示同意，但专属经济区的同意制度，除明示同意之外，还有默示同意或强制同意。

(一) 同意与明示同意

《联合国海洋法公约》第246条规定：

1. 沿海国在行使其管辖权时，有权按照本公约的有关条款，规定、准许和进行在其专属经济区内或大陆架上的海洋科学研究。

2. 在专属经济区内和大陆架上进行海洋科学研究，应经沿海国同意。

3. 在正常情形下，沿海国应对其他国家或各主管国际组织按照本公约专为和平目的和为了增进关于海洋环境的科学知识以谋全人类利益，而在其专属经济区内或大陆架上进行的海洋科学研究计划，给予同意。为此目的，沿海国应制订规则和程序，确保不致不合理地推迟或拒绝给予同意。

4. 为适用第3款的目的，尽管沿海国和研究国之间没有外交关系，它们之间仍可存在正常情况。

5. 但沿海国可斟酌决定，拒不同意另一国家或主管国际组织在该沿海国专属经济区内或大陆架上进行海洋科学研究计划，如果该计划：

(a) 与生物或非生物自然资源的勘探和开发有直接关系；

(b) 涉及大陆架的钻探、炸药的使用或将有害物质引入海洋环境；

(c) 涉及第60条和第80条所指的人工岛屿、设施和结构的建造、操作或使用；

(d) 含有依据第248条提出的关于该计划的性质和目标的不正确情报，或如进行研究的国家或主管国际组织由于先前进行研究计划而对沿海国负有尚未履行的义务。

上述条款明确规定，在沿海国的专属经济区内或大陆架上进行的所有海洋科学研究，必须取得沿海国的同意，这是基本的同意制度。

但是，这种同意制度是上述几类同意制度观点的妥协结果。

在第三次联合国海洋法会议中，在专属经济区和大陆架的科学研究存在分类之争，当时谈判者试图将海洋科学研究分为两类[①]：

一是"应用性海洋科学研究"，其对自然资源的勘探与开发

① R.R. Churchill & A.V. Lowe. The Law of the Sea, third edition[M]. Manchester: Manchester University Press, 1999, 405-406.

具有重要的意义，所以与此类似的另外两种研究也被列入到应用性研究之中，即：① 对大陆架的钻探、使用炸药或将有害物质引入海洋环境；② 涉及人工岛屿、设施和结构的建造、操作和使用；

二是“纯粹的海洋科学研究”，即专为和平目的，增进关于海洋环境的科学知识以谋全人类利益的海洋科学研究。

《公约》第246条规定的同意制度，即分别考虑到这两种分类，虽然对不同类型的海洋科学研究均要求事先取得沿海国的同意，沿海国享有“斟酌决定权”，但沿海国的这种权利并非不受限制。

首先，这种限制体现在法律一般原则的限制，如《公约》第300条规定：“缔约国应诚意履行根据本公约承担的义务并应以不致构成滥用权利的方式，行使本公约所承认的权利、管辖权和自由。”沿海国在行使“斟酌决定权”不能违反该条规定的禁止权利滥用原则和善意履行原则。

其次，这种限制对于不同类型的海洋科学研究而言，同意制度是有所区别的。虽然《公约》第246条的规定从字面解释，是指所有的海洋科学研究必须取得沿海国的同意，但从谈判过程以及第246条各款来看，这种同意制度还是有所不同。

从上述海洋科学研究的分类来阐述，《公约》第246条规定的同意制度可以区分如下：

1. “纯粹的海洋科学研究”——“应给予”同意

对于纯粹的海洋科学研究，沿海国“在正常情形下”应给予同意。因此，这种同意制度包括两个条件，即涉及两个问题，如果符合这两个条件，沿海国应当给予同意，而不能拒绝。这两个条件分别是：

1）“纯粹的海洋科学研究”

依据《公约》第246条第3款，纯粹的海洋科学研究是“专为和平目的和为了增进关于海洋环境的科学知识以谋全人类利益”。这其中包括两个条件：

一是“专为和平为目的”，《公约》对此术语未有解释，实践中多有争议。

《公约》序言中确立《公约》的目的之一是建立一种法律秩序，以促进海洋的和平利用①。在这种精神的指导之下，《公约》文本中规定了很多和平利用海洋的条款。例如，《公约》第88条规定“公海应只用于和平目的”。第141条规定“区域”应开放给所有国家，不论是沿海国或内陆国，专为和平目的利用。第143条第1款规定“区域”内的海洋科学研究，应按照第十三部分专为和平目的并为谋全人类的利益进行。第240条规定进行海洋科学研究应专为和平目的而进行。第279条规定各缔约国有用和平方法解决争端的义务，应按照《联合国宪章》第2条第3项以和平方法解决它们之间有关本公约的解释或适用的任何争端。第301条规定：“海洋的和平使用，缔约国在根据本公约行使其权利和履行其义务时，应不对任何国家的领土完整或政治独立进行任何武力威胁或使用武力，或以任何其他与《联合国宪章》所载国际法原则不符的方式进行武力威胁或使用武力。”

从《公约》的上述规定而言，海洋的利用均受到公约第301条的约束，即“海洋的和平使用”，再参照第88条规定，可以得出结论：专属经济区和公海均要以和平方式使用以达到和平的目的。美国和其他海洋强国认为，“和平使用”条款仅仅禁止那些

① 《联合国海洋法公约》序言第四段。

与《联合国宪章》不符的武力威胁或使用武力的军事活动，和平使用不等同于非军事化①。

有的学者认为，《公约》第246条第3款规定“专为和平目的”，是沿海国与海洋国家之间针对是否容许第三国于专属经济区或大陆架上进行海洋科学研究活动妥协的产物②。

二是“为了增进关于海洋环境的科学知识，以谋全人类利益”。这一规定也需进一步解释，有的学者认为，部分特定海洋科学研究的计划，于短期内很难判断是否将增进全人类利益。如果某一计划表面上仅有利于特定单一或有限的国家，则沿海国能否拒绝给予同意？这些情况，只有通过国家实践才能解决③。

2）“在正常情形下”

何为“在正常情形下”(in normal circumstance)？《公约》没有作出进一步规定，因此就会产生解释上的问题。

这一情形是指特殊的环境情势，还是指特殊的经济情势？是否包括两个国家之间存在关系紧张或冲突的情形，如两个国家外交关系破裂，是否属于非正常情形④？

但至少《公约》第246条第4款举出一个例子，即“为适用第3款的目的，尽管沿海国和研究国之间没有外交关系，它们之间仍可存在正常情况”。也就是说，国家之间虽无外交关系，但也

---

① Alexander S. Skaridov，Ocean Policy and International Law，p.43. 2008 July Macro Polo-ZHENG He Academy，Xiamen University.

② David Attard 以及 J.C. Phillips 的观点，参见姜皇池. 国际海洋法(下册)[M]. 台北：学林文化事业有限公司，2004.

③ David Joseph Attard. The Exclusive Economic Zone in International Law[M]. New York：Oxford University Press，1987，112.

④ David Joseph Attard. The Exclusive Economic Zone in International Law[M]. New York：Oxford University Press，1987，111.

可能存在正常情况①。但这也暗含另一层意思，即如果沿海国与研究国之间存在敌意或紧张关系时，就属于非正常情形②。

虽然存在解释上的争议与歧义，但也有学者认为这一规定仍然具有价值，这一规定可以解释为：如果一个申请者符合《公约》第246条第3款的规定，则沿海国仅有在特殊情形下才可拒绝给予同意③。依此规定，此等特殊情形存在与否应当从严解释：若沿海国拒绝给予同意，则沿海国有责任解释其为何不给予申请者同意，沿海国有义务说明之所以拒绝同意是根据第5款中，任一事项或申请何处不符合第3款之要件，若没有上述说明，则申请者无从改善或纠正其所以未能取得沿海国同意的原因④。

2. "应用性海洋科学研究"——"斟酌决定"同意与否

对于"应用性海洋科学研究"，沿海国对于是否给予同意享有完全的斟酌决定权。

另外，对于申请者科研计划"含有依据第248条提出的关于该计划的性质和目标的不正确情报，或如进行研究的国家或主管国际组织由于先前进行研究计划而对沿海国负有尚未履行的义务"，沿海国也享有完全的斟酌决定权。

① Victor Prescott & Clive Schofield. The Maritime Political Boundaries of the World[M]. Leiden: Martinus Nijhoff Publishers, Second Edition, 2005.22.

② R. R. Churchill & A. V. Lowe. The Law of the Sea, third edition[M]. Manchester: Manchester University Press, 1999, 407.

③ David Joseph Attard. The Exclusive Economic Zone in International Law[M]. New York: Oxford University Press, 1987, 112.

④ Shabtai Rosenne & Alexander Yankov. Volume Editors. United Nations Convention on the Law of the Sea 1982: A Commentary, Volume Ⅳ[M]. Dordrecht/Boston/London: Martinus Nijhoff Publishers, 1991, 519.

依据《公约》第 246 条第 5 款，下列三种海洋科学研究活动属于该类应用性研究：

(1) 与生物或非生物自然资源的勘探和开发有直接关系。

实际上，所有的海洋科学研究在某种程度上最后都与开发有关联，因此这里就用“直接”这个标准进行界定，用“关系”表明活动的关联程度。换言之，如果研究计划不是以经济价值作为目标，则这种研究计划不能视为有“直接关系”。

当一项研究计划是否与生物或非生物资源的勘探与开发有直接关系(direct significance)应该由沿海国决定。如果申请者对沿海国的决定不服，则适用《公约》第 264 条、第 265 条和第 297 条第 2 款的争端解决方法。原则上沿海国并无义务将此争议提交导致有拘束力裁决强制程序的义务，如果沿海国同意将此争议交付该程序，则申请者在该程序未有结论之前，未经沿海国的明示同意，不得开始或继续进行研究①。

(2) 涉及大陆架的钻探、炸药的使用或将有害物质引入海洋环境。

这种情况同样涉及使用上述方法的研究取得的资料用于勘探的目的。如果研究采用这样的方法，也会涉及影响其他国家的权利。例如，对大陆架的钻探，必然会在某一海域长时间抛锚以保持作业船舶或平台的稳定，可能就会对周边海域的航行造成障碍；使用炸药可能会对同样利用海洋的活动造成潜在的危险；将有害物质引入海洋环境，则会对海洋环境造成损害，影响到沿海国的安全利益。

---

① Shabtai Rosenne & Alexander Yankov. Volume Editors. United Nations Convention on the Law of the Sea 1982：A Commentary，Volume Ⅳ[M]. Dordrecht/Boston/London：Martinus Nijhoff Publishers，1991，515.

(3) 涉及第60条和第80条所指的人工岛屿、设施和结构的建造、操作或使用。

除这三种情况外,还有另外一种无关研究性质的情况,即:

(4) 申请者科研计划"含有依据第248条提出的关于该计划的性质和目标的不正确情报,或如进行研究的国家或主管国际组织由于先前进行研究计划而对沿海国负有尚未履行的义务"。

对于上述这四种情况,沿海国可斟酌决定,拒绝给予同意。

至于上述所列情形是"例示规定"还是"列举规定",有学者认为根据条款文义与立法谈判过程,应为"列举规定"。因而,沿海国仅限于针对上述情形才可拒绝给予同意。具体而言,《公约》是给予沿海国对于有损其专属经济区或大陆架利益的科研计划同意与否的"斟酌决定权",仅针对第三国或国际组织申请的科研计划为上述四种情况之一时,沿海国始有"斟酌决定权",至于该情况是否存在,则应视为客观事项,沿海国并无"斟酌决定权"①。

(二) 默示同意

与领海仅有明示同意制度相比,《公约》在专属经济区和大陆架规定的同意制度中包含默示同意,或强制同意制度。这是沿海国对国际社会所做的让步,也是《公约》对国际社会的重大贡献②。

《公约》规定的默示同意制度包括两种情况,可分为默示同意与视为同意:

---

① 姜皇池.国际海洋法(下册)[M].台北:学林文化事业有限公司,2004:1292.

② 芭芭拉(Barbara Kwiatkowska)的观点,转引自姜皇池.国际海洋法(下册)[M].台北:学林文化事业有限公司,2004.

1. 默示同意制度

《联合国海洋法公约》第252条“默示同意”规定：

> 各国或各主管国际组织可于依据第248条的规定向沿海国提供必要的情报之日起6个月后，开始进行海洋科学研究计划，除非沿海国在收到含有此项情报的通知后4个月内通知进行研究的国家或组织：
>
> (a) 该国已根据第246条的规定拒绝同意；
>
> (b) 该国或主管国际组织提出的关于计划的性质和目标的情报与明显事实不符；
>
> (c) 该国要求有关第248和第249条规定的条件和情报的补充情报；
>
> (d) 关于该国或该组织以前进行的海洋科学研究计划，在第249规定的条件方面，还有尚未履行的义务。

依据这一规定，默示同意发生在此种情形：申请国或国际组织依据第248条规定，向沿海国提交了必要的情报，计划在沿海国的专属经济区或大陆架进行海洋科学研究，沿海国在收到通知后4个月内没有向申请国或国际组织做出(a)至(d)项任一回应，则沿海国的这种消极行为被视为默示同意申请国或国际组织的海洋科学研究计划，申请国或国际组织自提交计划6个月后，可以开始进行海洋科学研究。

《公约》第252条保护了研究国和国际组织的利益，也未与沿海国在专属经济区和大陆架享有的权利相冲突。

(a)项规定可参看前文的相关解释，沿海国享有斟酌决定权拒绝同意。

(b)项规定赋予沿海国决定申请国或国际组织依据《公约》第246条提交的情报是否与明显的事实相符。

(c)项规定是该条款在谈判过程中争议最大的。因为该条款既无时间限制,也无次数限制,申请者担心沿海国利用该项规定,重复要求申请者一再补充资料,以致推迟科研计划。因此,如果出现上述情况,可以适用《公约》第300条的规定,即"缔约国应诚意履行根据本公约承担的义务并应以不致构成滥用权利的方式,行使本公约所承认的权利、管辖权和自由"①。

(d)项规定如果申请国或国际组织以前进行的海洋科学研究计划,依第249条规定的条件,还有尚未履行的义务。

有学者认为,在上述规定之下,也可能发生申请国或国际组织根据第248条向沿海国提供所有必要的资料,但是不知何因,沿海国并未得到这一申请的相关资料,于是经过6个月后,申请国或国际组织开始进行研究,此时沿海国再根据第253条的规定,要求申请国或国际组织暂停或停止该海洋科学研究计划②。

2. 视为同意制度

《联合国海洋法公约》第247条"国际组织进行或主持的海洋科学研究计划"规定:

> 沿海国作为一个国际组织的成员或同该组织订有双边协定,而在该沿海国专属经济区内或大陆架上该组织有意直接或在其主持下进行一项海洋科学研究计划,如果该沿海国在该组织决定进行计划时已核准详细计划,或愿意参加该计划,并在该组织将计划通知该

① Shabtai Rosenne & Alexander Yankov. Volume Editors. United Nations Convention on the Law of the Sea 1982: A Commentary, Volume Ⅳ[M]. Dordrecht/Boston/London: Martinus Nijhoff Publishers, 1991, 567.

② 芭芭拉的观点,转引自姜皇池. 国际海洋法(下册)[M]. 台北:学林文化事业有限公司,2004.

沿海国后4个月内没有表示任何反对意见，则应视为已准许依照同意的说明书进行该计划。

这一条仅适用于主管国际组织。当沿海国是这一国际组织的成员，或者与该国际组织订有双边协定，如果该组织有意直接或间接在其主持下对沿海国的专属经济区或大陆架进行海洋科学研究，且沿海国于该组织决定进行计划时，已核准详细计划，或者愿意参加该计划，当该组织将计划通知沿海国后，经过4个月沿海国没有表示任何反对意见时，则视为已准许依照同意的说明书进行该计划。

依据这一条款，视为同意制度发生在以下条件：

(1) 沿海国是该国际组织的成员。本条所称的国际组织应该与《公约》第238条所称的国际组织有相同的意义[①]，不仅包括全球性的国际组织，也包括区域性的国际组织。

但是，本条的国际组织仅指政府间国际组织，而不包括非政府间国际组织。该条明确指明沿海国是该国际组织的成员，条文适用上排除了非政府间国际组织。

(2) 沿海国必须在该组织决定进行研究计划时，已核准详细计划，或愿意参加该计划。

(3) 沿海国必须在该国际组织通知后4个月内没有表示任何反对意见。若相关国际组织讨论科学研究计划时，如沿海国是该组织的成员，并且针对该计划进行投票，则沿海国对该研究计划的投票态度较易判断。若沿海国是该组织的成员，但却弃权、未参与投票或未出席讨论，则是否表示反对该计划，原则上

---

① Shabtai Rosenne & Alexander Yankov. Volume Editors. United Nations Convention on the Law of the Sea 1982：A Commentary，Volume Ⅳ[M]. Dordrecht/Boston/London：Martinus Nijhoff Publishers，1991，524.

应当依该计划的具体情形进行判断，有学者认为如果出现这种情况，沿海国在4个月内未提出任何反对意见，则仍发生本条视为同意之效力①。

（三）海洋科学研究国（国际组织）的义务

依据《公约》的相关规定，各国或主管国际组织有意或在沿海国的专属经济区和大陆架上进行海洋科学研究的时候，还需要遵守以下的义务。

1. 向沿海国提供资料的义务

《联合国海洋法公约》第248条规定：

> 各国和各主管国际组织有意在一个沿海国的专属经济区内或大陆架上进行海洋科学研究，应在海洋科学研究计划预定开始日期至少6个月前，向该国提供关于下列各项的详细说明：
>
> (a) 计划的性质和目标；
>
> (b) 使用的方法和工具，包括船只的船名、吨位、类型和级别，以及科学装备的说明；
>
> (c) 进行计划的精确地理区域；
>
> (d) 研究船最初到达和最后离开的预定日期，或装备的部署和拆除的预定日期，视情况而定；
>
> (e) 主持机构的名称，其主持人和计划负责人的姓名；
>
> (f) 认为沿海国应能参加或有代表参与计划的程度。

---

① Shabtai Rosenne & Alexander Yankov. Volume Editors. United Nations Convention on the Law of the Sea 1982: A Commentary, Volume Ⅳ[M]. Dordrecht/Boston/London: Martinus Nijhoff Publishers, 1991, 524.

这一条要求有意在沿海国专属经济区或大陆架进行海洋科学研究的国家或主管国际组织应当在研究计划预定开始至少6个月前，向沿海国提供关于研究项目的详细说明。

从立法目的而言，这一条是确保沿海国拥有充分的资料以判断是否同意申请研究者进行海洋科学研究的前提。

这条规定以其他相关条款为基础，也是对其他相关条款的补充。《公约》第246条规定“在专属经济区内和大陆架上进行海洋科学研究，应经沿海国的同意”，有意进行海洋科学研究的国家或主管国际组织依据第248条向沿海国提交的详细说明，可视为向沿海国提出研究的申请。另外，依据《公约》第249条第1款，各国或主管国际组织在沿海国的专属经济区内或大陆架上进行海洋科学研究时，如果研究方案有重大变化，应立即通知沿海国。因此，如果没有向沿海国提交《公约》第248条规定的详细说明，则研究国与沿海国没有判断研究方案是否存在重大变化的标准。另外，依据《公约》所规定的相关时间，提交详细说明可以合理地避免延误①。

具体而言，《公约》第248条(a)项要求提供研究计划的性质和目标，这一要求与《公约》第246条有关，特别涉及该条的第5(a)款，即研究计划是否“与生物或非生物自然资源的勘探和开发有直接关系”。如果符合这一关系，则沿海国可斟酌决定是否给予同意进行该项研究计划。

《公约》第248(b)条涉及《公约》第246条第5(b)款和5(c)款，即是否“涉及大陆架的钻探、炸药的使用或将有害物质引入海洋环境”和涉及人工岛屿、设施和结构的建造、操作或使用。

① David Joseph Attard. The Exclusive Economic Zone in International Law[M]. New York: Oxford University Press, 1987, 115.

若研究计划所用的方法和工具符合上述条款的内容，则沿海国可以斟酌决定是否给予同意进行该项研究计划。

《公约》第248(c)条要求提供“进行计划的精确地理区域”，这与《公约》第246条第6款密切相关，这是确定进行计划的区域是否位于200海里以外沿海国指定的“特定区域”之内。《公约》并没有要求使用准确的界限来确定“精确地理区域”。

《公约》第248(e)条要求提供主持机构的名称，主持人和计划负责人的姓名，这是一项基本要求。

《公约》第248(f)条要求提供“认为沿海国应能参加或有代表参与计划的程度”。这一规定是在1976年的时候，澳大利亚和墨西哥提出增加的一项新内容[①]。

2. 同意并确保沿海国有权参加或有代表参与海洋科学研究计划

《联合国海洋法公约》第249条第1(a)款规定：

> 如沿海国愿意，确保其有权参加或有代表参与海洋科学研究计划，特别是于实际可行时在研究船和其他船只上或在科学研究设施上进行，但对沿海国的科学工作者无须支付任何报酬，沿海国亦无分担计划费用的义务。

1982年《联合国海洋法公约》制定之前，外国科学家参加研究活动这种现象已经非常普遍。例如，1973年美国国际海洋事务委员会的一份调查报告中就指出：“在357项同意中，在申请许可之前安排沿海国参加的科学家275人，还有80个外国科学

① Shabtai Rosenne & Alexander Yankov. Volume Editors. United Nations Convention on the Law of the Sea 1982：A Commentary，Volume Ⅳ[M]. Dordrecht/Boston/London：Martinus Nijhoff Publishers，1991，534.

家没有被邀请参加，但是在国家给予同意的时候要求参加。除了邀请和未被邀请的科学家之外，沿海国在给予同意的时候要求33名观察员参与，这样算下来，357个船舶中，沿海国的人员达到388人，约平均每船1人”①。

这一规定不仅确保沿海国能够监督该海洋科学研究活动是否依据《公约》第248条所提交的计划资料进行，而且还可以让沿海国派出科学家参加，或派出代表参与海洋科学研究计划，即通过直接或间接的方式参与海洋科学研究，以提高沿海国的海洋科学研究水平。为达到此种目的，沿海国的科学家不仅不局限于登上研究船或其他科学研究设施，而且还可以参与研究分析工作②。

这一规定对沿海国而言，意味着沿海国不仅享有参与海洋科学研究的权利，而且还包括检查研究船舶以及研究人员的权利。这一权利具体体现在本条所规定的沿海国有权参加或有代表参与海洋科学研究计划。这条规定赋予了沿海国享有派出何人的自由裁量权。

如果沿海国派人“参加”，则一般指沿海国派出具有专业知识的科学家加入海洋科学研究活动，目的在于进行海洋科学研究活动，以获得研究成果为主；如果派出代表“参与”，则看似派出的人员不需要专业知识，其工作主要是监督沿海国的利益是否被侵犯，沿海国的法规与条件是否被遵守。因此，该条规定不

---

① Florian H. Th Wegelein. Marine Scientific Research: The Operation and Status Research Vessels and Other Platforms in International Law[M]. Leiden/Boston: Martinus Nijhoff Publishers, 2005, 188-189.

② David Joseph Attard. The Exclusive Economic Zone in International Law[M]. New York: Oxford University Press, 1987, 116.

仅仅为研究国或国际组织的研究活动设定义务，而且也是对海洋科学研究自由的一种限制①。

但是，《公约》第249条第1(a)款的规定与《公约》第248(f)条的内容似乎有冲突。前者规定沿海国有“权利”确保其有权参加或有代表参与海洋科学研究，后者要求研究国或国际组织向沿海国提供的详细说明中，“认为沿海国应能参加或有代表参与计划的程度”。但其实两者并不冲突，有权参加或有代表参与海洋科学研究是沿海国的“权利”，研究国或国际组织只是有一个机会提出其“认为沿海国应能参加或有代表参与计划的程度”，这并不是与前者享有的权利相对应的一项义务。研究国或国际组织并不能真正决定沿海国应能参加或有代表参与计划的程度，国家实践也表明沿海国往往以参加或有代表参与计划作为同意的前提。如果说限制沿海国参加或有代表参与计划的程度，往往由两个原因决定：一是沿海国没有相应的能力参加或有代表参与海洋科学研究，这是其自身原因造成，这也可从第249条第1(a)款规定的“如沿海国愿意”这一条件分析，沿海国如果有能力的话，一般是愿意参加或派代表参与海洋科学研究；二是“于实际可行”时，也指研究国或国际组织的研究船舶没有条件时，沿海国的这一权利也难以得到实现。但实践中，由于沿海国具有是否给予同意的斟酌决定权，沿海国在这一情势中往往占据优势。

3. 向沿海国提供研究成果和结论等

《联合国海洋法公约》第249条第1(b)～(e)款规定：

---

① Florian H. Th Wegelein. Marine Scientific Research：The Operation and Status Research Vessels and Other Platforms in International Law［M］. Leiden/Boston：Martinus Nijhoff Publishers，2005，195.

(b) 经沿海国要求,在实际可行范围内尽快向沿海国提供初步报告,并于研究完成后提供所得的最后成果和结论;

(c) 经沿海国要求,负责供其利用从海洋科学研究计划所取得的一切资料和样品,并同样向其提供可以复制的资料和可以分开而不致有损其科学价值的样品;

(d) 如经要求,向沿海国提供对此种资料、样品及研究成果的评价,或协助沿海国加以评价或解释;

(e) 确保在第 2 款限制下,于实际可行的情况下,尽快通过适当的国内或国际途径,使研究成果在国际上可以取得。

第 1 款(b)(c)(d)项的规定,对沿海国而言是理所当然的,沿海国为本国利益考虑,可要求研究国或国际组织向其提供海洋科学研究的成果,包括研究的资料、样品、研究成果以及对它们的评价,甚至还可以要求他们协助沿海国对提交的资料等进行评价或解释,这样就可以使得沿海国迅速获取海洋科学研究成果。

上述内容最有争议的是(e)项规定,这项规定必须与《公约》第 249 条第 2 款联系起来进行解释,后者规定:

本条不妨害沿海国的法律和规章为依据第 246 条第 5 款行使斟酌决定权给予同意或拒不同意而规定的条件,包括要求预先同意使计划中对勘探和开发自然资源有直接关系的研究成果在国际上可以取得。

(e)项规定要求"于实际可行的情况下,尽快通过适当的国内或国际途径,使研究成果在国际上可以取得",但须受本条第 2 款的限制。该规定是平衡沿海国保护其专属经济区和大陆架的利益与海洋科学研究成果公开的一般国际社会利益之结果。

依据上述内容，原则上，在实际可行的情况下，研究成果应向国际社会公开，在国际上可以取得。但是，涉及沿海国资源环境有关的海洋科学研究成果，是否向国际社会公开则取决于沿海国的法律和规章。

一般而言，科学家对于研究对象在未详细全面研究结束之前是不想提前泄漏信息，而沿海国却是急于要求迅速知道这些内容。但是一旦研究结束，情况就会出现变化，沿海国就会想方设法禁止泄漏研究的相关成果。上述规定则意味着，即使在沿海国同意进行海洋科学研究的前提下，沿海国依然可以阻止研究成果的国际社会公开化，即研究成果可以在国际上公开的前提是沿海国的法律和规章规定同意方可①。

沿海国有权利通过国内立法的形式确定是否将研究成果向外公开，使得该研究成果在国际上取得，沿海国对此有“斟酌决定权”，并以此作为是否准予其他国家或国际组织进行海洋科学研究的条件。假如沿海国并无相关的国内立法对此问题予以规定，则应该在准许同意中就此表明其态度，使得研究国或国际组织有所遵循。如果沿海国既无相关国内立法，也未在其准许同意之中表明态度，则考虑到促进海洋科学研究成果累积、传播知识，应解释为研究国或国际组织有义务将其研究成果通过适当的国内或国际途径发表。至于何为“适当的国内或国际途径”，通常认为并不限于官方途径，如果是其他非官方途径，如国家科学研究院或海洋科学研究所等，经认定为适当者，也可视为“适当途径”②。

---

① David Joseph Attard. The Exclusive Economic Zone in International Law[M]. New York: Oxford University Press, 1987, 116.

② 姜皇池. 国际海洋法(下册)[M]. 台北：学林文化事业有限公司，2004：1299.

但是依据《公约》第249条第2款的规定，沿海国在依据《公约》第246条第5款享有斟酌决定权，即对于“应用性海洋科学研究”沿海国对于是否给予同意享有完全的斟酌决定权，但在第249条第2款中，《公约》未使用纯粹科学研究和资源相关性研究的分类，而是使用“对勘探和开发自然资源有直接关系的研究成果”，对于这种性质的研究，沿海国享有斟酌决定权，以通过立法的方式确定是否使得该研究成果通过适当的国内或国际途径以在国际上可以取得。如果从文字上解释，对于纯粹的科学研究，该条并未授权沿海国制定国内法规对研究成果的公开与否进行规范。

4. 研究方案出现重大变化应立即通知沿海国

《公约》第249条第1(f)款规定，如果研究方案有任何重大改变，立即通知沿海国。

判断某一研究方案的特定改变是否是“重大改变”，初步判断应由研究国或国际组织进行，如果它们认为这不属于重大改变，而沿海国认为是重大改变时，这种争端应适用第十五部分的争端解决机制，且不受《公约》第297条第2款的限制。

5. 不应对沿海国行使主权权利和管辖权的活动有不当干扰

《联合国海洋法公约》第246条第8款规定：

> 本条所指的海洋科学研究活动，不应对沿海国行使本公约所规定的主权权利和管辖权所进行的活动有不当的干扰。

这项规定对沿海国而言极具意义。

首先，对于沿海国依据斟酌决定权同意的海洋科学研究，研究国或国际组织也不应对沿海国行使《公约》所规定的主权权利和管辖权所进行的活动有不当的干扰，即为海洋科学研究新增加一项义务。

其次，依据《公约》第246条第3款，对于“专为和平目的和为了增进关于海洋环境的科学知识以谋全人类利益”的纯粹的海洋科学研究，沿海国也可以依据《公约》第246条第8款的规定，拒绝研究国或国际组织进行海洋科学研究。

总之，《公约》第246条第8款要求所有的海洋科学研究不得对沿海国行使《公约》所规定的主权权利和管辖权所进行的活动有不当的干扰，这一规定在平衡沿海国利益与海洋科学研究国或国际组织的利益时，天平倾向了沿海国。

（四）海洋科学研究活动的暂停和停止

《联合国海洋法公约》第253条规定：

1. 沿海国应有权要求暂停在其专属经济区内或大陆架上正在进行的任何海洋科学研究活动，如果：

(a) 研究活动的进行不按照根据第248条的规定提出的，且经沿海国作为同意的基础的情报；

(b) 进行研究活动的国家或主管国际组织未遵守第249条关于沿海国对该海洋科学研究计划的权利的规定。

2. 任何不遵守第248条规定的情形，如果等于将研究计划或研究活动做重大改动，沿海国应有权要求停止任何海洋科学研究活动。

3. 如果第1款所设想的任何情况在合理期间内仍未得到纠正，沿海国也可要求停止海洋科学研究活动。

4. 沿海国发出其命令暂停或停止海洋科学研究活动的决定的通知后，获准进行这种活动的国家或主管国际组织应即终止这一通知所指的活动。

> 5. 一旦进行研究的国家或主管国际组织遵行第248条和第249条所要求的条件，沿海国应即撤销根据第1款发出的暂停命令，海洋科学研究活动也应获准继续进行。

依据《公约》第253条规定，沿海国在特定情况下有权要求研究国或国际组织暂停或停止在其专属经济区或大陆架上的海洋科学研究活动。

1. 暂停

沿海国有权要求暂停海洋科学研究活动包括两种情况：

(1) 研究活动没有依据向沿海国提供的情报进行，而这一情报是研究国或国际组织依据《公约》第248条的规定向沿海国提交，沿海国以此情报作为同意的基础。

该规定源于美国的非正式提案，主要强调研究活动的方式与依据《公约》第248条向沿海国提交的情报的比较。这似乎是暗指研究活动作为一个整体与提交的情报不符，甚至不允许与最初提交的情报稍有不同情况出现，这与第249条第2款所指的“重大改动”意义不同，两者都是指研究活动违反《公约》第248条，两者处于同一层级[①]，对于前者“研究活动没有依据向沿海国提供的情报进行”这一情况，沿海国只有暂停海洋科学研究的权利，而没有停止海洋科学研究的权利。

(2) 研究活动没有遵守《公约》第249条所赋予沿海国的权利。

《公约》第249条规定了研究国或国际组织对沿海国的义

---

① Shabtai Rosenne & Alexander Yankov. Volume Editors. United Nations Convention on the Law of the Sea 1982：A Commentary，Volume Ⅳ[M]. Dordrecht/Boston/London：Martinus Nijhoff Publishers，1991，578.

务，即沿海国享有相应的权利，如果研究国或国际组织没有遵守该条规定的义务，沿海国有权暂停其正在进行的海洋科学研究活动。

沿海国只有在这两种情况下才能暂停海洋科学研究活动，暂停的结果是不能导致下面所讲的"停止"情况，换言之，暂停时间要短不能危及研究计划，特别是不能危及已收集样本的用途。具体而言，暂停的时间取决于研究国或国际组织违反规定的类型和研究的性质，如果该研究计划需要持续性地监测或收集样本，或海洋通量的观察，则暂停的时间与不是持续性的研究计划相比较就要短一些①。

2. 停止

沿海国有权要求停止海洋科学研究活动，这种完全的"停止"是比"暂停"更高一个层级的制裁，意味着研究计划也被废止，其也包括两种情况，涉及研究活动严重违反规定的情形：

(1) 任何不遵守第 248 条规定的情形等于将研究计划(research project)或研究活动做重大改动的情况(《公约》第 253 条第 2 款)。《公约》没有解释何为"研究计划或研究活动做重大改动的情况"，也无相关的立法背景材料，但是"重大改动"一般被解释为致使沿海国同意研究计划的因素相关，很难有一个客观的标准去判断。

另外，此处的研究计划或研究活动的重大改动情形也不同于《公约》第 249 条第 1(f)款所规定的"将研究方案(research

① Florian H. Th Wegelein. Marine Scientific Research: The Operation and Status Research Vessels and Other Platforms in International Law [M]. Leiden/Boston: Martinus Nijhoff Publishers 2005, 187.

programme)的任何重大改变立即通知沿海国”[①]。第 249 条第 1(f)款是规定研究国或国际组织有义务在研究方案有重大改变后,应当立即通知沿海国[②]。

所以,此处“研究计划或研究活动”是否存在“重大改动”的评估是由沿海国进行评估,而不是由研究国或国际组织进行评估。

(2) 如果依据上述被沿海国暂停的海洋科学研究活动在“合理期间”内未得到纠正,则沿海国可要求停止该研究活动。

何为“合理期间”,《公约》未规定,一般视为由沿海国行使斟酌决定权加以断定,但该断定也应受到《公约》第 300 条诚意与禁止权利滥用原则的限制。

沿海国作出海洋科学研究暂停或停止的决定并发出通知,相应的研究国或国际组织收到该通知后,应“终止”通知所指的活动(不一定是整个计划)。“终止”(terminate)一词可适用于“停止”(cessation)这种情况,但是与“暂停”(suspension)相比,显然不具有同一含义,“暂停”意味着相应的暂停因素消失后,研究活动还可以恢复,所以“终止”一词在适用于“暂停”的通知时,可以理解为“停止做”(discontinue)。

《公约》第 253 条并没有明确规定“暂停”或“停止”的开始时间,则可解释为适用合理期间这样一个原则性的规定。这一条也不必然适用于整个研究计划,因为研究活动可能只是不符合

---

① 《联合国海洋法公约》第 249 条第 1(f)款:将研究方案的任何重大改变立即通知沿海国。

② Shabtai Rosenne & Alexander Yankov. Volume Editors. United Nations Convention on the Law of the Sea 1982: A Commentary, Volume Ⅳ[M]. Dordrecht/Boston/London: Martinus Nijhoff Publishers, 1991, 552.

某些部分①。

3. 研究活动的恢复进行

依据《公约》第253条第5款的规定，研究活动的恢复只适用于沿海国发出“暂停”的通知后，研究国或国际组织经过改正，符合《公约》第248条和第249条所规定的条件，沿海国撤销早先发出的暂停命令，海洋科学研究活动可以继续进行。

这种情况显然不适用于沿海国发出“停止”命令通知的情况，因为在这种情况下，再进行被“停止”的研究属于一个新的研究计划，应该重新向沿海国提出申请。这一规定也是对《公约》第253条第3款的补充，即沿海国对研究活动发出“暂停”命令通知后，该研究活动只能存在两种结果：一是符合条件后恢复进行研究活动；二是在合理期间之后仍然未能满足条件的，沿海国发出“停止”命令以取代之前的“暂停”命令。

《公约》第253条对违反规定的海洋科学研究活动给予制裁，前提是如何判断研究国或国际组织的研究活动违反了上述相关的规定？

因此，《公约》第253条也包含沿海国享有调查的权利，这其中包括沿海国调查研究船舶和研究人员的权利。《公约》第249条第1(a)款已经规定沿海国有权参加或有代表参与海洋科学研究，则参加或参与人员可以监督该海洋科学研究活动是否违反沿海国的法规和条件。沿海国如果发现正在进行的海洋科学研究活动违反上述规定，只可下令“暂停”或“停止”，而不能采取逮捕或扣留的方式，后者是对航行自由最严重的限制方式。“暂

① Shabtai Rosenne & Alexander Yankov. Volume Editors. United Nations Convention on the Law of the Sea 1982：A Commentary，Volume Ⅳ[M]. Dordrecht/Boston/London：Martinus Nijhoff Publishers，1991，579.

停”或“停止”不能导致物理上的干扰，研究平台可以停止全部或相关的科学研究活动，但是不能停止航行自由。

但是，如果沿海国之前并未派出人员，或者派出的人员并无发现违规研究活动的能力，沿海国是否有权限在海洋科学研究活动期间任何时间以监督为理由登船检查？这显然超过了《公约》第249条第1(a)款规定的范围，并且似乎也与《公约》规定的航行自由相违反。如果沿海国没有这样的权限，这就意味着沿海国放弃了《公约》第十三部分赋予的权利，特别是《公约》第249条项下的权利。同时，当沿海国没有充分的证据而下令“暂停”或“停止”，则可能给其带来违反国际法的风险[①]。

四、国家管辖范围之外海域的海洋科学研究

（一）200海里之外的大陆架

1958年《大陆架公约》的大多数内容在《联合国海洋法公约》的第六部分中得到全面或基本保留[②]。

《联合国海洋法公约》第246条第6款：

> 虽有第5款的规定，如果沿海国已在任何时候公开指定从测算领海宽度的基线量起200海里以外的某些特定区域为已在进行或将在合理期间内进行开发或详探作业的重点区域，则沿海国对于在这些特定区域之外的大陆架上按照本部分规定进行的海洋科学研究计划，即不得行使该款(a)项规定的斟酌决定权而拒不

---

① Florian H. Th Wegelein. Marine Scientific Research: The Operation and Status Research Vessels and Other Platforms in International Law[M]. Leiden/Boston: Martinus Nijhoff Publishers, 2005, 196.

② 吕文正、张海文，译.大陆架外部界限：科学与法律的交汇[M]. 北京：海洋出版社，2012：20.

同意。沿海国对于这类区域的指定及其任何更改,应提出合理的通知,但无须提供其中作业的详情。

大陆架是指沿海国的陆地领土向海洋的自然延伸,扩展到大陆边外缘的海底区域的海床和底土。如果沿海国的大陆架超过200海里,超过部分需要向大陆架界限委员会提交相应的情报,沿海国在委员会建议的基础上划定的大陆架界限才有确定性和拘束力①。

对于沿海国已经建立的超过200海里的“外大陆架”的海洋科学研究,应适用上述《公约》第246条第6款的规定,这与200海里之内大陆架适用的海洋科学研究制度不同。

依据该规定,若沿海国已经或将在合理期间内对外大陆架上特定区域进行开发或详探作业(exploitation or detailed exploratory operations),针对该特定区域而言,沿海国有权排除其他国家或国际组织进行海洋科学研究的自由;该特定区域之外的其他外大陆架区域,沿海国不得行使第246条第5(a)款规定的斟酌决定权而拒不同意其他国家或国际组织进行海洋科学研究活动。

针对外大陆架上的特定区域,沿海国可拒绝其他国家或国际组织进行海洋科学研究,前提是在该区域沿海国已在进行开发或详探作业,或将在合理期间进行开发或详探作业。从时间条件而言,存在两种情况:一是沿海国已经在进行,二是将在合理期间内进行。对于何为“合理期间”,《公约》没有规定时间,但依据常理解释,这里的合理期间应指不远的将来,只能根据个案判断,通过国家实践、权威机构的解释,如第三方争端解决机构的解释等。对于沿海国的行为,即“开发或详探作业”,开发是否

① 《联合国海洋法公约》第76条。

进行，是一个事实分析问题；但对于何为“详探作业”，却难以给予准确的界定，这涉及作业的环境以及沿海国的技术能力问题。

总之，针对沿海国200海里之外的大陆架，如果其他国家或国际组织准备进行海洋科学研究，也需要向沿海国进行申请，取得沿海国的同意。但是该同意制度，与200海里之内大陆架的同意制度不同。该同意制度可以区分为：

(1) 对于沿海国已经或将在合理期间内进行开发或详探作业的外大陆架上的特定区域，沿海国可拒绝给予同意。

(2) 对于外大陆架上特定区域之外的区域，沿海国不能行使第246条第5(a)款，即以“与生物或非生物自然资源的勘探和开发有直接关系”为由拒绝给予其他国家或国际组织同意。

对于沿海国而言，如果其不能举证证明已在任何时候公开指定某些特定区域已在进行，或将在合理期间内进行开发或详探作业，则对200海里之外的大陆架的海洋科学研究，不享有斟酌决定权，其他国家或国际组织可以以自然资源勘探和开发的理由进行海洋科学研究，而沿海国不能拒绝同意。

对于该规定，很多拥有宽大陆架的国家并不想接受，但最终也没有改变《公约》的最后文本。目前来看，只有一个宽大陆架国家将《公约》第246条第6款纳入到本国的立法之中，即特立尼达和多巴哥的海洋科学研究规章。《公约》规定的外大陆架海洋科学研究制度，对研究国而言远不是一个坚强的保障，因为沿海国很容易阻碍研究计划并且还不违反《公约》的条款规定。大量的国家实践表明，大陆架上的海洋科学研究自由受到严重的侵犯，由两种方法实现：一是制定（最常见）不区分200海里之内与之外的大陆架海洋科学研究的制度；二是实际上将海洋科学研究的自由归于沿海国，后者的例子就如巴西的大陆架立法规定，结果是对大陆架(不区分内外大陆架)的海洋科学研究规范成为其专属的权利，然后要求其他国家在其大陆架上的海洋科学研究活动必须取得巴西政府的同意①。

从上述条款分析以及国家实践，均表明外大陆架的海洋科学研究制度并未得到理想的结果，相反沿海国正在不断加强对外大陆架海洋科学研究活动的管辖，如果这种状况不改变的话，外大陆架的海洋科学研究制度，将趋于融入200海里之内大陆架的海洋科学研究制度中。

(二) 公海

1958年的《公海公约》规定列举四种公海自由，并不包括海洋科学研究自由。1982年《联合国海洋法公约》则明确规定公海的海洋科学研究自由②。

《联合国海洋法公约》第87条第1(f)款规定公海自由包括：

> 科学研究的自由，但受第六和第十三部分的限制。

《公约》第87条第2款规定：

> 这些自由应由所有国家行使，但须适当顾及其他国家行使公海自由的利益，并适当顾及本公约所规定的同“区域”内活动有关的权利。

《公约》第257条规定：

> 所有国家，不论其地理位置如何，和各主管国际组织均有权依本公约在专属经济区范围以外的水体内进

① David M. Ong. Preliminary Report of International Law Association: Committee on Legal Issues of the Outer Continental Shelf [R]. 15 January 2002.

② Bernard Herbert Oxman. The High Seas and the International Seabed Area [J]. Michigan Journal of International Law, 1989(10): 540.

行海洋科学研究。

依据《公约》的规定，所有国家，以及国际组织（包括政府间国际组织和非政府间国际组织）都有在公海进行海洋科学研究的自由。

但是，公海的海洋科学研究自由也受到一定的限制：

1. 受《公约》第六部分的限制

《公约》第六部分是大陆架部分。公海科学研究自由受到大陆架部分的限制，只能在沿海国成功拥有外大陆架的情况下才可能发生，即沿海国外大陆架的权利与研究国的公海权利之间的海底区域发生重叠；还有一种可能是，沿海国的大陆架与其主张的专属经济区不一致的情况，如沿海国主张100海里的专属经济区，而大陆架有200海里时。

在上述情况下，公海的科学研究自由受到限制，沿海国对大陆架的权利优先于公海科学研究的自由，因此应适用大陆架的海洋科学研究制度。

2. 受《公约》第十三部分的限制

《公约》第十三部分规定海洋科学研究的一般制度，该部分第1节和第2节确立的一般原则，特别是海洋科学研究的合作与促进，以及第4节和第5节，即研究设施的使用与相应的责任。这意味着当研究国在国家管辖之外的水体进行科学研究的时候，必须要考虑到上述的一般原则。

《公约》第257条明确规定各国与国际组织有权在专属经济区范围以外的水体进行海洋科学研究。“专属经济区范围以外的水体”当然是指公海部分，但是第257条明确指明适用于公海的水体，而不适用于公海的海底，这表明公海之下的海底适用其他海洋科学研究制度，适用之一就是《公约》第246条第6款和第7款所规定的外大陆架海洋科学研究制度。

《公约》第246条第6款规定，如果沿海国在拥有外大陆架的情况下，外大陆架适用特殊的海洋科学研究制度，具体内容见上文。

《公约》第246条第7款规定“第6款的规定不影响第77条所规定的沿海国对大陆架的权利”。

《公约》第257条用的是“专属经济区以外的水体”，此处“水体”（water column）《公约》并未给予定义，但是联合国海洋事务和海洋法司在审查基线的时候，定义“水体”为“从海面至海床的垂直连续的水域”，另外定义“上覆水域”为“紧贴海床或深洋洋底直到海面的水域”①。

（三）国际海底区域

国际海底区域是指“国家管辖范围以外的海床和洋底及其底土”②。

1967年马耳他常驻联合国代表帕多提出“人类共同继承财产”这个概念，主张宣布深海洋底是人类共同继承财产，1970年《各国管辖范围以外的海床洋底及其底土的原则宣言》宣告国际海底区域及其资源是“全人类共同继承财产”，“任何国家与个人，不论自然人或法人均不得以任何方式将该地域据为己有”。1982年《联合国海洋法公约》第136条规定“‘区域’及其资源是人类的共同继承财产”，1994年《关于执行1982年12月10日〈联合国海洋法公约〉第十一部分的协定》（以下简称《协定》）重申国家管辖范围以外的海床和洋底及其底土（区域）以及区域的

---

① Shabtai Rosenne & Alexander Yankov. Volume Editors. United Nations Convention on the Law of the Sea 1982：A Commentary，Volume Ⅳ[M]. Dordrecht/Boston/London：Martinus Nijhoff Publishers，1991，611.

② 《联合国海洋法公约》第1条第1款。

资源为人类的共同继承财产。

由于发达国家与发展中国家就《公约》“区域”制度出现分歧,发达国家拒绝加入《公约》使得发展中国家忧心忡忡,在此背景下,联合国秘书长主持国际海底问题的磋商,最终达成1994年《关于执行1982年12月10日〈联合国海洋法公约〉第十一部分的协定》①,虽然名为执行公约的协定,但却严重修改了《公约》的第十一部分,而且《协定》明确规定:“本协定和第十一部分的规定应作为单一文书来解释和适用。本协定和第十一部分如有任何不一致的情况,应以本协定的规定为准”②。因此,《协定》有优先于《公约》适用的法律地位,而且缔约国必须同时接受《公约》和《协定》的约束。

关于区域的海洋科学研究,《协定》的附件二第1节“缔约国的费用和体制安排”第5(h)款规定,国际海底管理局应:

> 促进和鼓励进行关于“区域”内活动的海洋科学研究,以及收集和传播关于这些研究和分析的可以得到的结果,特别强调关于“区域”内活动的环境影响的研究。

除此之外,《协定》并无其他关于“区域”海洋科学研究的规定。因此,关于“区域”的海洋科学研究依然适用《联合国海洋法公约》第十一部分的规定。

《公约》第十三部分第256条对此有明确规定:

> 所有国家,不论其地理位置如何,和各主管国际组织均有权依第十一部分的规定在“区域”内进行海洋科

① 1994年7月28日,联大以121票赞成、7票弃权和0票反对通过该协定。

② 《关于执行1982年12月10日〈联合国海洋法公约〉第十一部分的协定》第2条第1款。

学研究。

《公约》第十一部分第143条专门规定“区域”的海洋科学研究问题：

海洋科学研究

1. “区域”内的海洋科学研究，应按照第十三部分专为和平目的并为谋全人类的利益进行。

2. 管理局可进行有关“区域”及其资源的海洋科学研究，并可为此目的订立合同。管理局应促进和鼓励在“区域”内进行海洋科学研究，并应协调和传播所得到的这种研究和分析的结果。

3. 各缔约国可在“区域”内进行海洋科学研究。各缔约国应以下列方式促进“区域”内海洋科学研究方面的国际合作：

(a) 参加国际方案，并鼓励不同国家的人员和管理局人员合作进行海洋科学研究。

(b) 确保在适当情形下通过管理局或其他国际组织，为了发展中国家和技术较不发达国家的利益发展各种方案，以期：

(1) 加强他们的研究能力；

(2) 在研究的技术和应用方面训练他们的人员和管理局的人员；

(3) 促进聘用他们的合格人员，从事“区域”内的研究；

(c) 通过管理局，或适当时通过其他国际途径，切实传播所得到的研究和分析结果。

依据上述条款，“区域”的海洋科学研究制度以及存在的问题如下：

1．“区域”海洋科学研究的原则

依据《公约》第143条第1款，“区域”内的海洋科学研究有三项原则：

一是海洋科学研究以和平为目的而进行；二是海洋科学研究要为全人类谋利益；三是海洋科学研究要依《公约》第十三部分进行。

2．研究的主体

《公约》第143条规定，各缔约国和国际海底管理局可以在“区域”进行海洋科学研究。《公约》第256条的规定与第143是相矛盾的，第256条使用的是“所有国家……和各主管国际组织均有权依第十一部分的规定在‘区域’内进行海洋科学研究。”

第143条规定仅提及缔约国，而没有提及非缔约国；提及国际海底管理局，但未提及其他国际组织，因此自然人、法人、大学、学术研究机构或其他非国家实体是否有权利在“区域”进行海洋科学研究？通说认为，任何国家或国际组织无须取得任何沿海国或国际组织的同意，可以在“区域”内进行科研活动①，《公约》并不规范国家和国际组织之外的研究主体。

事实上，这种语言上的不同并无本质上影响，《公约》第143条更强调在“区域”进行海洋科学研究的国家的义务，并没有减损《公约》第十三部分所规定的原则②。

---

① 姜皇池．国际海洋法(下册)[M]．台北：学林文化事业有限公司，2004：1328．

② Florian H. Th Wegelein. Marine Scientific Research：The Operation and Status Research Vessels and Other Platforms in International Law[M]. Leiden/Boston：Martinus Nijhoff Publishers，2005，209．

3. 国际组织在"区域"进行海洋科学研究承担的义务

《公约》第 143 条第 2 款规定：作为国际组织的国际海底管理局应促进和鼓励在"区域"内进行海洋科学研究，并应协调和传播所得到的这种研究和分析的结果。

其他国际组织在"区域"进行海洋科学研究时，应遵守《公约》第 239 条和第 244 条第 1 款规定的义务。

4. "区域"海洋科学研究的对象

《公约》第 136 条规定："区域"及其资源是人类的共同继承财产。

但是《公约》第 143 条规定"区域"海洋科学研究对象还存在争议：即"区域"的海洋科学研究是指所有在"区域"进行的海洋科学研究？还是仅涉及直接与资源有关的研究？有学者总结到，本条规定并未改变原先的国际习惯法规则，"区域"的研究并不需要取得国际海底管理局的同意。基于同一法律理由，假如有关"区域"的科学研究仍然适用既存的国际习惯法，则区域科学研究不限于纯粹的科学研究，即使涉及区域资源的勘探与开发，也是此处所讲的科学研究。但是也有学者认为，这种科学研究自由仅限于"纯学术研究"，如果涉及海底资源的勘探、开发等科学研究，则必须根据《公约》附件三的规定。因此，目前做任何结论，均言之过早，国际海底管理局将来如何处理"区域"与其资源的科学研究问题，仍需日后实践与观察①。

不过依据《公约》第 143 条第 2 款和第 3 款，国际海底管理局进行的海洋科学研究仅限于区域及其资源有关的科学研究，而缔约国的规定不受此限。

① 姜皇池. 国际海洋法(下册)[M]. 台北：学林文化事业有限公司，2004：1309.

第三节　海洋科学研究争端的解决

《联合国海洋法公约》第十三部分第6节规定“争端的解决和临时措施”问题，包括两条，分别是第264条和第265条，内容分别如下：

> 第264条　争端的解决
>
> 本公约关于海洋科学研究的规定在解释或适用上的争端，应按照第十五部分第二和第三节解决。
>
> 第265条　临时措施
>
> 在按照第十五部分第二和第三节解决一项争端前，获准进行海洋科学研究计划的国家或主管国际组织，未经有关沿海国明示同意，不应准许开始或继续进行研究活动。

依据《公约》第264条，这里指的是所有与《公约》有关的海洋科学研究的规定在解释或适用上的争端，而不仅局限于涉及《公约》第十三部分解释和适用的争端。第264条必须与《公约》第246条、第253条和第297条第2款一起解读①。

《公约》第264条的规定其实有点多余，因为《公约》第286条明确规定：

> 在第三节限制下，有关本公约的解释或适用的任何争端，如已诉诸第一节而仍未得到解决，经争端任何

---

① Shabtai Rosenne & Alexander Yankov. Volume Editors. United Nations Convention on the Law of the Sea 1982：A Commentary，Volume Ⅳ[M]. Dordrecht/Boston/London：Martinus Nijhoff Publishers，1991，645.

一方请求，应提交根据本节具有管辖权的法院或法庭。

对于海洋科学研究，一个最重要的限制就是《公约》第297条第2款，其内容如下：

(a) 本公约关于海洋科学研究的规定在解释或适用上的争端，应按照第二节解决，但对下列情形所引起的任何争端，沿海国并无义务同意将其提交这种解决程序：

(1) 沿海国按照第246条行使权利或斟酌决定权；

(2) 沿海国按照第253条决定命令暂停或停止一项研究计划。

(b) 因进行研究国家指控沿海国对某一特定计划行使第246和第253条所规定权利的方式不符合本公约而引起的争端，经任何一方请求，应按照附件五第二节提交调解程序，但调解委员会对沿海国行使斟酌决定权指定第246条第6款所指特定区域，或按照第246条第5款行使斟酌决定权拒不同意，不应提出疑问。

《公约》第264条，与第297条第2款以及第246条共同形成海洋科学研究的新制度，在这其中第246条是核心。

若依《公约》海域的划分，海洋科学研究可以分为两类：一是在沿海国享有主权或可行使管辖权的海域进行的海洋科学研究；二是在国家管辖范围外海域进行的海洋科学研究。在第一种情况下，所有涉及海洋科学研究的争端都需要遵守《公约》第264条和第265条；在第二种情况下，除了研究属于《公约》第1条第1(3)款定义的“区域内活动”之外，则海洋科学研究包括在“区域”进行的研究适用《公约》第十五部分。若研究属于上述讲的“区域内活动”，依据《公约》第187条①，国际海洋法法庭海底争端分庭享有管辖权②。

若依《公约》第297条，关于海洋科学研究争端也可以分为两类：一是适用导致有拘束力裁判的强制程序的争端；二是不适用上述程序的争端。后者包括有关解释和适用第246条和第253条的争端，而前者包括除此以外的在不同海域内的海洋科学研究的争端。这两个限制当然有利于沿海国，而不是从事海洋研究的国家和国际组织。然而，《公约》并未将专属经济区内海洋科学研究的争端整体上排除出导致有拘束力裁判的强制程序。依据第297条第2(b)款，“经任何一方请求”，有关这两个限制的争端应提交《公约》附件五第二节规定的强制调解程序。这样任何有关《公约》海洋科学研究规定的争端都可以被提交某

---

① 第187条规定如下：海底争端分庭根据本部分及其有关的附件，对以下各类有关“区域”内活动的争端应有管辖权：(a) 缔约国之间关于本部分及其有关附件的解释或适用的争端。(b) 缔约国与管理局之间关于下列事项的争端：(1) 管理局或缔约国的行为或不行为据指控违反本部分或其有关附件或按其制定的规则、规章或程序；或(2)管理局的行为据指控逾越其管辖权或滥用权力。(c) 第153条第2款(b)项内所指的，作为合同当事各方的缔约国、管理局或企业部、国有企业以及自然人或法人之间关于下列事项的争端：(1) 对有关合同或工作计划的解释或适用；或(2)合同当事一方在“区域”内活动方面针对另一方或直接影响其合法利益的行为或不行为。(d) 管理局同按照第153条第2款(b)项由国家担保且已妥为履行附件三第4条第6款和第13条第2款所指条件的未来承包者之间关于订立合同的拒绝，或谈判合同时发生的法律问题的争端。(e) 管理局同缔约国、国有企业或按照第153条第2款(b)项由缔约国担保的自然人或法人之间关于指控管理局应依附件三第22条的规定负担赔偿责任的争端。(f) 本公约具体规定由分庭管辖的任何争端。

② Shabtai Rosenne & Alexander Yankov. Volume Editors. United Nations Convention on the Law of the Sea 1982：A Commentary，Volume Ⅳ[M]. Dordrecht/Boston/London：Martinus Nijhoff Publishers，1991，655.

种强制程序①。因此,海洋科学研究与沿海国因同意制度发生争端而排除强制争端解决程序的,可以提交强制调解程序解决②。

《公约》第297条第2款规定的两项限制解读如下:

第一项限制是“沿海国按照第246条行使权利或斟酌决定权”的争端。依据第246条,沿海国行使权利是指:“沿海国在行使其管辖权时,有权按照本公约的有关条款,规定、准许和进行在其专属经济区内或大陆架上的海洋科学研究。”另外还指沿海国行使斟酌决定权,即“沿海国可斟酌决定,拒不同意另一国家或主管国际组织在该沿海国专属经济区内或大陆架上进行海洋科学研究计划,如果该计划:(a)与生物或非生物自然资源的勘探和开发有直接关系;(b)涉及大陆架的钻探、炸药的使用或将有害物质引入海洋环境;(c)涉及第60和第80条所指的人工岛屿、设施和结构的建造、操作或使用;(d)含有依据第248条提出的关于该计划的性质和目标的不正确情报,或如进行研究的国家或主管国际组织由于先前进行研究计划而对沿海国负有尚未履行的义务”。

有学者认为,虽然进行研究的国家或国际组织不能通过导致有拘束力裁判的第三方程序质疑沿海国拒不同意的裁量权,但却可以通过第十五部分第2节质疑沿海国拒绝同意的理由,如将有关计划定性为属于第246条第5款的决定。另外,第246条第6款明确规定,如果沿海国已在任何时候公开指定从领海基线量起200海里以外的某些特定区域为已在进行或将在

① 高健军.《联合国海洋法公约》争端解决机制研究[M].北京:中国政法大学出版社,2014:296-297.

② Jonathan I. Charney. The Implications of Expanding International Dispute Settlement Systems: The 1982 Convention on the Law of the Sea [J]. American Journal of International Law, 1996(90): 73.

合理期间内进行开发或详探作业的重点区域，则沿海国对于在这些特定区域之外的大陆架上按照公约规定进行的海洋科学研究计划，即不得行使第5款(a)项规定的斟酌决定权而拒不同意。此时，如果沿海国仍然基于该研究计划“与生物或非生物自然资源的勘探和开发有直接关系”为由拒绝同意，那么研究国当然可以诉诸第二节的程序来质疑这样的理由。

第二项限制是有关“沿海国按照第253条决定命令暂停或停止一项研究计划”的争端。根据第253条第1款，沿海国在下列两种情况下有权要求暂停在其专属经济区或大陆架上正在进行的任何海洋科学研究活动：“(a) 研究活动的进行不按照根据第248条的规定提出的，且经沿海国作为同意的基础的情报；(b) 进行研究活动的国家或主管国际组织未遵守第249条关于沿海国对该海洋科学研究计划的权利的规定。”[①]如果上述情况在合理期间内仍未得到纠正，沿海国可要求停止海洋科学研究活动[②]。另外，“任何不遵守第248条规定的情形，如果等于将研究计划或研究活动作重大改动，沿海国应有权要求停止任何海洋科学研究活动”[③]。

显然，这两项限制是因为研究国(国际组织)的研究活动没有依照提供给沿海国的情报而进行，沿海国的同意是建立在情报的基础之上；或者是没有遵守沿海国要求的条件。对于这种明显是研究国的责任，《公约》第297条第2款规定这两项限制是非常容易理解的[④]。

---

① 《联合国海洋法公约》第253条第1款。

② 《联合国海洋法公约》第253条第3款。

③ 《联合国海洋法公约》第253条第2款。

④ J. Ashley Roach. Dispute Settlement in Specific Situations [J]. Georgetown International Environmental Law Review, 1995(7): 787.

依据《公约》第297条第2款，沿海国按照第253条命令暂停或停止一项研究计划的决定不能被提交导致有拘束力裁判的强制程序。但是，如果沿海国命令暂停或停止一项研究计划的理由并未规定在第253条中，那么该决定就不是按照第253条做出的，从而不受第297条第2款规定的保护，因此可以被提交第十五部分第二节的程序①。

第四节 海洋科学研究制度中的其他问题

一、海洋科学研究的程序

（一）海洋科学研究计划的通知

《联合国海洋法公约》第250条规定："关于海洋科学研究计划的通知，除另有协议外，应通过适当的官方途径发出。"(Communications concerning the marine scientific research projects shall be made through appropriate official channels, unless otherwise agreed.)

第250条适用于所有关于海洋科学研究的通知(communication)，以及沿海国发出或向沿海国发出的通知(notification)，包括《公约》第248条、第249条以及第253条中规定的通知。考虑到通知的作用，第250条应该适用于第247条所要求的任何通知②。

---

① 高健军.《联合国海洋法公约》争端解决机制研究[M].北京：中国政法大学出版社，2014：296-297.

② Shabtai Rosenne & Alexander Yankov. Volume Editors. United Nations Convention on the Law of the Sea 1982：A Commentary，Volume Ⅳ[M]. Dordrecht/Boston/London：Martinus Nijhoff Publishers，1991，556-557.

《公约》并没有界定何为“适当的官方途径”，实践中这将依据各种情况加以决定，各国的要求不一样，例如有的国家要求通过外交途径，有时候需要通过国内途径和国际途径。

另外，第 250 条还规定“除另有协议外”，这是保留条文的弹性，意味着当事方还可能通过协商而使用其他途径，而不仅限于官方途径。

“各国和各主管国际组织有意在一个沿海国的专属经济区内或大陆架上进行海洋科学研究，应在海洋科学研究计划预定开始日期至少 6 个月前”向相关国家发出通知并提供详细说明[①]。

（二）给予同意

沿海国收到海洋科学研究计划的通知后，需要考虑申请的研究计划通知是否在研究计划预定开始日期 6 个月前提供[②]，如果不符合这个条件，沿海国可以拒绝给予同意；沿海国也可放弃这项特权而继续进行对该通知进行评估。

如果研究计划通知中所附的详细说明并不完整，沿海国可以在收到通知后 4 个月内要求研究国（国际组织）提供补充情报[③]，研究国（国际组织）则有机会对研究计划进行评估后提供补充情报或者说服沿海国该研究计划已经充分而不需要补充。

“沿海国应制订规则和程序，确保不致不合理地推迟或拒绝给予同意”[④]。如果沿海国在收到通知后 4 个月内不作出回复，则可视为沿海国默示同意该研究计划[⑤]。

---

① 提供的详细说明参见《联合国海洋法公约》第 248 条。
② 《联合国海洋法公约》第 248 条。
③ 《联合国海洋法公约》第 252 条。
④ 《联合国海洋法公约》第 246 条第 3 款。
⑤ 《联合国海洋法公约》第 252 条。

如果沿海国作为一个国际组织的成员或同该组织订有双边协定，而在该沿海国专属经济区内或大陆架上该组织有意直接或在其主持下进行一项海洋科学研究计划，若该沿海国在该组织决定进行计划时已核准详细计划，或愿意参加该计划，并在该组织将计划通知该沿海国后四个月内没有表示任何反对意见，则应视为已准许依照同意的说明书进行该计划①。

沿海国在符合《公约》规定的条件下可拒绝给予申请同意。

(三) 进行海洋科学研究

研究国(国际组织)在沿海国同意之后，即可以在申请研究的海域依照《公约》规定的条件进行海洋科学研究。

《公约》规定的条件主要体现在第249条，如沿海国要求有权参加或有代表参与海洋科学研究，提供初步报告，提供从海洋科学研究计划所取得的一切资料和样品等。具体这些内容可参看本章前文部分。

如果符合一定条件，沿海国还可以要求海洋科学研究暂停或停止②。

二、海洋科学研究的国际合作

《联合国海洋法公约》第十三部分第二节包括以下三条，规定海洋科学研究的国际合作问题。

(一) 国际合作的促进

《公约》第242条规定：

国际合作的促进

1. 各国和各主管国际组织应按照尊重主权和管

① 《联合国海洋法公约》第247条。

② 《联合国海洋法公约》第253条。

辖权的原则，并在互利的基础上，促进为和平目的进行海洋科学研究的国际合作。

2. 因此，在不影响本公约所规定的权利和义务的情形下，一国在适用本部分时，在适当情形下，应向其他国家提供合理的机会，使其从该国取得或在该国合作下取得为防止和控制对人身健康和安全以及对海洋环境的损害所必要的情报。

这一条是第二节三条中最重要的规定，涉及海洋科学研究国际层面的合作问题。第1款要求各国和各主管国际组织促进为和平目的进行海洋科学研究的国际合作，第2款要求各国向其他国家提供合理机会以让他国取得科学情报。

促进海洋科学研究的国际合作在海底委员会工作期间已经有国家提出，包括东欧国家、美国等，中国1973年提出的草案也含有“各国应当在互相尊重主权、平等互利的基础上促进海洋科学研究的国际合作”。

在第1款的基础上，第2款明确规定各国的义务，即在适当情形下应向其他国家提供合理的机会，以让该国取得为防止和控制对人身健康和安全以及对海洋环境的损害所必要的情报。这种义务是双向的：一是当研究是在某一国管辖海域中进行，而研究所得的情报可以减少或减轻对他国的损害，则沿海国有义务向他国提供合理的机会，以便他国取得或在其合作下取得相关的情报；二是研究国已经收集情报后，研究国有义务将该情报提供给其他国家①。

---

① Shabtai Rosenne & Alexander Yankov. Volume Editors. United Nations Convention on the Law of the Sea 1982：A Commentary，Volume Ⅳ[M]. Dordrecht/Boston/London：Martinus Nijhoff Publishers，1991，468－471.

（二）有利条件的创造

《公约》第243条规定：

有利条件的创造

各国和各主管国际组织应进行合作，通过双边和多边协定的缔结，创造有利条件，以进行海洋环境中的海洋科学研究，并将科学工作者在研究海洋环境中发生的各种现象和变化过程的本质以及两者之间的相互关系方面的努力结合起来。

第243条是对第242条第1款国际合作的具体要求，要求各国和各主管国际组织为两个目标进行合作：一是为进行海洋科学研究创造有利的条件；二是结合海洋科学研究者的全部工作。这种合作需要通过双边或多边国际协定，为海洋科学研究创造有利的条件。更为详细地规定在第255条，该条要求“各国应尽力制定合理的规则、规章和程序，促进和使得在其领海以外按照本公约进行的海洋科学研究，并于适当时在其法律和规章规定的限制下，便利遵守本部分有关规定的海洋科学研究船进入其港口，并促进对这些船只的协助”。与第255条相比，第243条具有更广泛的范围①。

（三）情报和知识的公布和传播

《公约》第244条规定：

情报和知识的公布和传播

1. 各国和各主管国际组织应按照本公约，通过适当途径以公布和传播的方式，提供关于拟议的主

① Shabtai Rosenne & Alexander Yankov. Volume Editors. United Nations Convention on the Law of the Sea 1982：A Commentary，Volume Ⅳ[M]. Dordrecht/Boston/London：Martinus Nijhoff Publishers，1991，477.

要方案及其目标的情报以及海洋科学研究所得的知识。

2. 为此目的,各国应个别地与其他国家和各主管国际组织合作,积极促进科学资料和情报的流通以及海洋科学研究所得知识的转让,特别是向发展中国家的流通和转让,并通过除其他对外发展中国家技术和科学人员提供适当教育和训练方案,加强发展中国家自主进行海洋科学研究的能力。

第244条将海洋科学研究视作一个为全人类谋利益而努力的领域,如果发展中国家在海洋环境的发展、管理和海洋资源的保护等方面发挥充分的作用,就会是一个至关重要的合作。

第244条第1款规定关于海洋科学研究相关情报及研究所得知识的公布和传播的基本义务,要求提供"关于拟议的主要方案及其目标",以及"海洋科学研究所得的知识"。由此得知,所有的研究成果应公布和传播,尽管前面提到的情报中只提到"主要"方案。不论发现何种情况,公布和传播应当通过"适当途径","适当途径"包括国际途径,但是不仅仅局限于官方的国际途径①。

第244条第2款要求加强发展中国家自主进行海洋科学研究的能力。

三、邻近的内陆国和地理不利国的权利

《联合国海洋法公约》第254条规定,研究计划邻近的内陆国和地理不利国享有一定的权利,具体规定如下:

---

① Shabtai Rosenne & Alexander Yankov. Volume Editors. United Nations Convention on the Law of the Sea 1982: A Commentary, Volume Ⅳ[M]. Dordrecht/Boston/London: Martinus Nijhoff Publishers, 1991, 486.

邻近的内陆国和地理不利国的权利

1. 已向沿海国提出一项计划,准备进行第246条第3款所指的海洋科学研究的国家和主管国际组织,应将提议的研究计划通知邻近的内陆国和地理不利国,并应将此事通知沿海国。

2. 在有关的沿海国按照第246条和本公约的其他有关规定对该提议的海洋科学研究计划给予同意后,进行这一计划的国家和主管国际组织,经邻近的内陆国和地理不利国请求,适当时应向它们提供第248条和第249条第1款(f)项所列的有关情报。

3. 以上所指的邻近的内陆国和地理不利国,如提出请求,应获得机会按照有关的沿海国和进行此项海洋科学研究的国家或主管国际组织依本公约的规定而议定的适用于提议的海洋科学研究计划的条件,通过由其任命的并且不为该沿海国反对的合格专家在实际可行时参加该计划。

4. 第1款所指的国家和主管国际组织,经上述内陆国和地理不利国的请求,应向它们提供第249条第1款(d)项规定的有关情报和协助,但须受第249条第2款的限制。

《公约》在第五部分"专属经济区"中,特别在第69条规定内陆国的权利,第70条规定地理不利国的权利,主要涉及这两种类型的国家在专属经济区的资源利用上享有一定的优先权利。在《公约》第87条中,特别提到公海对所有国家开放,不论是沿海国还是内陆国,当然包括公海上的海洋科学研究自由也是对内陆国开放的。另外,《公约》第十部分规定的是"内陆国出入海洋的权利和过境自由",在其中第125条第1款明确规定"为行使本公约所规定的各项权利,包括行使与公海自由和人类共同继承财产有关的权利的目的,内陆国应有权出入海洋。为此目的,内陆国应享有利用一切运输工具通过过境国领土的过境自由。”

《公约》第 254 条则是针对海洋科学研究,内陆国和地理不利国享有权利的特别规定。

《公约》第 254 条第 1 款与《公约》第 246 条第 3 款比较而言,没有直接赋予邻近的内陆国和地理不利国任何权利。但是,却直接给计划进行研究的各国和国际组织附加一项义务,即也要向研究计划区域的邻近内陆国和地理不利国通知研究计划。同时,通知内陆国和地理不利国的情况也要通知给沿海国。

《公约》第 254 条第 2 款至第 4 款,特别涉及第 246 条和第 249 条,要求通知详细的情报,通知的方式受第 250 条规定的限制。第 3 款规定内陆国和地理不利国如有请求,则应被给予机会参加研究计划,但是有三个条件限制:一是实际可行(whenever feasible);二是由内陆国和地理不利国指定但不被沿海国反对的“合格专家”(qualified expert)参与;三是符合研究计划的条件。对于何为“合格专家”,则由指定国家行使斟酌决定权。第 4 款要求研究国和国际组织如在邻近的内陆国和地理不利国的要求下,必须向他们提供第 249 条第 1 款(d)项规定的有关情报和协助①。

四、海洋科学研究的平台

海洋科学研究的“平台”(platform)是指在海洋科学研究中

① Shabtai Rosenne & Alexander Yankov. Volume Editors. United Nations Convention on the Law of the Sea 1982: A Commentary, Volume Ⅳ[M]. Dordrecht/Boston/London: Martinus Nijhoff Publishers, 1991, 595-596.

所使用的任何载体，它既包括简单的浮标，也包括更加复杂的飞行器或航天器。“平台”包括国际海洋学委员会使用的术语“海洋资料收集系统”（ODAS），后者包括灯塔、灯船、观测塔和观测平台、石油钻塔、冰上漂流浮标、船上安装的浮标，其仅是一个合适的工具用于海洋气象和海洋学的观测以及数据的传输①。

有学者将此处海洋科学研究的“平台”总结为它是一种固体结构，可用来安装传感装置作为技术仪器，或可用来载人进行科学观测，该平台可以在水下、水面上或水面以上②。

具体而言，海洋科学研究的“平台”主要可以分为以下几类：

（一）船舶

在1982年《联合国海洋法公约》的英文版本中，船舶这一词语使用了两种表述方法，分别是“Vessel”和“Ship”。《公约》并没有对这两种表述加以界定区分，国际习惯法也没有对两者进行区分。但是《公约》法文版本，俄文版本和西班牙版本使用的是一个词语。因此，从这方面考虑，《公约》对船舶的两种表述没有什么区别，两者具有同一意义③。

但在《公约》中，也提及不同的船舶，它们与海洋科学研究的关系阐述如下：

---

① IOC-WMO Regular Information Service Bulletin On Non-Drifting Ocean Data Acquisition Systems(ODAS), Issue 20(1997), p. i.

② Florian H. Th Wegelein. Marine Scientific Research: The Operation and Status Research Vessels and Other Platforms in International Law [M]. Leiden/Boston: Martinus Nijhoff Publishers 2005, 121.

③ George K. Walker General Editor. Definitions For the Law of the Sea: Terms not Defined by the 1982 Convention [M]. Leiden/Boston: Martinus Nijhoff Publishers, 2012, 300.

1．军舰(warship)

《公约》第29条对军舰有明确的定义，即：

为本公约的目的，“军舰”是指属于一国武装部队、具备辨别军舰国籍的外部标志、由该国政府正式委任并名列相应的现役名册或类似名册的军官指挥和配备有服从正规武装部队纪律的船员的船舶。

如果研究船隶属于一国武装部队，则该研究船也属于军舰。《公约》也注意到这一情况，故特别规定海洋科学研究应专为和平目的而进行①，换言之排除了非和平目的海洋科学研究。海洋科学研究可由军舰进行，实践中在过去大多也是由军舰完成。

2．渔船(fishing vessel)

《公约》中渔船应指任何类型的用来捕鱼的船舶。对于渔船而言，它可以进行渔业方面的研究，甚至也可以进行其他方面的海洋科学研究，即如何界定其是渔船还是研究船是一个问题，因为规范两者的规则并不一样。

3．商船(merchant ship)

依据《公约》第二部分第3(b)节的规定，规定适用于商船和用于商业目的的政府船舶规则。通常而言，商船是指用于商业目的的船舶，即以获利为目的用于贸易，以及货物和旅客运输。如果是政府船舶用于上述活动，依据《公约》也视为商船。但是，在《公约》中的“商船”这一术语不能被解释为排除非商业目的的私人船舶。“商船”应该与“政府船舶”并列，其不仅用于商业也用于非商业目的。如果研究船未归入政府船舶，则应当归于商船类别②。

---

① 《联合国海洋法公约》第240条(a)项。

② Florian H. Th Wegelein. Marine Scientific Research：The Operation and Status Research Vessels and Other Platforms in International Law［M］. Leiden/Boston：Martinus Nijhoff Publishers，2005，132.

4. 政府船舶(government vessel)

依据《公约》第二部分第3(c)节的规定,政府船舶可以分为三类:一是用于商业目的的政府船舶;二是军舰;三是其他政府船舶。《公约》除对军舰有定义外,未对其他政府船舶定义。一般而言,政府船舶是指具有公共职能的船舶(包含各级政府的船舶),是国家使用(但不一定属于国家)用于管理职能的船舶,如用于警察、海关、渔业管理等方面。船舶因此而取得政府船舶的法律地位,可以行使国家的权力①。

5. 研究船(research vessel)

"研究船"这一用语,在《公约》的第十三部分第248条(d)款提及"研究船最初到达和最后离开的预定日期";第249条第1(a)款提及"如果沿海国愿意,确保其有权参加或有代表参与海洋科学研究计划,特别是于实际可行时在研究船和其他船只上或在科学研究设施上进行";第255条提及"便利遵守本部分有关规定的海洋科学研究船只进入其港口,并促进对这些船只的协助"。

《公约》未对"研究船"给予定义,何为研究船,可从两个角度进行理解:一是船舶在设计制造的时候,其主要功能即用于科学研究为目的,同时以具体研究目的的不同,还可以再细分为渔业研究船、极地研究船、深海研究船,等等;二是如果某船舶被用于海洋科学研究,作为科学研究的"平台",也可视为研究船,而不再考虑其设计制造时的主要功能。

因此,"研究船"应被解释为主要用于科学研究的船舶。如果"研究船"仅仅用于航行的话,其就不能被视为行使研究职能,

---

① Florian H. Th Wegelein. Marine Scientific Research: The Operation and Status Research Vessels and Other Platforms in International Law[M]. Leiden/Boston: Martinus Nijhoff Publishers, 2005, 133.

就与其他船舶无异；另外，如果一艘船舶进行海洋科学研究的时候，它依然还是船舶并需遵守规范船舶的法规[①]。

（二）设施或装备（installations or equipment）

《联合国海洋法公约》第十三部分第四节“海洋环境中科学研究设施或装备”包括5条内容如下：

第258条

部署和使用

在海洋环境的任何区域内部署和使用任何种类的科学研究设施或装备，应遵守本公约为在任何这种区域内进行海洋科学研究所规定的同样条件。

第259条

法律地位

本节所指的设施或装备不具有岛屿的地位。这些设施或装备没有自己的领海，其存在也不影响领海、专属经济区或大陆架的界限的划定。

第260条

安全地带

在科学研究设施的周围可按照本公约有关规定设立不超过500米的合理宽度的安全地带。所有国家应确保其本国船只尊重这些安全地带。

第261条

对国际航路的不干扰

任何种类的科学研究设施或装备的部署和使用不

---

① Florian H. Th Wegelein. Marine Scientific Research: The Operation and Status Research Vessels and Other Platforms in International Law[M]. Leiden/Boston: Martinus Nijhoff Publishers, 2005, 126.

应对已确定的国际航路构成障碍。

第262条

识别标志和警告信号

本节所指的设施或装备应具有表明其登记的国家或所属的国际组织的识别标志,并应具有国际上议定的适当警告信号,以确保海上安全和空中航行安全,同时考虑到主管国际组织所制订的规则和标准。

第258条至第262条专门规定"设施和装备"的法律问题。另外,《公约》其他条款中也出现"设施"一词,例如第60条"专属经济区内的人工岛屿、设施和结构",第147条"区域"内活动所使用的设施限制问题,第194条第3款和第4款提及的设施和装置(devices),第209条第2款提及的"设施、结构和其他装置"。

《公约》未对"设施"以及"人工岛屿"、"结构"、"装备"给予定义,这也导致它们之间的区别也不明确。但是从本质上讲,所有这些"设施"等都是人工行为的建造物,可用于科学研究,它们并非自然形成的陆地区域,显然也不可能有领海等。

《公约》第246条第5(d)款提及对于"第60条和第80条所指的人工岛屿、设施和结构的建造、操作和使用",沿海国享有斟酌决定权,但是《公约》第258条并没有提及"结构"(structures),而只是提及"设施和装备",因此如何区分"结构"、"设施"和"装备"在适用《公约》时具有重要意义,因为严格按照字面解释,"结构"则不适用于《公约》第258条。

但是,有学者认为第258条不是对第60条、第80条以及第147条的简单重复,而是包括更大的范围。在1980年的第九次会议上,起草委员会认为第259条、第260条和第261条"是对第60条和第147条规范内容的重复……因此可以被删除,在其位置上可以引用参考第60条的相关表述”。由此可知，第258条在起草的时候，是包括《公约》处理相关问题的所有条款①。《公约》第258条使用“任何种类”是指包括所有的固定或可移动的设施，“任何区域”是指可在海面的任何位置。依据《公约》第十三部分第四节的标题，其不仅适用于海洋科学研究的设施或装备，而且也适用于在海洋中进行任何研究的设施或装备②。

《公约》对装备也没有定义，“装备”一般是指为特殊目的而配备的设备，设施一般指位于同一区域的用于特殊功能或目的的一种设备或一组设备。两者的区别主要体现在时间与尺寸上：设施一般安置在一个地方长时间或永久使用，而装备一般指为单个试验而快速安装或移除；设施可以包括很多部件用于不同的功能，而装备一般仅用于一种目的。这两者的区别并不重要，因为《公约》这一条款中将两者作为同等的调整对象。“结构”，它是组成整体的各部分的安排与搭配，可能与“设施”同义，但也有区别③。

《公约》第258条规定，能否为海洋科学研究的目的而设置设施或装备，原则上以该类设施与装备的性质与所将设置或部

---

① Shabtai Rosenne & Alexander Yankov. Volume Editors. United Nations Convention on the Law of the Sea 1982：A Commentary，Volume Ⅳ[M]. Dordrecht/Boston/London：Martinus Nijhoff Publishers，1991，614.

② Florian H. Th Wegelein. Marine Scientific Research：The Operation and Status Research Vessels and Other Platforms in International Law[M]. Leiden/Boston：Martinus Nijhoff Publishers，2005，137.

③ Florian H. Th Wegelein. Marine Scientific Research：The Operation and Status Research Vessels and Other Platforms in International Law[M]. Leiden/Boston：Martinus Nijhoff Publishers，2005，138.

署的地点来断定。因而，在沿海国的内水、领海、群岛水域、专属经济区或大陆架上的科学设施与装备，其部署或装置应取得沿海国的同意。另外，当所欲设置的海洋资讯取得系统涉及使用人工岛屿、设施或结构时，依据《公约》第60条和第80条，沿海国不仅对其设置拥有同意与否的斟酌决定权，并应对此等海洋资讯取得系统有管辖权。此外，依据第248条的规定，可以推知沿海国对于部署设施或装备的同意，已经涵盖于沿海国对有关科学研究或海洋科学研究方案的同意中。而对于在公海中部署设施或装备，各国均有自由权利，但应受到适当顾及原则和诚实履行或禁止权利滥用原则的拘束①。

为科学研究而部署的设施或装备并不具有岛屿的地位，所以这些设施没有自己的领海，其存在也不影响领海、专属经济区或大陆架界限的划定②。但是为安全考虑，可在设施周围设立不超过500米的安全地带，所有国家应确保本国船只尊重这些安全地带③。同时，任何种类的科学研究设施或装备的部署和使用不应对已确立的国际航路构成障碍④，并应表明其登记的国家或所属的国际组织的识别标志，并应具有国际上议定的适当警告信号⑤。

此外，除非另有协议，科学研究完成后要立即拆除科学研究设施或装备⑥。所谓研究完成后，解释上不仅指该项科研计划完成后，应扩张及研究者违反第249条的规定，而遭到沿海国根

---

① 姜皇池.国际海洋法(下册)[M].台北：学林文化事业有限公司，2004：1310-1311.

② 《联合国海洋法公约》第259条。

③ 《联合国海洋法公约》第260条。

④ 《联合国海洋法公约》第261条。

⑤ 《联合国海洋法公约》第262条。

⑥ 《联合国海洋法公约》第249条第1(g)款。

据第253条下令停止该研究的情形。当然研究若未成功，研究国或国际组织亦负有拆除的义务。至于拆除义务需履行至何种程度，除必须符合一般国际标准外，还应当以沿海国与研究国或国际组织之间的协议为准。倘若双方就此问题并无特别约定，可依据第258条规定，比照适用《公约》第60条第3款有关在专属经济区废弃或不再使用设施或结构拆除义务的规定，对此等因科学研究而设置的设施或装备，于研究完成后，研究者“应予以撤除，以确保航行安全，同时考虑到主管国际组织在这方面制订的任何为一般所接受的国际标准。这种撤除也应适当地考虑到捕鱼、海洋环境的保护和其他国家的权利和义务。尚未全部撤除的任何设施或结构的深度、位置和大小应妥为公布”①。换言之，这种拆除义务，若是已能确保航行安全，并考虑到主管国际组织所制定的一般国际所接受的国际法标准，即为已足，并不必然需将该等设施装备完全拆除，仅是将尚未完全拆除的设施或装备的深度、位置和大小妥为公布②。

五、海洋科学研究与海洋环境保护

与人类的其他海洋活动一样，虽然不如海洋工业活动严重，但是海洋科学研究也会对海洋环境造成威胁或损害，所有人类的活动都会破坏海洋的生态系统平衡，尤其是对人类活动特别敏感的海洋生态系统③。

---

① 《联合国海洋法公约》第60条第3款。

② 姜皇池.国际海洋法(下册)[M].台北：学林文化事业有限公司，2004：1313.

③ Division for Ocean Affairs and the Law of the Sea Office of Legal Affairs, The law of the Sea: Marine Scientific Research: A Revised Guide to the Implementation of the Relevant Provisions of the United Nations Convention on the Law of the Sea (New York: United Nations, 2010), 31.

海洋科学研究对海洋环境的影响，除使用研究船舶造成的普通影响（例如，船舶泄油、噪声污染和排放废水等）之外，对海洋环境更重要的影响是科学研究所使用的方法与技术，这包括物理、声学、化学等方式。物理影响主要是取样和使用钻探、爆炸和其他特殊的装备，这会损害海洋物种以及其栖息地，损害海洋生态系统的结构特征；声学影响主要是研究会给海洋环境带来噪声，进而伤害到海洋生物；化学影响主要是使用化学示踪剂和对含有有毒物质的设备的随意抛弃①。

但是过度强调保护海洋环境是否会影响到海洋科学研究，使得海洋科学研究无法达到研究目的？《联合国海洋法公约》规定了海洋环境保护的义务条款，《公约》第十二部分具有全球"宪法"性质的立法②。

《联合国海洋法公约》第 240 条（d）款规定海洋科学研究的原则之一是"海洋科学研究的进行应遵守依照《公约》制定的一切有关规章，包括关于保护和保全海洋环境的规章"。这条原则性的规定，要求海洋科学研究必须在遵守《公约》特别是关于保护和保全海洋环境的规章条件下进行。为达到保护海洋环境的目的，《公约》进一步要求"海洋科学研究应以符合本公约的适当科学方法和工具进行"③。

---

① Anna-Maria Hubert. The New Paradox in Marine Scientific Research: Regulating the Potential Environmental Impacts of Conducting Ocean Science [J]. Ocean Development & International Law, 2011(42): 330.

② Moira L. McConnell. The Modern Law of The Sea: Framework for the Protection and Preservation of the Marine Environment? [J]. Case Western Reserve Journal of International Law, 1991(23): 98.

③ 《联合国海洋法公约》第 240 条（b）款。

《公约》缔约国意识到海洋的利用与保护密不可分，因此《公约》的目的之一就是为海洋建立一种法律秩序，“研究、保护和保全海洋环境”①，为此目的，“各国应直接或通过主管国际组织进行合作，以促进研究、实施科学研究方案，并鼓励交换所取得的关于海洋环境污染的情报和资料。各国应尽力积极参加区域性和全球性方案，以取得有关鉴定污染的性质和范围、面临污染的情况以及其通过的途径、危险和补救办法的知识”②。

《公约》要求海洋科学研究通过国际合作、使用适当的科学方法和工具等方式，以达到保护海洋环境的目的，这方面的具体内容可参看本章第一节相关内容。

第五节　海洋科学研究与海洋军事活动

“军事活动”(military activities)一词在《联合国海洋法公约》中并无明确的定义，其仅在《公约》第 298 条第 1(b)款中出现过一次③。但可以推断出，军事活动是军舰或军用飞机(包括非商业目的的船舶与飞机)的行为，包括正常的船舶操作、部队调动、飞机起落、操作军事装备、情报收集、武器演习、军械试验以及军事测量等④。

一般而言，海洋军事活动包括以下内容：一是在海洋中航

---

① 《联合国海洋法公约》序言第四段。

② 《联合国海洋法公约》第 200 条。

③ 《联合国海洋法公约》第 298 条第 1(b)款：关于军事活动，包括从事非商业服务的政府船只和飞机的军事活动的争端，以及根据第 297 条第 2 款和第 3 款不属法院或法庭管辖的关于行使主权权利或管辖权的法律执行活动的争端。

④ 张海文.沿海国海洋科学研究管辖权与军事测量的冲突问题[J].中国海洋法学评论，2006(2)：28.

行或飞越,例如海军巡逻、海军演习和其他操练,可能伴随武器试验和使用弹药,通过这种行为加强海上力量的存在;二是布设弹道导弹核潜艇,以起到战略威慑的效果;三是监视潜在对手海军和其他军事活动,此时反潜战争是其重要内容,如在海床上部署声纳或者类似声波探测系统;四是在海洋或海床上部署航行和通讯装备;五是部署常规武器(例如水雷);六是用于军事目的的海洋科学研究;七是后勤保障,包括维护海军基地等①。

这些军事活动中,外国在专属经济区内的一些较常见的军事活动经常引起争议。例如,军事演习,特别是包括使用武器的军事演习;在专属经济区的海床上放置军事用的装置、设施和结构,如声纳监视或监测系统和导航辅助设备;使用雷达和电子系统进行军事情报收集活动;进行水文测量、军事侦察和武器测试等。

这些活动最容易与海洋科学研究产生关联,特别是在专属经济区内,若外国或国际组织计划进行海洋科学研究,需提前取得沿海国的同意;但是若外国主张其计划的行为并不是海洋科学研究活动,而是军事活动,则往往拒绝向沿海国申请同意,进而发生冲突。

一、专属经济内军事活动的争论

军舰或军用飞机能否享有在别国专属经济区内自由进行军事活动的权利?存在两种对立的观点。

(一)赞成军事活动自由及理由

赞成在外国专属经济区军事活动自由的国家自然是传统的

① Boleslaw Adam Boczek. The Peaceful Purposes Reservation of the UN Convention on the Law of the Sea. *Ocean Yearbook* 8[M]. eds. Elisabeth Mann Borgese, Norton Ginsbur, and Joseph R. Morgan, The University of Chicago Press, 1989, 329－330.

海洋强国，依据这些国家和学者的观点，赞成的理由主要是表现在以下四个方面：

一是《公约》没有任何条款禁止外国在本国专属经济区内进行军事活动，依据“法无明文禁止即是自由”的原则，外国在专属经济区内的军事活动没有违反海洋法和其他国际法。

二是《公约》赋予其他国家进行军事活动的权利。《公约》第58条“其他国家在专属经济区内的权利和义务”第1款规定“在专属经济区内，所有国家，不论为沿海国或内陆国，在本公约有关规定的限制下，享有第87条所指的航行和飞越的自由、铺设海底电缆和管道的自由，以及与这些自由有关的海洋其他国际合法用途，诸如同船舶和飞机的操作及海底电缆和管道的使用有关的并符合本公约其他规定的那些用途”①。《公约》第58条的规定是为了保障外国的空军与海军在专属经济区的作战行动而设立的，《公约》第79条第5款、第98条第1款规定的内容，可以被认为是海洋的军事利用或至少是其中的一部分，因此外国在沿海国专属经济区的军事活动依据《公约》第58条的规定是允许的②。

另外赞成者认为，《公约》第87条所指的航行和飞越自由③，包括军事活动自由。所有国家的军舰在公海上均有进行军事活动的自由，公海的这些自由依据《公约》第58条，可以在沿海国的专属经济区内行使，包括行使“与这些自由有关的海洋其他国际合法用途，诸如同船舶和飞机的操作”，军舰的操作内容，包括军舰的军事活动，如军事演习、武器测试、军事侦察等，

---

① 《联合国海洋法公约》第58条第1款。

② 金永明.专属经济区内军事活动问题与国家实践[J].法学，2008(3)：122.

③ 《联合国海洋法公约》第87条规定的是“公海自由”。

显然军舰的此类操作是与航行自由有关的那些其他用途。

三是《公约》制定之前，航行自由包括附属于该自由的其他活动，《公约》不仅承认在专属经济区内的航行自由，同时也承认其他与军舰相关的活动，没有任何证据显示《公约》有意改变传统国际海洋法的规范[①]。

四是《公约》第298条规定，关于军事活动的争端，缔约国可以发表声明，排除争端解决强制程序对其的适用[②]，该条款可以视为是《公约》关于军事活动以及使用武力的特别规定。

（二）反对军事活动自由及理由

反对外国在本国专属经济区内从事军事活动的主要是发展中国家，由于发展中国家的军事力量较为薄弱，为了保护本国的安全利益以及扩张本国在专属经济区的管辖权，所以大多反对未经其许可的任何外国军事活动，理由主要是：

一是《公约》没有明文规定一国可以在他国的专属经济区内从事军事活动的自由，在公法领域应遵循“法无明文许可则禁止”的法律原则，因而军事活动如果未得到他国的许可则不能进行。

二是《公约》第58条规定所有国家在专属经济区内享有航行和飞越自由，当然军舰享有航行自由，但是需要适当顾及其他国家行使公海自由的利益，以及公海应当只用于和平的目的[③]，而且应不对任何国家的领土完整或政治独立进行任何武力威胁

---

① 姜皇池.国际海洋法(下册)[M].台北：学林文化事业有限公司，2004：1351－1352.

② Boleslaw Adam Boczek. The Peaceful Purposes Reservation of the UN Convention on the Law of the Sea. *Ocean Yearbook* 8[M]. eds. Elisabeth Mann Borgese, Norton Ginsbur, and Joseph R. Morgan, The University of Chicago Press, 1989, 345.

③ 《联合国海洋法公约》第88条。

或使用武力，或以任何其他与《联合国宪章》所载国际法原则不符的方式进行武力威胁或使用武力[①]。同时还应顾及沿海国的权利和义务[②]。

外国在本国专属经济区内的军舰享有航行自由，但是航行自由不包括军事活动权利，因为在公海的军事活动权利来自第87条规定的其他国际法规则所规定的公海自由，也就是传统习惯国际法所允许的公海军事活动的权利[③]，但是，不仅仅传统习惯国际法并未允许外国在专属经济区这一《公约》新设的区域内享有军事活动自由，而且《公约》也没有这样的规定。

二、《公约》相关条款的辨析

《公约》的模糊规定使得持上述两种不同观点的国家或学者只能对《公约》的相关规定进行推演解释，结果是对同一条款产生了不同的解释，继而引起各国立法与实践不一致。具体而言，《公约》的相关条款及对其的不同解释如下所述。

（一）剩余权利

《公约》规定了沿海国与其他国家在专属经济区的权利和义务，但是这种规定仍然无法囊括所有的权利与义务。因此，《公约》第59条规定："在本公约未将在专属经济区内的权利或管辖权归属于沿海国或其他国家，而沿海国和任何其他一国或数国之间的利益发生冲突的情形下，这种冲突应在公平的基础上参照一切有关情况，考虑到所涉利益分别对有关各方和整个国际

---

① 《联合国海洋法公约》第301条。

② 《联合国海洋法公约》第58条第3款。

③ 《联合国海洋法公约》第87条第1款规定"公海对所有国家开放，不论其为沿海国或内陆国。公海自由是在本公约和其他国际法规则所规定的条件下行使的。公海自由对沿海国和内陆国而言，除其他外，包括：(a)航行自由……"

社会的重要性,加以解决”①。

从《公约》的规定中可以推知,《公约》未规定的权利被称为剩余权利,这种剩余权利的分配不能偏向沿海国,也不能偏向其他国家或国际社会,专属经济区的剩余权利不包括经济和航行的权利,剩余权利是沿海国和其他国家都可以行使的权利,如果这种权利的行使引起沿海国与其他国家之间或者其他国家相互间的冲突,应该在公平的基础上依据每一争执案件的实际情形加以解决。

如果把专属经济区内的军事活动看作是这种剩余权利之一,沿海国或其他国家均可以在专属经济区内进行军事活动,发生冲突时,如果冲突一方根据《公约》第298条声明不接受《公约》的强制争端解决程序,则只能根据《公约》第59条的规定解决。一般而言,假如军事活动的冲突涉及资源勘探与开发等经济性利益事项,则应该采取有利于沿海国的解释,反之则采取有利于国际社会成员的解释。

应值得特别注意的是,《公约》第59条规定冲突在公平的基础之上解决,公平原则是在海洋法中适用于海岸相向或相邻国家间专属经济区或大陆架划界的解决原则②,而且第59条又规定这种冲突的解决不仅仅需要考虑平衡冲突国之间的利益,还特别应考虑到对整个国际社会的重要性,由此得知专属经济区内的剩余权利分配对国际社会具有非常重要的意义。如果认为国际社会尚未达到真正的和平,而军事活动对维持整个国际社会的和平具有重要的意义,这也构成一国在他国专属经济区内享有军事活动自由的一个重要理由。

---

① 《联合国海洋法公约》第59条。

② 《联合国海洋法公约》第74条第1款、第83条第1款。

但是,实践中剩余权利的区分并非如此容易,因为各国对专属经济区的法律地位认识不同。发展中国家强调,专属经济区是国家管辖的区域,不是公海的一部分,《公约》未规定的剩余权利理应属于沿海国,这特别被“领海派”国家所坚持[①],而以美国为代表的发达国家认为专属经济区是公海的一部分,沿海国除享有《公约》明确赋予的权利外,剩余权利应该归属国际社会[②]。迄今为止,因为《公约》第59条的规定模糊,实践中尚未有对第59条规定的检验,而各国也是用《公约》其他条款主张本国的剩余权利。反对专属经济区内外国军事活动自由的国家用《公约》第56条第1(c)款“沿海国在专属经济区有本公约规定的其他权利和义务”主张本国对专属经济区内的军事活动享有专属管辖权,赞成专属经济区内外国军事活动自由的国家用《公约》第58条规定的“与这些自由有关的海洋其他国际合法用途”主张专属经济区内的军事活动是与航行飞越自由有关的其他国际合法用途[③]。

(二)其他国际合法用途

《公约》第58条第1款规定:“航行和飞越的自由,铺设海底电缆和管道的自由,以及与这些自由有关的海洋其他国际合法

---

① 第三次海洋法会议中,有一部分发展中国家主张建立200海里的领海,或者主张建立200海里的国家管辖海域(分别用国家海洋区域、邻接海、主权及管辖区域等名称),这些国家要求在该区域内沿海国行使更加完全的主权和管辖权,这些国家被称为“领海派”。参见陈德恭.现代国际海洋法[M].北京:中国社会科学出版社,1986。

② 陈德恭.现代国际海洋法[M].北京:中国社会科学出版社,1986:132.

③ 例如,美国认为“其他国际合法用途”包括舰队的演习、飞行操作、军事操练、监视、情报收集活动和军械测试等活动。Charles E. Pirtle, Military Uses of Ocean Space and The Law of Sea in the New Millennium, Ocean Development & International Law, 31: 7-45, 2000, p.18.

用途。”《公约》第58条第2款规定：“第88条至第115条以及其他国际法有关规则，只要与本部分不相抵触，均适用于专属经济区。”《公约》规定中的与这些自由（即航行和飞越的自由、铺设海底电缆和管道的自由）有关的海洋其他国际合法用途究竟包括什么内容，成为争议的焦点。

有学者认为只要符合第88条规定的公海用于和平的目的，军事活动在传统国际法中一直是公海自由的内容，所以依据《公约》第58条以和平为目的的军事活动应适用于专属经济区，外国在沿海国专属经济区内有从事军事活动的自由。

相反，一些学者认为军事活动不是公海自由的当然内容。例如，捕鱼自由是公海自由的内容之一，但是并不意味着在公海就可以拥有绝对的捕鱼自由，捕鱼自由要受到《公约》第116条到第120条有关公海生物资源的养护和管理规定的约束等。外国船舶在专属经济区内享有航行自由，并不意味着外国渔船就可以在专属经济区内享有捕鱼的权利，也不意味着外国军舰享有从事军事活动的权利。

（三）和平利用海洋

《公约》序言中确立《公约》的目的之一是建立一种法律秩序，以促进海洋的和平利用①。在这种精神的指导之下，《公约》文本中规定了很多和平利用海洋的条款。例如，《公约》第88条规定“公海应只用于和平目的”。第141条规定“区域”应开放给所有国家，不论是沿海国或内陆国，专为和平目的利用。第143条第1款规定“区域”内的海洋科学研究，应按照第十三部分专为和平目的并为谋全人类的利益进行。第240条规定进行海洋科学研究应专为和平目的而进行。第279条规定各缔约国有用和平方法解决争端的义务，应按照《联合国宪章》第2条第3项

---

① 《联合国海洋法公约》序言第四段。

以和平方法解决它们之间有关本公约的解释或适用的任何争端。第301条规定:"海洋的和平使用,缔约国在根据本公约行使其权利和履行其义务时,应不对任何国家的领土完整或政治独立进行任何武力威胁或使用武力,或以任何其他与《联合国宪章》所载国际法原则不符的方式进行武力威胁或使用武力。"

从《公约》的上述规定而言,海洋的利用均受到公约第301条的约束,即"海洋的和平使用",再参照第88条规定,可以得出结论:专属经济区和公海均要以和平方式使用以达到和平的目的。美国和其他海洋强国认为,"和平使用"条款仅仅禁止那些与《联合国宪章》不符的武力威胁或使用武力的军事活动,和平使用不等同于非军事化①。

显然《公约》第301条有利于海洋强国的立场,因为海洋的和平使用与否,是以违反《联合国宪章》的国际法原则为标准,但是《联合国宪章》相关内容尚存在模糊性②,这种模糊性又被引入《公约》对"和平目的"进行判断,所以更加导致争议的发生。如果美国试图单方面任意地对《公约》条款中的"和平目的"作出解释,它就不是在平息冲突、制造和平,而是在制造麻烦,美国自己界定军事活动的合法性,实际结果就不是和平③。

对于军事活动是否为和平利用海洋,各国与学者有着严重的意见分歧,第三次海洋法会议期间,一些国家将和平目的解释为禁止一切军事活动,如厄瓜多尔代表认为,和平目的的解释,

① Alexander S. Skaridov, Ocean Policy and International Law, p.43. 2008 July Macro Polo-ZHENG He Academy, Xiamen University.

② 例如,武力威胁或使用武力、侵略、自卫等问题规定比较模糊,尚需要国际法或国际社会实践去解释。

③ 傅崐成. Military Survey and Liquid Cargo Transfer in the EEZ: Some Undefined Rights of the Coastal State[J]. 中国海洋法学评论, 2006(2): 12.

应该是限制所有在专属经济区内的军事活动，因为这种活动构成对其安全与国际和平的威胁[①]；一些国家将和平目的解释为禁止一切侵略目的的军事活动而不禁止其他军事活动；第三种意见认为检验一种军事活动是否为和平，要看其是否与《联合国宪章》和其他依国际法所承担的义务相一致。

《公约》没有明确禁止公海军事活动，依据传统习惯国际法，《公约》并不排除在公海上与《联合国宪章》和其他国际法规则相一致的军事活动。1985 年，联合国秘书长在一篇报告中结论性地指出，《联合国海洋法公约》不禁止与《联合国宪章》所载国际法原则，特别是宪章第 2 条第 4 款和第 51 条规定相一致的军事活动[②]。而《公约》关于专属经济区内军事活动规定的缺失，让专属经济区内外国的军事活动是否为“和平地使用海洋”与以“和平为目的”的争议将持续下去。

（四）适当顾及条款

《公约》规定沿海国与第三国在专属经济区内行使权利的时候，需要相互顾及对方的权利和义务。《公约》第 56 条第 2 款规定“沿海国在专属经济区内根据本公约行使其权利和履行其义务时，应适当顾及其他国家的权利和义务，并应以符合本公约规定的方式行事。”第 58 条第 3 款规定：“其他国家在专属经济区内根据本公约行使其权利和履行其义务时，应适当顾及沿海国的权利和义务，并应遵守沿海国按照本公约的规定和其他国际法规则所制定的与本部分不相抵触的法律和规章。”第 300 条“诚意和滥用权利”条款规定“缔约国应诚意履行根据本公约承

---

① Alexander S. Skaridov, Ocean Policy and International Law, p. 43. 2008 July Macro Polo-ZHENG He Academy, Xiamen University.

② 周忠海. 论海洋法中的剩余权利[J]. 政法论坛，2004(5)：179.

担的义务并应以不致构成滥用权利的方式,行使本公约所承认的权利、管辖权和自由。”

如上所述,所有国家在专属经济区行使权利和义务的时候,需要顾及其他国家的权利和义务。沿海国需要顾及其他国家的权利和义务,其他国家也应当顾及沿海国的权利和义务,这是一个互惠性质的规定①。

沿海国认为专属经济区内的军事活动不是对海洋的和平使用,威胁沿海国的安全与经济主权权利;而海洋强国认为专属经济区内的军事活动是公海航行自由的内容,符合《公约》规定的其他国际合法用途,需要沿海国顾及他们公海航行的自由。因此适当顾及条款成为平衡争议各方利益的条款,其解释尚需要国际社会的实践。

《公约》第300条虽然规定各缔约国不应滥用权利,但是仅此一条模糊的条款难以解决具体的纠纷,因为争议各方对自己在专属经济区的权利内容尚存在重大争议,如果该争议不解决,则权利是否被滥用在实践中难以判断。

三、国家主张与实践

《公约》规定的模糊,导致各国对《公约》条款的理解、国内立法以及实践均产生不同的结果。针对外国能否在本国专属经济区内进行军事活动,依据两种对立的观点,相应产生两种对立的立法与实践,部分国家在加入或批准《公约》时,对专属经济区内的外国军事活动的性质明确做出内容对立的两类声明②。

---

① Brian Wilson. An Avoidable Maritime Conflict: Disputes Regarding Military Activities in the Exclusive Economic Zone [J]. Journal of Maritime Law and Commerce, 2010(41): 432.

② 《联合国海洋法公约》缔约国签署、批准或加入时所做的关于专属经济区内军事活动的声明,参阅 http://www.un.org/Depts/los/convention_agreements/convention_declarations.htm.

（一）反对专属经济区内外国军事活动的声明

佛得角在1987年8月10日批准《公约》时声明："在专属经济区内，不包括任何未经沿海国同意的非和平利用行为，如武器测试或其他可能影响沿海国权益的活动，同时也不包括对沿海国领土完整或政治独立、和平或安全进行任何武力威胁或使用武力的活动。"

巴西于1988年12月22日批准《公约》时声明："巴西政府认为，《公约》没有授权其他国家未经沿海国的允许而在沿海国的专属经济区内从事军事演习，特别包括使用武器或爆炸物品。"

乌拉圭在1992年12月10日发表声明："在专属经济区内的自由，不包括任何未经沿海国同意的非和平利用海洋，如可能会影响到沿海国权利或利益的军事演习或其他活动；也不包括对沿海国领土完整或政治独立、和平或安全进行任何武力威胁或使用武力的活动。"

印度在1995年6月29日声明："《公约》没有授权其他国家在沿海国的专属经济区或大陆架上未经沿海国同意而从事军事活动或演习，特别是那些包括使用武器或爆炸物品的活动。"

马来西亚在1996年10月14日声明："《公约》没有授权其他国家在沿海国的专属经济区或大陆架上未经沿海国同意，从事军事活动或演习，特别是那些包括使用武器或爆炸物品的活动。"

巴基斯坦在1997年2月26日声明："《公约》没有以任何方式授权其他国家在沿海国的专属经济区或大陆架上未经沿海国同意，从事军事活动或演习，特别是那些包括使用武器或爆炸物品的活动。"

孟加拉国于2001年7月27日声明："孟加拉认为如果未经沿海国许可，《公约》没有授权其他国家在沿海国的专属经济区或大陆架上从事军事演习的权利，特别是涉及武器和爆炸物品的演习。"

（二）支持专属经济区内外国军事活动的声明

德国于1994年10月14日声明："依据《公约》，沿海国不享有其专属经济区内的剩余权利，特别是在该区域内不享有得到外国军事演习的通知或授权外国军事演习的权利。"

意大利于1995年1月13日批准《公约》时声明："依据《公约》，沿海国不享有其专属经济区内的剩余权利，特别是在该区域内不享有得到外国军事演习的通知或授权外国军事演习的权利和管辖权。"

荷兰于1996年6月28日声明："《公约》没有授权沿海国在其专属经济区内禁止军事演习，沿海国在专属经济区内的权利由《公约》第56条列明，第56条没有规定沿海国有这样的权利。在专属经济区内，所有国家在遵守《公约》相关规定下享有航行和飞越自由。"

从上述《公约》缔约国的声明发现，目前有七个缔约国明确表示未经其许可，外国没有在其专属经济区内从事军事演习（活动）的权利；三个缔约国声明，认为《公约》没有赋予沿海国这样的权利，其他国家均有在沿海国专属经济区内进行军事演习的权利。

另外，虽然美国目前尚未加入《公约》，但是美国的态度非常明确，认为军事活动是对海洋的使用，符合国际法，所有国家在专属经济区内均享有军事活动的权利①。美国海军采纳美国政

---

① Warren Christopher. United States of America Statement in Right of Reply (Mar. 8, 1983) 17 Third Conference on the Law of the Sea, Official Records 244, U.N. Sales No. E.83.V.3(1984) reprinted in Annotated Supplement to the Commander's Handbook on the Law of Naval Operations(NWP 1-14M/MCWP5-2.1/COMDTPUB 5800.1) at 1-25, 1-27 to 1-28(1997).

府在第三次海洋法会议中的立场，在《美国指挥官海军(军事)行动法律手册》(以下简称《手册》)中得以确认。《手册》规定："军舰和军用飞机在(专属经济区)享有公海航行与飞越自由和与这些自由有关的海洋其他国际合法用途……"①

四、海洋科学研究与军事活动关系

实践中，专属经济区内比较多的争议是：外国军事活动中的水文测量(hydrographic surveys)是否属于海洋科学研究的内容。

尽管《公约》没有对"海洋科学研究"和"水文测量"下定义，但是《公约》通过不同的条款表明它们之间有是区别的②。美国认为军事测量活动并不是海洋科学研究，而是一种可在沿海国领海之外进行的海军活动，并不受沿海国的管辖③。

否定水文测量是海洋科学研究的国家或学者认为，首先，《公约》将海洋科学研究与水文测量分别加以规定，如《公约》第19条规定在领海"无害通过时，外国船舶进行研究或测量活动视为损害沿海国的和平、良好秩序或安全"④；《公约》在第三部

---

① Warren Christopher. United States of America Statement in Right of Reply (Mar. 8, 1983) 17 Third Conference on the Law of the Sea, Official Records 244, U.N. Sales No. E.83.V.3(1984) reprinted in Annotated Supplement to the Commander's Handbook on the Law of Naval Operations(NWP 1-14M/MCWP5-2.1/COMDTPUB 5800.1) at 2-20, 2.4.2.(1997).

② Raul Pedrozo. Military Activities in the Exclusive Economic Zone: East Asia Focus [J]. International Law Studies, 2014(90): 525.

③ George V. Galdorisi & Alan G. Kaufman. Military Activities in the Exclusive Economic Zone: Preventing Uncertainty and Defusing Conflict [J]. California Western International Law Journal, 2002(32): 295.

④ 《联合国海洋法公约》第19条第2(J)款。

分“用于国际航行的海峡”规定:“外国船舶,包括海洋科学研究和水文测量的船舶在内,在过境通行时,非经海峡沿岸国事前准许,不得进行任何研究或测量活动。”[①]第54条规定船舶和飞机通过群岛海道时,研究或测量活动遵守第40条用于国际航行海峡的规定,由此可以合理推断《公约》中的海洋科学研究并不包括水文测量;其次,《公约》将军事活动与勘探开发活动分别由其他部分规定,而不是由第十三部分“海洋科学研究”规定,所以可以合理推断出《公约》所称的海洋科学研究不包括这两类活动;最后,水文测量如果是为了绘制海图,目的是保障航行安全,特别是潜艇的航行安全,经常也是为了其他国家或国际社会的利益。

根据《公约》的条款表述可知:海洋科学研究不同于也不包括水文测量,但两者联系密切,科学与测量是永远不可分的,“没有测量就没有科学”,测量是科学研究的基础,应该归为同一类[②]。尽管水文测量可能是为了绘制公开的海图供国际社会使用,但是军舰的测量数据大多不会与他国分享,也不会为经济目的而公开,一般仅为军事目的使用,为其船舶或潜艇提供保护或防卫。海洋强国认为,专属经济区并不是一个沿海国的“安全保护区”,因此只要测量是为和平目的而行使,没有对沿海国的海洋环境或经济资源构成威胁或损害,应该是《公约》所许可的。但是由谁来判定、依据什么标准来判定这种军事活动是否为和平目的使用海洋,是否对沿海国的领土完整或政治独立构成威胁以及对沿海国的海洋环境和经济资源构成威胁或损害,《公约》却没有规定,又为争议留下空间。

---

① 《联合国海洋法公约》第40条。

② 宿涛.试论《联合国海洋法公约》的和平规定对专属经济区军事活动的限制和影响——美国军事测量船在中国专属经济区内活动引发的法律思考[J].厦门大学法律评论,2003(5):235.

第四章　南极科考的法律制度

南极地区的地理范围存在两种观点，一是南极辐合带以南的陆地、岛屿、海域和冰架；二是《南极条约》规定的南纬60°以南的区域①。

对于南极科考的地理范围，本书以第二种观点作为研究范围，即研究南纬60°以南区域的科学研究制度，这个区域包含陆地和海域，其中包括南大洋海域。国际水文地理组织(IHO)于2000年确定并定义一个新大洋，名称为南大洋(南极洋)，它包括南纬60°为界的经度360°内的海洋，即包围南极洲的海洋，主要有罗斯海、别林斯高晋海、威德尔海、阿蒙森海，部分南美洲南端的德雷克海峡以及部分新西兰南部的斯克蒂亚海，面积2 032.7万平方千米，海岸线长度为17 968千米。

关于南极科考适用的法律制度，主要是指《南极条约》体系和《联合国海洋法公约》，此外还包含部分国家的国内法，但后者的适用存在争议或不确定性。本章分别对上述三方面的法律制度进行阐述。

---

① 有关南极地区的不同划分方法，参看本书第一章相关内容。

第一节 《南极条约》体系中的科考制度

南极存在领土主权争端，共有 7 个国家，分别是英国(1908 年)、新西兰(1923 年)、法国(1924 年)、澳大利亚(1933 年)、挪威(1939 年)、智利(1940 年)和阿根廷(1942 年)，分别对南极洲提出领土主权要求，其中阿根廷和英国，阿根廷、智利和英国，智利和英国的领土主权要求分别出现重叠的情况。挪威是唯一没有确定地理坐标的主张国，所以其南极领土的界限不明确，其他主张国的南极领土北部界限是南极洲的海岸线①。

美国和苏联在第二次世界大战后，也加入争夺南极的行列，虽然两国都是最早参与南极探险的国家，但由于各种原因没有提出领土要求。美国当时奉行的是南极政策是"不承认政策"，即不承认已有的领土要求，并保留提出自己南极领土要求的权利；苏联在 1950 年 6 月发表外交照会，声明如果没有苏联参与，南极版图的任何解决方案它都不予以承认③。

在 20 世纪 50 年代之前，南极的探险与科学研究是南极活动国家的目标，也成为一些国家对南极主张领土主权的重要基础。随着越来越多的国家参与南极科学活动，这些国家的目标不仅是科学研究，也可能存在政治需求的意义。在这种情况下，南极终于成为国际政治和法律冲突的区域。

---

① Gillian D. Triggs ed. The Antarctic Treaty regime-Law, Environment and Resources [M]. New York: Cambridge University Press, 1987, 51.

② Map: Australian Antarctic Data Centre.

③ 郭培清，石伟华. 南极政治问题的多角度探讨[M]. 北京：海洋出版社，2012：75.

为了缓解冲突，1955年7月，包括南极领土主张国在内的12个国家在巴黎召开第一次南极国际会议①，同意协调南极洲的考察计划，暂时搁置各方提出的领土要求。会议中，智利明确提出将南极的科学活动与领土要求分离。随后，国际科学联合会发挥了重要作用，组织国际地球物理年活动（1957～1958年），上述12个国家的一千多名科学家奔赴南极，他们从后勤保障、科学家考察到资料交换等方面进行广泛且卓有成效的合作。1958年2月5日，美国总统艾森豪威尔致函其他11国政府，邀请他们派代表到华盛顿共同商讨南极问题，从1958年6月起，12国代表经过60多轮谈判，于1959年12月1日签署《南极条约》②，条约于1961年6月23日生效③。《南极条约》的核心内容是冻结南极领土主权要求，鼓励南极科学研究自由。

之后，南极条约协商国又于1964年签订《保护南极动植物议定措施》，1972年签订《南极海豹保护公约》，1980年签订《南极海洋生物资源养护公约》。1988年6月通过《南极矿物资源活动管理公约》的最后文件，该公约在向各协商国开放签字之时，由于《关于环境保护的南极条约议定书》的通过而中止，但由于该议定书中的很多条款系直接引自《矿物资源活动管理公约》，因此，《南极矿物资源活动管理公约》仍被视为可引为参考的重要法律文件。

1991年，南极条约协商国在西班牙首都马德里通过了《关

---

① 这12个国家分别是：阿根廷、澳大利亚、比利时、智利、法国、日本、新西兰、挪威、南非、美国、英国和苏联。

② 中国于1983年6月8日加入《南极条约》组织，同日条约对中国生效，1985年10月7日被接纳为协商国。

③ 南极条约和南极条约体系[EB/OL]. 新华网，http://news.xinhuanet.com/ziliao/2003-11/18/content_1183892.htm，2014-05-03.

于环境保护的南极条约议定书》和"环境影响评估"、"南极动植物保护"、"南极废物处理与管理"、"防止海洋污染"和"南极特别保护区"5个附件，并于10月4日公开签字，在所有协商国批准后生效，该议定书已于1998年1月14日生效①。

至此，《南极条约》体系形成，《南极条约》体系是指《南极条约》和南极条约协商国签订的有关保护南极的公约以及历次协商国会议通过的各项建议和措施，其中核心是《南极条约》。

《关于环境保护的南极条约议定书》对《南极条约》体系定义为："'南极条约体系'系指《南极条约》、根据《南极条约》实施的措施和与条约相关的单独有效的国际文书和根据此类文书实施的措施"②。

一、《南极条约》体系中的科学研究概念

在《南极条约》体系中，与科学活动相关的表述共有三种术语：

一是"科学研究"(scientific research)③；二是"科学调查"(scientific investigation)④；三是"考察"(expedition)⑤。

《南极条约》以及其他相关法律文件均未对上述三种术语进行解释，另外《南极条约》体系也未对基础性科学研究和应用性科学研究进行区分，同时也未对"勘探"(exploration)与上述三种术语区分。

---

① 南极条约和南极条约体系[EB/OL]. 新华网，http://news.xinhuanet.com/ziliao/2003-11/18/content_1183892.htm，2014-05-03.

② Protocol on Environmental Protection to the Antarctic Treaty, Article 1(e).

③ 《南极条约》第1条、第9条1(b)款、第9条第2款。

④ 《南极条约》第序言、第2条、第3条第1款。

⑤ 《南极条约》第7条第5(a)款，以及其他"考察队"和"考察站"表述。

《联合国海洋法公约》第 246 条第 5(a)款规定在专属经济区或大陆架上“与生物或非生物自然资源的勘探和开发有直接关系”的海洋科学研究计划，沿海国享有斟酌决定权。这里的问题是，“勘探”与“海洋科学研究”是否有区别。如果有区别，是否存在对资源进行海洋科学研究的可能性。有学者解释“勘探”是指“涉及自然资源的数据收集活动”，但这与海洋科学研究又难以区分。《公约》中“勘探”一词往往与“开发”联系在一起，因此，可以将“勘探”定义为“以经济利用为目的的自然资源数据收集活动”，“勘探”通常用来决定是否对自然资源进行开发①。

《南极条约》体系未对上述不同术语进行区分，也未进行解释、也未对基础性科学研究和应用性科学研究进行区分，考虑到《南极条约》的制定背景和过程，可认为上述术语均表示相关的南极科学活动，包括进行各领域的科学研究活动，上述三种术语在《南极条约》体系中本质上没有区别，均指南极的科学研究活动。

二、南极科学研究的自由与限制

《南极条约》序言规定：“按照国际地球物理年期间的实践，在南极科学调查自由的基础上继续和发展国际合作，符合科学和全人类进步的利益。”

第 2 条规定“在国际地球物理年内所实行的南极科学调查自由和为此目的而进行的合作，应按照本条约的规定予以继续”。

《南极条约》的上述规定确立了南极的科学研究自由制度。科学研究自由制度也暗含在南极陆面和空中的行动自由，这表现在《南极条约》第 7 条的规定，其中第 2 款规定：“根据本条第

---

① Florian H. Th Wegelein. Marine Scientific Research: The Operation and Status Research Vessels and Other Platforms in International Law[M]. Leiden/Boston: Martinus Nijhoff Publishers, 2005, 83 - 85.

1款的规定所指派的每一个观察员，应有完全的自由在任何时间进入南极的任何一个或一切地区。”第4款规定：“有权指派观察员的任何缔约国，可于任何时间在南极的任何或一切地区进行空中视察。”

但是，南极的科学调查自由亦受到一定限制，具体表现在：

（一）南极科学研究原则的限制

《南极条约》第2条规定南极科学调查自由“应按照本条约的规定”。

依据第4条的规定，南极科学调查自由也“不得构成主张、支持或否定对南极的领土主权的要求的基础，也不得创立在南极的任何主权权利”①。

另外，依据《南极条约》其他条款，南极科学调查自由还应受到以下规定的限制：促进南极的国际科学合作②；信息的交换③；对南极科学调查的观察和视察④。

另外，《关于环境保护的南极条约议定书》规定，在规划和从事活动时应优先考虑科学研究并且维护南极作为从事科学研究的一个地区的价值⑤；《南极海洋生物资源养护公约》规定应鼓

① The Antarctic Treaty, Article IV, paragraph 2: No acts or activities taking place while the present treaty is in force shall constitute a basis for asserting, supporting or denying a claim to territorial sovereignty in Antarctica or create any rights of sovereignty in Antarctica. No new claim, or enlargement of an existing claim, to territorial sovereignty in Antarctica shall be asserted while the present treaty is in force.

② 《南极条约》第2条、第3条、第9条。

③ 《南极条约》第3条。

④ 《南极条约》第7条、第9条。

⑤ 《关于南极环境保护的南极条约议定书》第3条第3款。

励并促进科学研究领域的合作①;《南极海豹保护公约》规定鼓励缔约国之间交流科学资料和信息,推荐科学研究项目②。

（二）南极环境保护的限制

南极保护区的建设是各国极地科学考察活动中的一项重要工作③,南极科学活动不得影响特别保护区(SPAs)或者对南极动植物造成有害的干扰,不得违反南极协商国保护环境的责任④。

《南极矿物资源活动管理公约》在规范南极矿物资源的勘探与开发活动时,其第1条规定科学研究活动的深度不能超过25米,但是"岩石和沉积物的浅层钻探深度"不受此限⑤。

《关于环境保护的南极条约议定书》第2条规定:"各缔约国承诺全面保护南极环境及依附于其和与其相关的生态系统,特兹将南极指定为自然保护区,仅用于和平与科学"⑥。在南极的任何活动不得对南极的环境和生态系统造成破坏,在南极地区进行任何活动之前,都必须履行环境影响评估程序。

《南极海豹保护公约》规定禁捕三类南极海豹,对其他海豹的捕获仅限于科研目的,并须持有有关国家主管当局的许可证。

---

① 《南极海洋生物资源养护公约》第15条第1款。

② 《南极海豹保护公约》第5条第4款。

③ 凌晓良,陈丹红等.南极特别保护区的现状与展望[J].极地研究,2008(1):60.

④ Patrizia De Cesari. Scientific Research in Antarctica: New Developments[A].// Franceso Francioni & Tullio Scovazzi ed. International Law for Antarctica [M]. Hague: Kluwer Law International,1996: 421 - 422.

⑤ Convention on the Regulation of Antarctic Mineral Resource Activities, Article 1, paragraph 8.

⑥ Protocol on Environmental Protection to the Antarctic Treaty, Article 2: The Parties commit themselves to the comprehensive protection of the Antarctic environment and dependent and associated ecosystems and hereby designate Antarctica as a natural reserve, devoted to peace and science.

《南极海洋生物资源养护公约》为海洋生物资源的保护确立了一项生态系统标准，该标准具有三大要素，即种群最大程度的复原、维护各种生态关系、避免南极海域任何种群不可逆转的减少。另外《关于环境保护的南极条约议定书》对南极动植物的保护也有相应规定①。

三、南极科学研究与南极其他活动

南极科学研究自由是各国南极活动的基本原则，但如上所述，南极的科学研究会受到《南极条约》体系的限制，同时南极的科学研究与南极其他活动存在密切的关系，这些关系可从以下几个方面进行分析②。

（一）科学研究和南极动植物保护与养护的关系

科学研究与南极的动植物保护存在密切的关系。在《南极条约》生效后，1964 年签订的《保护南极动植物议定措施》中就强调科学研究与南极动植物保护关系。

《保护南极动植物议定措施》规定缔约国政府应当禁止在条约区内杀死、伤害、捕捉或干扰任何本地的哺乳动物或鸟类，以及禁止任何试图从事上述行为的尝试，除非得到许可。可以得到许可的条件是：为在条约区内的人或狗提供必不可少的食物；为科学研究或科学信息提供标本；为博物馆、动物园或其他教育或文化机构或用途提供标本③。

---

① 吴慧，商韬. 南极条约体系研究[A]. //贾宇. 极地法律问题研究[M]. 北京：社会科学文献出版社，2014：6.

② 本部分内容参考：Patrizia De Cesari. Scientific Research in Antarctica：New Developments [A]. // Franceso Francioni & Tullio Scovazzi ed. International Law for Antarctica [M]. Hague：Kluwer Law International，1996，423 - 455.

③ Agreed Measures for the Conservation of Antarctic Fauna and Flora，Article Ⅵ.

此外,《保护南极动植物议定措施》还特别规定可以指定具有显著科学价值的区域为“特别保护区”(SPA),以保护该区域独特的生态系统①。

1972年《南极海豹保护公约》为防止滥捕海豹致其濒临灭绝,控制任何可能出现的商业性捕杀海豹活动,要求应当对所有捕猎海豹的活动进行控制,使海豹捕猎量不超过可供持续捕猎的最适当的产量,建立许可证制度。同时鼓励缔约国之间交流科学资料和情报,推荐科学研究方案,建议在公约区内的捕猎海豹远征队收集统计资料和生物资料,为南极科学考察委员会提供情报②。

《南极海豹保护公约》规定为了提高科学知识,在合理的基础之上,鼓励对海豹的生物学研究以及其他研究③,为了科学研究的需要,缔约国可发放少量杀害或捕猎海豹的许可证④。

1980年的《南极海洋生物资源养护公约》承认保护南极周围海域环境和生态系统完整性的重要意义,相信保护海洋生物资源需要国际合作,而这种国际合作应适当考虑《南极条约》的规定,并有在南极水域从事研究和捕捞活动的所有国家的积极参与,有必要建立适当的机制,以推荐、促进、决定和协调为养护南极海洋生物所必要的措施及科学研究⑤。因此,缔约方特此设立南极海洋生物资源养护委员会(CCAMLR)⑥。

---

① Agreed Measures for the Conservation of Antarctic Fauna and Flora, Article Ⅷ.

② 刘惠荣,刘秀.南极生物遗传资源利用与保护的国际法研究[M].北京:中国政法大学出版社,2013:167～169.

③ Convention for the Conservation of Antarctic Seals, Preamble.

④ Convention for the Conservation of Antarctic Seals, Article Ⅳ.

⑤ Convention on the Conservation of Antarctic Marine Living Resources, Preamble.

⑥ Convention on the Conservation of Antarctic Marine Living Resources, Article Ⅶ.

南极海洋生物资源养护委员会目前有25名正式成员，包括24个国家和欧盟，中国于2007年加入该组织成为正式成员国。南极海洋生物资源养护委员会对南极生物资源的养护具有相当多的职权，特别是包括便利南极海洋生物资源以及南极海洋生态系统的研究。

1991年南极条约协商国(ATCPs)通过《关于环境保护的南极条约议定书》及五个附件。该议定书对南极地区的环境保护作了全面的规定，是南极环境保护最主要的法律文件，也是迄今为止内容最全面和最严格的环境条约。其目的是全面保护南极环境及其生态系统，也是对多年来南极条约协商国批准的各项建议进行更新和发展以便为南极环境保护提供一个新的综合性的体制①。

《关于环境保护的南极条约议定书》附件二“南极动植物保护”规定，“除非依照许可证的规定，应禁止获取或有害地干扰”本地动植物；只有在：为科学研究或科学信息提供标本；为博物馆、植物标本室、动物园、植物园或其他教育或文化机构或用途提供标本；并为非依照上述理由没有获准的科学活动或建造和使用科学支援设施而产生的不可避免的后果做准备的情况下才可以取得许可证②。

另外，不得对获取特别保护物种发放许可证，除非是：为了紧急的科学目的；不会危害物种或本地种群的生存或恢复；并适当时使用非致死技术③。对本地哺乳动物和鸟类的一切获取应

---

① 刘惠荣，刘秀.南极生物遗传资源利用与保护的国际法研究[M].北京：中国政法大学出版社，2013：185.

② 《关于环境保护的南极条约议定书》附件二“南极动植物保护”第3条。

③ 《关于环境保护的南极条约议定书》附件二“南极动植物保护”第5条。

最大程度减少其痛苦程度[①]。

《关于环境保护的南极条约议定书》附件二“南极动植物保护”与《保护南极动植物议定措施》相比，基本内容相同，但也有新的规定，这表现在“没有获准的科学活动或建造和使用科学支援设施而产生的不可避免的后果做准备的情况下”可以取得许可证[②]。限制发放许可证以达到“在南极条约地区现存的物种的多样性及其生存所必需的栖息地的多样化和生态系统的平衡得到维护”[③]。

另外它们的区别在于议定书规定在捕获和猎杀本地哺乳物种和鸟类时应最大程度减少其痛苦程度，即应采取“人道主义”的方法，类似规定也出现在其他保护野生动物的国际协议中。例如，《南极海豹保护公约》规定：“南极科学研究委员会应邀做关于猎捕海豹的报告，其提出建议在杀害或捕获海豹的时候需迅速、无痛和高效。”[④]

南极研究科学委员会(SCAR)在2011年的《在南极以科学目的使用动物的行为准则》中规定“人类有道德上的义务去尊重所有的动物和适当考虑它们痛苦和记忆的能力”[⑤]。“被选择做试验的动物应是适当的品种和品质，且仅是获取科学有效结果

---

① 《关于环境保护的南极条约议定书》附件二“南极动植物保护”第6条。

② 《关于环境保护的南极条约议定书》附件二“南极动植物保护”第3条第2(c)款。

③ 《关于环境保护的南极条约议定书》附件二“南极动植物保护”第3条第3(c)款。

④ Convention for the Conservation of Antarctic Seals，ANNEX Article 7(a).

⑤ Scar's Code of Conduct for the Use of Animals for Scientific Purposes in Antarctic，Article 2.

而使用的最小数量”①。并且规定在做实验时减轻动物痛苦的其他程序性条款。

（二）科学研究和南极“特别保护区”

依据《保护南极动植物议定措施》，尽管协商国成员认为整个条约区（《南极条约》规定的区域）是一个特殊的保护区②，但是其第8条还是规定可指定条约区内具有显著科学价值的区域为“特别保护区”，以保护该区域独特的生态系统③。

在指定的“特别保护区”内，缔约国政府非经许可，不得收集任何本地动植物，不得驾驶任何车辆④，若需要颁发许可证，条件是应有“强有力的科学目的”(compelling scientific purpose)而不是其他目的，依据许可证的活动不得损害特别保护区内的自然生态系统⑤。

“强有力的科学目的”的表述受到批评，因为其为判断并颁发许可证留下很大的自由空间⑥。为了确定一个系统的方法指定“特别保护区”，南极条约协商会议(ATCM)第7届会议制定了“特别保护区”的选择标准。南极条约协商国在1972年会议

---

① Scar's Code of Conduct for the Use of Animals for Scientific Purposes in Antarctic, Article 8.

② Agreed Measures for the Conservation of Antarctic Fauna and Flora, Preamble.

③ Agreed Measures for the Conservation of Antarctic Fauna and Flora, Article Ⅷ.

④ Agreed Measures for the Conservation of Antarctic Fauna and Flora, Article Ⅷ, paragraph 2.

⑤ Agreed Measures for the Conservation of Antarctic Fauna and Flora, Article Ⅷ, paragraph 4.

⑥ Patrizia De Cesari. Scientific Research in Antarctica: New Developments [A].// Franceso Francioni & Tullio Scovazzi ed. International Law for Antarctica [M]. Hague: Kluwer Law International, 1996, 426.

通过“建议案Ⅶ-3”，提出建立“特别科学兴趣区”(SSSIs)这样一个新的保护区。“特别科学兴趣区”是对正在进行科学研究的区域提供特别保护，这类保护区可为任何种类的科学调查活动指定，不仅仅是为了保护生物研究。

到1991年，南极条约协商国共提出设立八类南极保护区，分别是特别保护区、特别科学兴趣区、特别旅游兴趣区、历史遗迹、坟墓、特别保留区、海洋特殊科学兴趣区和多用途规划区。

2002年，依据《关于环境保护的南极条约议定书》附件五“南极特别保护区”的规定，第25届南极条约协商会议通过决定实施“南极特别保护区的命名与编号系统”，该决定将以往设立的各类保护区重新划分为南极特别保护区(ASPAs)和南极特别管理区(ASMAs)。此前已设立的特别保护区和特别科学兴趣区均划入南极特别保护区，其他的几类保护区均划入南极特别管理区。

为了实施南极特别保护区的管理目标和保护其重大价值，各国均采用更严格的保护措施并建立进入许可制度来加以管理。除非符合南极特别保护区管理计划的要求并取得进入许可证，否则禁止进入南极特别保护区①。

（三）科学研究和矿物资源相关的活动

南极条约协商国因一些海洋物探公司要求对南极周边海域进行勘探活动的原因，于1970年在东京召开的第6次条约南极协商会议上第一次开始考虑矿物勘探的问题。在1973年的一次专家会议上，一些成员从法律和政治的角度认为《南极条约》并没有禁止矿物资源的勘探和开发活动，因此任何缔约国或其

① 凌晓良，陈丹红等.南极特别保护区的现状与展望[J].极地研究，2008(1)：49.

国民如果符合《南极条约》及建议案的相关规定，就可以合法从事这些活动。

1977年，南极条约协商国一致认为应当正式停止矿物的勘探与开发活动，并通过"建议案Ⅸ-Ⅰ"，要求《南极条约》的缔约国与非缔约国："其国民或其他国家在达成协定制度的期间不得对南极的矿物资源进行任何的勘探与开发活动。"

但是国家的实践表明，1977年协商国的"停止"规定并不适用以科学调查而进行的矿物勘探活动。例如，日本通过对海底的引力与地震试验对南极海域的石油进行研究，被认为符合《南极条约》规定的一般科学研究，其有义务传播研究结果①。

1981年，协商国同意召开一次特别的协商国会议来制定矿物资源的制度，"建议案Ⅺ-Ⅰ"表明与会者都清楚正在磋商中的第三次联合国海洋法会议。协商国建议该制度应当特别"涵盖商业勘探和开发"。尽管这里的"勘探"用语继续保留模糊，但是已经开始对商业活动和科学研究进行区分。

南极矿物资源与科学研究的关系密不可分②。

《南极条约》体系中最重要的问题是科学研究的含义，因为《南极条约》规定的以科学研究为目的的活动与以矿物资源开发为目的而进行的勘探性质的研究活动很难区分。正因为这个原因，1988年《南极矿物资源活动管理公约》规定矿物资源活动不得妨碍科学研究。

---

① Patrizia De Cesari. Scientific Research in Antarctica: New Developments [A].// Franceso Francioni & Tullio Scovazzi ed. International Law for Antarctica [M]. Hague: Kluwer Law International, 1996, 429.

② Bernard P. Herber. Mining or World Park? A Politico-Economic Analysis of Alternative Land Use Regimes in Antarctica [J]. Natural Resources Journal, 1991(31): 844.

尽管《南极矿物资源活动管理公约》至今没有生效，因为通过的《关于环境保护的南极条约议定书》规定“任何有关矿产资源的活动都应予以禁止，但与科学研究有关的活动不在此限”①，但其对南极制度尤其是科学研究制度依然有重要的影响，特别规定“南极的矿物资源活动”是指探矿、勘探或发展，但是不包括《南极条约》第3条所指的科学研究活动②。

《南极矿物资源活动管理公约》试图去解决区分科学研究自由活动与探矿活动的问题。特别是在其第1条第8款，定义“探矿”活动“目的是识别潜在的可用来勘探和开发的矿物资源区域”，但是规定科学研究活动的深度不能超过25米。

（四）科学研究和南极环境保护

南极的环境保护一直是世人关注的焦点问题。对于科学研究与环境保护而言，两者一直存在孰先孰后的问题，即科学研究活动优先于环境保护的需求，还是科学研究活动需受纯粹环境保护的约束；是环境要求优先科学研究还是科学研究享有优先价值。

若从环境保护的视角观察，《南极条约》包括一系列极其重要的条款，同时《南极条约》体系中的其他条款也包括很多环境保护的条款。

南极条约协商国曾对科学和后勤的活动规定环境影响评估的义务。1975年通过的《南极考察和建站活动的行为准则》，是第一部关于规范环境影响评估（EIA）的南极法规。其后又经1983年、1987年的建议，最终于1991年通过《关于环境保护的

① 《关于环境保护的南极条约议定书》第7条。

② Convention on the Regulation of Antarctic Mineral Resources Activities, Article 1, paragraph 7.

南极条约议定书》。

《关于环境保护的南极条约议定书》对南极事务产生了深远的影响①,其规定的环境保护措施直接影响到科学研究活动。

关于环境原则,议定书规定的基本原则②如下:

对南极环境及依附于它的和与其相关的生态系统的保护以及南极的内在价值,包括其荒野形态的价值、美学价值和南极作为从事科学研究,特别是从事认识全球环境所必需的研究的一个地区的价值应成为规划和从事南极条约区一切活动时基本的考虑因素。

规划和从事在南极条约地区的活动应旨在限制对南极环境及依附于它的和与其相关的生态系统的不利影响。

在南极条约地区的活动应根据充分信息来规划和进行,其充分程度应足以就该活动对南极环境及依附于它的和与其相关的生态系统以及对南极用来从事科学研究的价值可能产生的影响作出预先评价和有根据的判定。

在南极条约地区规划和从事活动时,应优先考虑科学研究并且维护南极作为从事此类研究包括认识全球环境所必需的研究的一个地区的价值。

简言之,在南极的所有活动必须进行预先评估,包括进行科学研究的活动。

《关于环境保护的南极条约议定书》附件一"环境影响评估",规定了预先评估程序与标准,所有的科学研究活动以及其

---

① 徐世杰.关于环境保护的南极条约议定书:对南极活动影响分析[J].海洋开发与管理,2008(3):51.

② 《关于环境保护的南极条约议定书》第3条。

他活动都需按照附件一规定的程序进行预先评估，尽管程序本身已经非常详细，但是缔约国的评价行为因为没有国际监督也可能产生问题。

如果一项活动被确定为“只有相当轻微或短暂的影响”，那么可以不做进一步的环境影响评估，该活动可立即进行。当然如果缔约国不能做出这样的确认，那么必须进行初步环境评估，评估该活动的影响是否比“轻微或短暂的影响”更严重。如果初步环境评估表明，一项拟议中的活动，很可能比轻微或短暂的影响更严重，则应准备进行全面环境评估①。

南极作为一个“仅用于和平与科学”的自然保护区②，缔约国在活动的时候需要考虑两个因素：一是“南极环境及依附于它的和与其他相关的生态系统的保护”；二是“南极的内在价值”，它包括南极和为科学研究的价值③。

依据《关于环境保护的南极条约议定书》第3条第3款，在南极条约区规划和从事活动时，应优先考虑科学研究。即便如此，在南极从事的科学活动也要符合第3条第2款所列举的一系列要求，“限制对南极环境及依附于它的和与其相关的生态系统的不利影响”，以及避免：

对气候或天气类型的不利影响；

对空气质地或水质的重大不良影响；

对大气环境、陆地环境（包括水中环境）、冰环境或海洋环境的重大改变；

对动植物物种或种群的分布、丰度或繁殖的有害

① 《关于环境保护的南极条约议定书》附件一。

② 《关于环境保护的南极条约议定书》第2条。

③ 《关于环境保护的南极条约议定书》第3条第1款。

改变；

对濒危或受到威胁的动植物种或其种群的进一步危害；

使具有生物、科学、历史、美学或景观意义的区域减损价值或面临重大的危险①。

《关于环境保护的南极条约议定书》附件三"南极废物处理与管理"的目标是防止和减少在南极条约区产生或处理废物的问题以便最大限度地减少对南极环境的影响和对南极自然价值、科学研究以及与《南极条约》相符合的南极其他用途的干扰②。

缔约国在南极的科学研究活动产生的废物也应遵守附件三的规定，"建立一套废物处理分类系统作为基础以便记录废物与便利旨在评价科学活动及相关的后勤支援的环境影响为目标的研究"③。

（五）科学研究和国际合作

《南极条约》是在南极科学研究国际合作的背景下通过谈判完成的，因此《南极条约》体系中的科学研究与国际合作一直密不可分，《南极条约》第2条是对科学研究国际合作的基本规定，其要求"在国际地球物理年内所实行的南极科学调查自由和为此目的而进行的合作，应按照本条约的规定予以继续"。

南极科学研究的合作体现在很多方面：

1. 研究信息与研究人员的交换

《南极条约》规定缔约国应在科学调查国际合作方面交换情报，交换科学人员，交换科学考察报告和成果，以及与国际组织

---

① 《关于环境保护的南极条约议定书》第3条第2(b)款。
② 《关于环境保护的南极条约议定书》附件三第1条。
③ 《关于环境保护的南极条约议定书》附件三第8条。

建立合作的工作关系：

一、为了按照本条约第二条的规定，在南极促进科学考察中的国际合作，缔约各方同意在一切实际可行的范围内。

(1) 交换南极科学考察计划的信息，以便获得最经济、最有效的作业效果；

(2) 在南极各考察队和各考察站之间交换科学人员；

(3) 南极的科学考察报告和成果应予交换并可自由得到。

二、在实施本条款时，应尽力鼓励与南极具有科学和技术兴趣的联合国专门机构以及其他国际组织建立合作的工作关系①。

《南极条约》缔约国在对南极进行下列活动时：其船只或国民前往南极或在南极进行一切的考察，在其领土上组织或出发的所有南极考察队，其国民在南极的所有驻所以及准备带进南极的任何军事人员或装备，负有向其他缔约国通知的义务②。

其他缔约国相应地享有视察的权利③，可以派出其国民作为观察员，在任何时候自由进入南极的任何一个或一切地区，包括所有的驻所、装置和设备，以及在南极装卸货物或人员的地点的一切船只和飞机进行视察，包括对南极的任何或一切地区进行空中视察④，以核实缔约国是否履行上述义务。

---

① 《南极条约》第3条。

② 《南极条约》第7条第5款。

③ 《南极条约》第7条第1款。

④ 《南极条约》第7条第2款、第3款、第4款。

《南极条约》体系中的其他法律文件也要求相关的国际合作。例如《保护南极动植物议定措施》规定要求缔约国之间交换本地哺乳动物和鸟类被捕获和猎杀的信息①;《南极海豹保护公约》要求交换关于海豹类似的信息②;《南极海洋生物资源养护公约》在第 9 条和第 20 条也规定有关海洋资源信息的交换问题③。

《南极条约》第 3 条和第 7 条规定南极科学研究的信息交换,但在实践中,各缔约国执行得并不理想,严格地讲还有违反的情况发生。缔约国大多只交换少部分信息,涉及资源勘探相关的经济信息交换更为稀少。这其中的原因,第 3 条的规定模糊是其一,另外实践中出现缔约国不履行信息交换的义务,对此种情况很难客观地判断认定。结果是《南极条约》也没有规定相应的制裁方法。总之,出现上述这些问题的主要原因还是缔约国在达成《南极条约》谈判时妥协的结果④。

针对南极科学研究信息交换存在的问题,南极条约协商国也在多次会议中提出很多建议案试图加以解决,1975 年协商国会议通过年度信息交换的标准格式。在 1983 年的协商国会议中,因为南极矿物资源勘探要求持续升温的关系,协商国开始讨

---

① Agreed Measures for the Conservation of Antarctic Fauna and Flora, Article Ⅶ.

② Convention for the Conservation of Antarctic Seals, Article Ⅴ.

③ Patrizia De Cesari. Scientific Research in Antarctica: New Developments [A]. // Franceso Francioni & Tullio Scovazzi ed. International Law for Antarctica [M]. Hague: Kluwer Law International, 1996, 437.

④ Patrizia De Cesari. Scientific Research in Antarctica: New Developments [A]. // Franceso Francioni & Tullio Scovazzi ed. International Law for Antarctica [M]. Hague: Kluwer Law International, 1996, 438.

论信息交换的评估方案，依据《南极条约》第3条和第7条，讨论是否要特别关注为取得南极海域的油气资源而进行的地球物理勘探问题。1988年的《南极矿物资源活动管理公约》规定了相应的信息交换条款①，但是因为强调对具有商业价值的信息和数据机密性的保护，从而损害了南极科学国际研究合作的基本原则②。《关于环境保护的南极条约议定书》规定环境相关的科学信息定期交换制度③。

2. 双边合作方式

《南极条约》体系并没有规定具体的合作方式，因此也没有排除双边的合作方式，如意大利和新西兰关于科学合作的协定于1987年4月8日生效。两国同意为和平目的对南极科学研究进行合作。新西兰同意意大利从事南极研究项目的人员在往返南极时，可通过并可临时在新西兰住宿，同意意大利南极研究项目中使用的船舶、飞机、设备和材料可以进入和离开新西兰。意大利同意为新西兰的南极研究项目提供充分的后勤保障，同时每年及时将意大利下年度南极研究项目的预期规模以及将使用的港口、机场和其他相关必要的服务告知新西兰政府。

另外，意大利在1991年4月2日与阿根廷、1992年8月10日与澳大利亚签订科学合作协定。在这两个协定中，各国政府

① Convention on the Regulation of Antarctic Mineral Resource Activities，Article 16；Article 37 paragraph 11，12 and 13.

② Patrizia De Cesari. Scientific Research in Antarctica：New Developments［A］.// Franceso Francioni & Tullio Scovazzi ed. International Law for Antarctica［M］. Hague：Kluwer Law International，1996，438.

③ 《关于环境保护的南极条约议定书》第17条，附件1第6条，附件2第6条，附件3第8条和第9条。

都同意以共同利益促进科学研究和提高科学合作为目的①。

3. 缔约国与非缔约国(第三国)的合作

《南极条约》体系规定的科学研究制度,究竟只适用于缔约国还是约束所有国家,是考虑缔约国与非缔约国合作的前提。

《南极条约》序言规定“在南极科学调查自由的基础上继续和发展国际合作,符合科学和全人类进步的利益”,这明确表明南极科学调查自由符合全人类进步的利益,而不只是符合缔约国的利益。《南极条约》制定前的国家的南极实践也表明南极科学研究是自由的。虽然《南极条约》并未体现出缔约国承认条约内容反映了国际习惯法的内容,但是缔约国认可科学研究自由是条约所确立的国际科学合作的结果,《南极条约》体系之下可以行使科学研究自由。

1984 年在向联合国秘书长的答复中,南极主张国与非主张国均确认《南极条约》体系规定的科学调查自由原则的重要性,如新西兰声明:“条约建立的在科学研究领域的国际合作体制对国际社会至关重要。第 2 条和第 3 条规定南极科学调查自由和促进国际合作,通过交换:科学规划的情报、科学人员和科学考察报告与成果。”日本确认:“《南极条约》已经成为有效的法律体制用来保护南极的科学调查自由和促进科学研究的国际合作……②”

---

① Patrizia De Cesari. Scientific Research in Antarctica: New Developments [A]. // Franceso Francioni & Tullio Scovazzi ed. International Law for Antarctica [M]. Hague: Kluwer Law International, 1996, 439 - 440.

② 参见 Rpt. Secty-Gen., 1984, Part Ⅱ, Vol. Ⅲ, p. 13; Part I, p. 54.

《南极条约》体系发展的科学调查自由原则实质上也得到非缔约国的承认。在联合国大会的辩论中，很多非缔约国反复地清楚表明接受该原则，因此可以认为该原则约束所有国家。其中巴勒斯坦声明“南极科学研究自由，研究活动的成果应当用于全人类的利益”。

总之，任何国家（包括第三国）享有在南极科学研究的自由，同时也有义务保证南极只用于和平目的，不得进行任何军事活动或核活动，也不得对南极提出新的领土要求。特别是《南极条约》第10条规定：“缔约每一方保证作出符合《联合国宪章》的适当努力，务使任何人不得在南极从事违反条约的原则和宗旨的任何活动。”这一条款显然是缔约国意在使条约的有关条款拘束第三国的关键条款①。

国际合作是国际社会的发展方向。对于南极而言，许多非缔约国已经明确接受《南极条约》规定的义务去参与合作。实际上，截至今天，对南极有兴趣的国家都已经自愿加入《南极条约》，而非缔约国的国家考察行为也须遵守南极制度，依赖南极条约协商国的合作和支持②。

针对非缔约国如何获取南极条约区的科学数据问题，联合国大会曾经有过讨论，一些国家抱怨非缔约国被忽视。从《南极条约》体系而言，并没有规则限制缔约国之间的信息交换，《南极条约》第3条对此有特别规定。但对于非缔约国如果获取信息，还需要南极条约协商国制定规则解决。

---

① 邹克渊. 南极条约体系与第三国[J]. 中外法学，1995(5)：43.

② Patrizia De Cesari. Scientific Research in Antarctica：New Developments [A]. // Franceso Francioni & Tullio Scovazzi ed. International Law for Antarctica [M]. Hague：Kluwer Law International，1996，443.

4. 南极科考站的选址

南极科考站的选址与建设不仅对环境有重要影响，而且也给建设国带来相应的科学研究成果。因为南设得兰群岛最容易抵达，因此在该处已有很多国家的科考站，并引发很多问题。所以，南极条约协商国的一些成员就建议制定南极科考站的选址规则。

在“建议案XIII-6”中，协商国认识到“建立邻近其他科考站的科考站可以获得科学、环境以及后勤的优势，但是也同样存在不利之处，而这可以通过合适的磋商解决”，要求协商国向本国政府建议“对于已经建立在附近地区的科考站，相关的国内管理机构应当共同磋商，不管采用什么方法，以保护现在进行的科学活动，避免后勤方面的困难，避免因累积效应而对环境产生的不利影响”。

1989年“建议案XV-17”鼓励缔约国在建设新的科考站或设施的时候，与目标区域附近的科考站进行磋商、协调和合作。建设国应当准备符合“建议案XIV-2”所规定的与新站建设和主要后勤保障系统相关的全面的环境评估。

该建议案还促请建设新科考站或设施的缔约国采取合适的措施以避免南极地区类似的科考站或设施过度集中。最后缔约国“应当通过其国家南极项目，发起与其他国家南极项目或相关项目的磋商、协调和可能合作的进程。这些国家应当通过后续阶段继续该进程，包括常规后勤保障的发展和实施，前提是以减少对现有项目的干扰和对环境的影响为目的”①。

---

① Patrizia De Cesari. Scientific Research in Antarctica: New Developments [A]. // Franceso Francioni & Tullio Scovazzi ed. International Law for Antarctica [M]. Hague: Kluwer Law International, 1996, 448-449.

第二节　南极的海洋科学研究制度

《南极条约》体系规定的科学研究制度适用于南极洲以及冰架是无疑问的，但是南纬60°以南的海洋和海底的海洋科学研究究竟适用何种制度，目前而言还存在理论与实践上的争议，本节就该问题从国际法和国际社会实践方面进行分析。

一、南极周边海域的法律地位

南纬60°以南的海域的法律地位决定了海洋科学研究适用的法律制度。但是，问题是该海域的法律地位还存在理论上的争议，核心问题是南极主权主张国依据国际海洋法是否拥有南极相关海域的主权和主权权利，若回答该问题，还需要从《南极条约》体系，国际海洋法包括习惯法和相关国家的声明进行研究分析。

（一）对《南极条约》体系的解释

《南极条约》冻结了南极的主权问题，其第4条规定[①]：

> 一、本条约的任何规定不得解释为：
>
> (1) 缔约任何一方放弃在南极原来所主张的领土主权权利或领土的要求。
>
> (2) 缔约任何一方全部或部分放弃由于它在南极的活动或由于它的国民在南极的活动或其他原因而构成的对南极领土主权的要求的任何根据；
>
> (3) 损害缔约任何一方关于它承认或否认任何其他国家在南极的领土主权的要求或要求的依据的立场。
>
> 二、在本条约有效期间所发生的一切行为或活

① 《南极条约》第4条。

动，不得构成主张、支持或否定对南极的领土主权的要求的基础，也不得创立在南极的任何主权权利。在本条约有效期间，对在南极的领土主权不得提出新的要求或扩大现有的要求。

《南极海豹保护公约》第1条第1款规定：

本公约适用于南纬60°以南的海域，对此，缔约国确认《南极条约》第4条的各项规定①。

《南极海洋生物资源养护公约》第1条规定：

本公约适用于南纬60°以南和该纬度与构成南极海洋生态系统一部分的南极辐合带之间区域的南极生物资源②。

《南极海洋生物资源养护公约》第4条规定：

一、各缔约方，不论其是否是《南极条约》的成员，在《南极条约》适用区，其相互关系受《南极条约》第4条和第6条的约束。

二、本公约任何条款，以及在本公约有效期内发生的任何行为或活动都不得：

(1) 构成主张、支持或否认《南极条约》地区内领土主权要求的基础，或在《南极条约》地区创设任何主权权利；

(2) 解释为任何缔约方在本公约适用区内放弃、削弱或损害根据国际法行使沿海国管辖权的任何权

---

① Convention for the Conservation of Antarctic Seals, Article 1 (a): This Convention applies to the seas south of 60° South Latitude, in respect of which the Contracting Parties affirm the provisions of Article Ⅳ of the Antarctic Treaty.

② 《南极海洋生物资源养护公约》第1条第1款。

利、主张或这种主张的依据；

(3) 解释为损害任何缔约方承认或不承认这种权利、主张或主张的依据的立场。

(4) 影响《南极条约》第 4 条第 2 款关于在《南极条约》有效期内不得对南极提出任何新的领土主权要求或扩大现有要求的规定。

通过上述规定，可以推知《南极条约》体系的适用范围包括南纬 60°以南的南极大陆和海域①。

《南极条约》体系的本质是冻结南极的领土主权要求②，包括对南极大陆周边海域的权利主张。但是，7 个南极主权主张国并没有放弃基于南极大陆领土主权要求而产生的对相关海域的权利要求；同时，不承认南极领土主权要求的国家认为南极大陆周边海域不存在相关的权利要求，因为南极大陆本来就不存在沿海国。

《南极条约》第 6 条的规定值得深入研究，其规定：

本条约的规定应适用于南纬 60°以南的地区，包括一切冰架；但本条约的规定不应损害或在任何方面影响任何一个国家在该地区内根据国际法所享有的对公海的权利或行使这些权利。

除该条规定外，《南极海洋生物资源养护公约》第 4 条第 1 款，以及《关于环境保护的南极条约议定书》第 1(b)条也有规定。

---

① 吴慧，商韬.南极条约体系研究[A].//贾宇.极地法律问题研究[M].北京：社会科学文献出版社，2014：6.

② Allan Young. Antarctic Resource Jurisdiction and the Law of the Sea: A Question of Compromise [J]. Brooklyn Journal of International Law, 1985(11): 57-58.

《南极条约》第6条的规定引起三个问题：一是国际法中领海的最大宽度；二是不承认南极领土主张的国家是否认为南极洲周围全是公海；三是除公海之外，南极海域是否还有大陆架[①]。

就公海而言，南极洲周边的海域是否是《联合国海洋法公约》所指的公海？1959年的《南极条约》第6条提及的公海，显然与1982年通过的《联合国海洋法公约》规定的公海不同，1959年的公海制度不同于《联合国海洋法公约》的公海制度，在这期间，公海制度已经发生变化，因此，有必要从《南极条约》该条款的制定背景、国际习惯法以及时际国际法的角度来考虑这个问题。

1.《南极条约》第6条的制定背景

1959年在华盛顿制定《南极条约》的会议上，"初步工作组"提交的条约草案原文是"本条约适用的地区应当是南纬60°以南的区域，除了公海"。

美国也认为条约不应该适用于公海，并提出一系列理由，其中包括"美国一贯支持海洋自由理论，不放弃国际法承认的海洋的任何权利，除非本制度或国际法关于本问题形成改变现状的一般规则"[②]。

英国提交的议案表明"本条约的规定应当适用于南纬60°以南的区域，包括所有的岛屿和冰架，但不应适用于公海"[③]。

但是，也有相反的观点，即认为条约草案应当适用于海域，

---

① Bernard N. Oxman. Antarctica and the New Law of The Sea [J]. Cornell International Law Journal, 1986(19): 228.

② COM. I/SR/7 of November 1959(summary record of 26 October 1959).

③ Doc. COM. I/P 13 of 28 October 1959.

阿根廷提出的议案则认为“为本条约的目的，南极应当包括南纬60°以南的所有的陆地、水域和大气空间”①。

针对这两种对立的观点，苏联提出一个妥协方案以照顾到两种立场，即“本条约适用的地区应当是南纬60°以南的区域，不应损害缔约国依据国际法对该区域内公海利用相关的任何权利，公海不包括冰架”②。在提出该议案的时候，苏联“充分考虑到那些认为依据国际法应当享有公海权利的国家不愿意受到限制，希望找到所有参会代表都能接受的一个方案”③。

英国考虑了苏联的妥协方案后又提交一个议案，内容是：“本条约的规定应当适用于南纬60°以南的区域，包括所有的冰架，但本条约的规定不应损害或在任何方面影响任何一个国家在该地区内根据国际法所享有的对公海的权利或行使这些权利”④。

最终，在1959年11月4日代表团团长的会议上，接受了英国方案的表述方法。

从《南极条约》第6条的制定背景看，对于条约是否适用于南极周边的海域，当时就有两种对立的立场，为了调和该矛盾，最终达成的约文是妥协的结果，结果是第6条的内容并不十分明确，致使该条具有灵活的解释空间。

2.《南极条约》第6条的阐释

《南极条约》第6条前半部分规定“本条约的规定适用于南纬60°以南的地区，包括一切冰架”；显然，《南极条约》适用的范围从第6条语义而言，没有提及海洋区域，似乎对于海洋区域并

---

① Doc. COM. I/P 6 of 20 October 1959.
② Doc. COM. I/P 14 of 30 October 1959.
③ Doc. COM. I/SR/10 of 9 November 1959.
④ Doc. COM. I/P 16 of 3 November 1959.

不适用，不过，适用于南纬60°以南的地区(area)，这里的地区可否解释为包括所有的陆域与海域？但是考虑到后半部分的规定，即“本条约的规定不应损害或在任何方面影响任何一个国家在该地区根据国际法所享有的对公海的权利或行使这些权利”。依据语义分析，《南极条约》不应适用于该地区的海域，该海域应该适用国际法规定的公海制度，这部分特别强调的是《南极条约》的规定还不能损害或在任何方面影响各国所享有公海权利或行使这些权利。

若考虑到上文以及该条的制定背景，则明白这本是妥协的结果，这种结果造成对该条阐释的困难。

倘若认为《南极条约》不适用于南极周边的海域，特别是周边的公海，《南极条约》应仅适用于南极的陆地区域和冰架。则从逻辑上讲，《南极条约》没有必要在此处规定保护各国公海的权利，公海的权利自有国际法予以规范。而实践中，却又有支持《南极条约》适用公海的解释，如《南极条约》第5条规定的“禁止在南极进行任何核爆炸和在该区域处置放射性废物”，该条适用的范围就应当被解释为包括南极周边的海域。

另需注意的是，第6条规定《南极条约》不能损害或在任何方面影响各国所享有公海权利或行使这些权利，即需要保护公海的权利。但是，实践表明，随后的《南极条约》体系的其他法律文件则未保护各国公海的权利，反而还是损害或限制了各国的公海权利。例如，《南极海洋生物资源养护公约》特别规定限制公海的捕鱼自由，《关于环境保护的南极条约议定书》的若干规定以保护南极环境为理由限制船舶的航行，而限制的区域正是南纬60°以南的海域，这又说明《南极条约》体系又是适用于南极周边海域的。

如果将上述限制解释为没有损害第6条的规定，则从逻辑上又可得出《南极条约》体系适用于南极周边海域的结论。如果将上述限制解释为已经损害第6条规定所保护的公海权利，则《南极条约》体系中的法律文件违反了自身的规定。

另外，国际法中公海制度也在变化，1959年的公海制度与现在的公海制度不同。如1958年《公海公约》规定的四项公海自由，并不包括海洋科学研究自由，但《联合国海洋法公约》规定的六项公海自由已经包括海洋科学研究自由，另外“区域”制度也是改变了以前公海自由的范围。重要的是，公海的概念与范围已经改变，《联合国海洋法公约》确立了专属经济区制度，大大缩减了公海的范围。

综上所述，《南极条约》是否适用于南纬60°以南的海域，从语义解释与实践来看，有时候是自相矛盾的，这一问题尚未解决，却又引发另一个问题，即《联合国海洋法公约》是否适用于南极海域？这一问题与前一问题密切相关。如果认为《南极条约》体系适用于南纬60°以南的陆域和海域，则排除《联合国海洋法公约》的适用；如果认为《南极条约》体系不适用的话，则是否应当适用《联合国海洋法公约》？还是可以同时在该海域适用《南极条约》体系和《联合国海洋法公约》？

（二）对《联合国海洋法公约》的解释

南纬60°以南的海域，国际水文地理组织的命名为南极洋或南大洋，作为“海洋法宪章”的《联合国海洋法公约》是否适用于该海域，因为《南极条约》体系的原因，使得这一问题复杂化。

1983年，联合国大会的议程中就有“南极问题”这一议题。这一议题由安提瓜和巴布达以及马来西亚提出，认为尽管南极已有《南极条约》体系的规范，但是“仍有必要去研究通过联合国制定一个真正国际合作的普遍体制，通过更积极和更广泛的国际协商的可能性，以确保为全人类的利益而进行南极活动”①。

第三次联合国海洋法会议有意避开南极问题,《公约》文本也刻意避免使用南极的表述,1986 年联合国秘书长报告中明确指出,《公约》是适用于所有海域的全球性公约,任何海域都不例外②。

因此,从理论上而言,《联合国海洋法公约》应适用于南大洋,适用于南纬 60°以南的海域。

但是,因《南极条约》冻结南极的领土主权要求以及《南极条约》体系是否适用南极海域的争议等问题,如果《联合国海洋法公约》适用于南大洋,则南大洋是否存在领海、专属经济区以及大陆架,以及是否适用“区域”制度存在不同的观点与实践。

1. 主张海洋权利与《南极条约》的关系

《南极条约》第 4 条第 2 款规定:“在本条约有效期间所发生的一切行为或活动,不得构成主张、支持或否定对南极的领土主权的要求的基础,也不得创立在南极的任何主权权利。在本条约有效期间,对在南极的领土主权不得提出新的要求或扩大现有的要求。”

如果南极主权主张国主张领海和专属经济区,甚至外大陆架,是否违反这一规定?因为这一条明确规定:“在本条约有效期间所发生的一切行为或活动,不得构成主张……不得创立在南极的任何主权权利……对在南极的领土主权不得提出新的要求或扩大现有的要求。”

《南极海洋生物资源养护公约》第 4 条第 2 款也规定:“本公约任何条款,以及在本公约有效期内发生的任何行为或活动都不

---

① UN Doc. A/39/132 - S/15675 and Corr. 1 and 2, annex.

② UN Doc. A/41/722, November 7, 1986, p. 29. 转引自吴慧,商韬. 南极条约体系研究[A]. //贾宇. 极地法律问题研究[M]. 北京. 社会科学文献出版社,2014: 8.

得：……影响《南极条约》第4条第2款关于在《南极条约》有效期内不得对南极提出任何新的领土主权要求或扩大现有要求的规定。”

这一问题存在不同的观点①，如意大利认为：

> 考虑到海洋法的最新发展，《南极条约》第4条变得更为重要。如果没有该条，主张国就会积极主张其南极领土相邻的海洋和海底区域的国家管辖权②。

但是一些主张国却表达了不同的观点。例如，澳大利亚基于“领土主权”一般用于陆地空间（而不用于海域）的理由，认为主张国依据国际习惯法而依法拥有（主张海域）的这一权利，其具体表述如下：

> 现有国际法承认沿海国对其大陆和岛屿领土的大陆架上的生物和非生物资源享有管辖权。另外，《联合国海洋法公约》的新发展愈发证明这个观念，即一国可以主张从其海岸算起直到200海里的海床及其上覆水域中资源的主权权利。澳大利亚和其他南极主权主张国认为，该原则和权利也适用于他们的南极领土。当然，那些不承认南极主权的国家不接受这种观点。此外，这些国家中有一些国家认为对200海里海域资源享有主权权利的确认应当属于对领土主权的新主张，或者是对现有主张的扩大，因此，这种行为是被《南极

---

① Tullio Scovazzi. The Antartic Treaty System and the New Law of the Sea：Selected Questions［A］.// Franceso Francioni & Tullio Scovazzi ed. International Law for Antarctica［M］. Hague：Kluwer Law International，1996，383.

② Statement made in 1985 at the UN General Assembly by the Italian representative，Mr. Treves（Doc. A/C.1/40/PV.49，p.4）.

条约》第4条第2款所禁止的。主张国反对这种观点，认为这种权利的存在仅是其相邻陆地之上的主权的一种属性，他们享有这种权利不是通过扩张主权，而是法律的直接规定。此外，这些国家所讲的第4条规定的禁止是特别限制在南极对“领土”主权的新主张或扩大主张，而这个条款不适用于主张相关的海洋管辖权[①]。

上述争执的发生归根到底还是《南极条约》体系对主权问题的规定模糊，这也是《南极条约》体系的特征，用来回避相关的主权争端。对上述争执的解释还是要受《南极条约》体系调整的对象和范围来决定，但符合《南极条约》对象和范围的解释也会带来具有含糊性质的解释，即缔约方意图留下含糊的内容，结果在起草条约的时候就使用了模糊性的术语。

因此，试图从《南极条约》体系寻求是否允许南极主权主张国可以主张相关的海洋权利，并没有一个确定的答案。

2. 国际海底区域制度在南极海域的适用问题

倘若《联合国海洋法公约》适用于南极海域，除了南大洋是否存在南极主权主张的领海、专属经济区和大陆架的问题之外，这直接影响到南大洋公海面积的范围大小。另外，《公约》中确立的国际海底区域制度，即“区域”制度能否适用于南极海域，这不仅影响到公海权利的范围，也涉及与《南极条约》体系的协调与解释问题，同样也涉及本书主要讨论的海洋科学研究问题。

1）传统海洋法的适用问题

《联合国海洋法公约》生效之前（1994年11月16日），传统海洋法体现为1958年《日内瓦公约》的四个海洋法公约，当时领

① Australia, DFA, Australian Foreign Affairs Record, vol. 51, No. 2, p. 10(February 1980).

海的宽度尚未确定，但传统宽度为3海里，没有专属经济区制度，也没有国际海底区域制度。因此，当时所称南极海域的深海海底制度应适用公海自由制度，虽然《公海公约》没有明确规定公海包括海床部分，但是公海概念一般指既包括水体部分，也包括海床和底土部分。

在南极海域深海海底适用公海自由制度并不会影响《南极条约》体系，因为后者也支持前者的规定，例如《南极条约》第6条规定“……但本条约的规定不应损害或在任何方面影响任何一个国家在该地区内根据国际法所享有的对公海的权利或行使这些权利。”1964年的《保护南极动植物议定措施》、1972年的《南极海豹保护公约》、1980年的《南极海洋生物资源养护公约》均未提及南极海域的深海海底适用问题。

1988年《南极矿物资源活动管理公约》第5条的适用地区排除了“深海海底”①，但“直到深海海底为止的邻接近海区域的海床及底土上”所进行的南极矿物资源活动受该公约管辖。

1991年《关于环境保护的南极条约议定书》则似乎影响到传统海洋法关于南极海域深海海底适用公海自由的制度，其第7条规定禁止矿物资源活动，“任何有关矿物资源的活动都应予以禁止，但与科学研究有关的活动不在此限。”然而，该条并没有特别指出哪些区域的矿物资源活动应当被禁止，这些区域应当是议定书适用的区域，即依据第1(b)条适用于“南极条约地区系指根据南极条约第6条南极条约各项规定所适用的地区”。如果将这里的“地区”理解为包括深海海底的话，则第7条禁止

① 《南极矿物资源活动管理公约》第5条第3款规定：“为本公约的目的，‘深海海底’是指按照国际法为大陆架一词所下定义，超过大陆架地理范围的海床及底土。”

性规定显然违反国际法所规定的公海自由制度。若再依据议定书第4条的规定“本议定书是对《南极条约》的补充，既不是对《南极条约》的修改也不是对《南极条约》的修正”。如果认为《南极条约》第6条的规定不适用于公海，不适用于深海海底的话，则议定书第7条的禁止性规定也不适用于南极海域的公海海底，公海自由制度得以维护；如果认为《南极条约》第6条的规定适用于南极海域的公海，则议定书第7条的禁止性规定也适用于南极海域的深海海底，则直接影响到公海自由制度①。

2）《国际海洋法公约》的适用问题

《国际海洋法公约》确定了国际海底区域制度，“区域”是指国家管辖范围以外的海床和洋底及其底土②，“‘区域’内活动”是指勘探和开发“区域”资源的一切活动③，“区域”及其资源是人类的共同继承财产④。

“区域”内活动应由管理局代表全人类予以安排、进行和控制⑤。

显然，从《公约》的规定可以得出结论，“区域”也包括南极海域的深海海底。因此，人类的共同继承财产原则也适用于南极海域的深海海底，这并不与《南极条约》体系冲突。《南极条约》也“承认为了全人类的利益，南极应永远专为和平目的而使用，

---

① Luigi Migliorino. The New Law of the Sea and the Deep Seabed of the Antarctic Region[A]. // Franceso Francioni & Tullio Scovazzi ed. International Law for Antarctica [M]. Hague: Kluwer Law International, 1996, 400.

② 《联合国海洋法公约》第1条第1款。

③ 《联合国海洋法公约》第1条第3款。

④ 《联合国海洋法公约》第136条。

⑤ 《联合国海洋法公约》第153条。

不应成为国际纷争的场所和对象”①。

但是,人类共同继承财产原则可否适用于南极的陆地岛屿以及邻接其的水域和大陆架则尚有疑问。在联合国大会的“南极问题”议题中,一些国家提议南极洲应当属于人类的共同继承财产②,从他们的提议来看,特别是指南极的陆地部分,但可以推知超出大陆架外部界限之外的深海海底也应当属于人类的共同继承财产。例如,喀麦隆呼吁“在更加开放和接受的国际条约中,南极洲问题的结果应是让其陆地成为人类的共同继承财产”③。而在安提瓜和巴布达、马来西亚和其他国家的声明中,其内容也是意图将整个南极地区,包括深海海底以及陆地、邻接水域和大陆架,视为人类的共同继承财产④。

相反,其他几个《南极条约》的缔约国即澳大利亚、比利时、智利、联邦德国、法国和阿根廷反对上述国家的提议。他们认为七个国家长达一个世纪对南极的主权主张行为和行使,已经排除了将南极陆地、邻接水域和大陆架视为属于人类共同继承财产的情况⑤。但是,这些国家的声明中也没有提及南极深海海底。

第三次联合国海洋法会议刻意回避南极问题,并不意味着

---

① 《南极条约》序言。

② 这些国家有：安提瓜和巴布达、马来西亚、苏丹、加纳、巴基斯坦、斯里兰卡、菲律宾、赞比亚、孟加拉、玻利维亚、埃及、尼日利亚、喀麦隆和突尼斯。

③ See the declaration in A/C 1/39/PV. 53,p. 561.

④ Luigi Migliorino. The New Law of the Sea and the Deep Seabed of the Antarctic Region[A]. // Franceso Francioni & Tullio Scovazzi ed. International Law for Antarctica [M]. Hague: Kluwer Law International, 1996, 402.

⑤ 参见 in particular the view of the government of Chile in UN Doc. A/39/583, Part II, cit., p. 29.

《公约》第十一部分区域制度不适用于南极海域，除非《海洋法公约》明确排除适用[①]。

总之，除深海海底之外，南极陆地、邻接水域和大陆架是否属于人类的共同继承财产，从国际法角度而言尚不确定。这个问题的解决将依赖于相关国家对南极主张主权合法性问题的解决，如果他们的主权主张是合法有效的，相应地就不能属于人类的共同继承财产；如果他们的主权主张是无效的，则人类共同财产制度适用于上述区域。

二、南极主权主张国的实践

上述这些复杂的问题，如《南极条约》体系适用的范围、《联合国海洋法公约》在南极海域的适用问题，南极洲领海、专属经济区和大陆架的主张与归属问题，"区域"的适用问题等，均难以迅速解决，需要时间去观察实践的演变。但在这期间，国家的实践，特别是南极主权主张国的实践尤其重要，直接影响到问题的解决与规则的形成。

（一）英国的实践

1993年，英国颁布第1号《（海洋区域）公告（南乔治亚和南桑威奇群岛）》[②]，建立200海里的"海洋区域"，在该区域内英国"将依据国际法关于自然资源（生物和非生物资源）勘探与开发和海洋环境保护与养护的规则行使管辖权"。该法令并未明确说明英国在该"海洋区域"是否行使专属经济区的所有权利。

但是，该"海洋区域"的海域范围与《南极海洋生物资源养护

① 阮振宇.南极条约体系与国际海洋法：冲突与协调[J].复旦学报（社会科学版），2001(1)：134.

② 贾宇.极地周边国家海洋划界图文辑要[M].北京：社会科学文献出版社，2014：92.

公约》的适用区域出现重叠,就此问题,英国做出以下声明:

> 我们完全支持《南极海洋生物资源养护公约》并与其机构在工作方面展开合作。在过去,我们也是以强有力的工作来增强《南极海洋生物资源养护公约》在南大洋渔业管理方面的作用。尽管《南极海洋生物资源养护公约》已经提供了及时和急需的对商业捕捞物种的保护,但我们还是担心鱼储量已经枯竭。
>
> 此外,违反《南极海洋生物资源养护公约》管理的情况不断增加,对该区域增强养护管理的需求使得英国政府负责是清楚的。因此,英国决定通过制定国内措施来加强对南乔治亚和南桑威奇群岛周边的海洋资源的养护和管理。这些措施是用来补充,而不是取代《南极海洋生物资源养护公约》的角色,所以完全符合《南极海洋生物资源养护公约》①。

但是这一声明引发阿根廷的反对与抗议。阿根廷认为其在1966年12月29日颁布的17094号令已经扩大其领土相邻海域200海里的管辖权和主权,包括目前存在争议的岛屿。另外,1991年8月14日阿根廷颁布23968号令建立200海里的专属经济区,也包含了上述海域的管辖权和主权②。

2009年5月11日,英国向联合国大陆架界限委员会提交福克兰群岛、南乔治亚和南桑威奇群岛的大陆架划界案中,英国所主张的南乔治亚和南桑威奇群岛的大陆架已经延伸至南纬60°以南的地区,与阿根廷的主张重叠。

---

① Statement of 7 May 1993 (UN, Law of the Sea Bulletin, No. 24, 1993, p.54).

② UN, Law of the Sea Bulletin, No.20, 1992, 9.20.

（二）智利的实践

智利在其国内立法中创设“存在海”（presential sea）的概念与权利①，该海域包括智利专属经济区之外的公海海域，并且延伸入南纬60°以南的海域，智利对该海域管辖捕鱼报告和海域质量监控等事项。

智利声称其有权控制和参与任何其他国家在毗邻智利公海上的任何活动，目的是保护其附属海域的海洋环境与资源。但是，智利的声明和立法明显缺乏国际法依据，不仅遭到学界的普遍质疑，也从未被国际社会包括其他《南极条约》缔约国所承认②。

2009年5月，智利向大陆架界限委员会提交了有关大陆架外部界限的初步信息，对南极大陆90°W～53°W的扇形地区提出权利要求。但考虑到《南极条约》体系的有关冻结南极领土的规定以及该地区附近海域的海底地形非常复杂，智利尚未对南极大陆架提出任何主张，但保留向委员会提交有关南极大陆周边大陆架划界的主张，同时请求委员会暂不予审议的权利③。

（三）澳大利亚的实践

1994年7月26日，澳大利亚发表声明，宣布建立200海里的专属经济区，包括其南极领土的专属经济区。澳大利亚认为，这并不违反《南极条约》体系的规定：

> 澳大利亚已经依据联合国《海洋法公约》第56条声明邻接本国领土（含澳大利亚南极领土）的专属经济

---

① Decree No. 430 of 28 September 1991.

② 陈力.论南极海域的法律地位[J].复旦学报（社会科学版），2014（5）：152.

③ 朱瑛，薛桂芳，李金蓉.南极地区大陆架划界引发的法律制度碰撞[J].极地研究，2011(4)：321.

区，该条赋予沿海国权利去建立邻接沿海国领土的200海里专属经济区。

澳大利亚对南极领土存在历史悠久的主张。对澳大利亚南极领土专属经济区的声明仅仅是澳大利亚南极领土主权的一种反映，也是国际海洋法发展的反映。《南极条约》并没有废除南极的领土主权，也没有禁止主张从该领土产生的其他权利。《南极条约》承认缔约国对南极领土主权存在不同的观点。

《南极条约》体系中一个重要的部分是《南极海洋生物资源养护公约》，澳大利亚的法律保障《南极海洋生物资源养护公约》的行使不会因澳大利亚南极领土之外的专属经济区而受到阻碍。因此，澳大利亚的渔业法规不适用于该区域，除涉及澳大利亚国民和船舶之外①。

澳大利亚于2004年11月15日向大陆架界限委员会提交划界案②，这是委员会收到的第一个涉及南纬60°以南地区大陆架的划界案，不仅对附属于其南极主张领土的大陆架提出了主张要求，还主张赫德岛和麦克唐纳群岛、麦夸里岛的扩展大陆架向南延伸至南纬60°以南地区（凯尔盖朗深海高原地区和麦夸里海岭地区），前者主张区甚至与南极洲大陆200海里线相接。

同时，澳大利亚考虑到南极领土主权问题暂时搁置的现状，

---

① Tullio Scovazzi. The Antartic Treaty System and the New Law of the Sea: Selected Questions [A]. // Franceso Francioni & Tullio Scovazzi ed. International Law for Antarctica [M]. Hague: Kluwer Law International, 1996, 381-383.

② 高健军译，张海文审校. 200海里外大陆架外部界限的划定：划界案的执行摘要和大陆架界限委员会的建议摘要[M]. 北京：海洋出版社，2014: 237-267.

请求委员会暂不审议有关附属于南极领土主张的大陆架主张。尽管如此，澳大利亚划界案在国际社会依然引起了轩然大波，美国、俄罗斯、日本、荷兰、德国和印度都就此提交反应照会，对澳大利亚所提出的南极领地地区大陆架主张表示高度关注，不承认任何国家在南极地区的领土主张具有合法性，也反对任何国家通过对南极领土的主权要求进而对南极洲大陆附近海域海底及底土提出主权要求，但对于澳大利亚南部岛屿的大陆架延伸至南纬60°以南的问题都没有提及，澳大利亚也不曾遭到来自其他国家的官方抗议或反对①。

从委员会对澳大利亚划界案的审议建议来看，委员会基本同意凯尔盖朗深海高原地区和麦夸里海岭地区大陆架延伸至南纬60°以南，至于凯尔盖朗深海高原地区大陆架能否延伸至南极洲200海里线，委员会的建议为“不妨害与其他条约有关的事项”，这种建议是一种不作为的态度，这也说明，委员会也已注意到在南极地区，《联合国海洋法公约》和《南极条约》体系在大陆架问题上存在明显的冲突与矛盾，但作为一个由地质学家、地球物理学家和水文学家等组成的科学团队，委员会仅仅给予各国大陆架划界的科学和技术指导，法律制度上的冲突则不是其考虑的范畴②。

(四) 阿根廷的实践

阿根廷于2009年4月21日向大陆架界限委员会提交了大陆架划界案，与澳大利亚类似，涉及南极地区的大陆架主张既包括南极洲主张区的大陆架，也包括乔治亚群岛和桑德维奇群岛

---

① 吴宁铂.澳大利亚南极外大陆架划界评析[J].太平洋学报，2015(7)：12.

② 朱瑛，薛桂芳，李金蓉.南极地区大陆架划界引发的法律制度碰撞[J].极地研究，2011(4)：320.

越过南纬 60°的扩展大陆架。但同时比澳大利亚更为复杂的是，阿根廷涉及南极地区的大陆架主张，其陆地、岛屿的领土主权都存在争议。在南极洲，其与英国和智利的领土主张存在重叠，甚至阿、英、智三国主张重叠。这意味着阿根廷在南极洲地区的大陆架主张必然会和英国、智利的利益相冲突。对于马尔维纳斯群岛、乔治亚群岛和桑德维奇群岛，从 1833 年开始阿英两国存在主权争议，目前上述三岛都属于英国实际管辖①。

与澳大利亚的做法不同，阿根廷最初并没有请求委员会对南极大陆架部分不予以审议。有关阿根廷划界案，联合国秘书长共收到英国、美国、俄罗斯、印度、荷兰和日本六国的反应照会。六国均以《南极条约》第 4 条为依据，不承认阿根廷对南极大陆的领土主权，同时反对其以南极领土主权为由对南极大陆周边大陆架提出主张要求，并提请委员会对阿根廷划界案南极地区部分不予以审议。

英国虽然同为南极大陆陆地领土主权要求国，但对于阿根廷划界案中的南极部分，持否定态度。这一点并不难理解，英阿两国在南极大陆及上述的三个岛屿都存在陆地领土主权争议。英国在反应照会中，明确表明其对福兰克群岛、南乔治亚和南桑德维奇群岛及其周边海域拥有主权，反对阿根廷在划界案中对上述三个群岛周边海域的海床及其底土提出主张，提请委员会对这部分划界案不予以审议。委员会考虑到上述各国照会和阿根廷代表团所做的陈述，决定按照其议事规则，不审议划界案中存在争议的部分及南极附属大陆架有关的部分②。

---

① 朱瑛，薛桂芳.大陆架划界对南极条约体系的挑战[J].中国海洋大学学报(社会科学版)，2012(1)：12.

② 朱瑛，薛桂芳，李金蓉.南极地区大陆架划界引发的法律制度碰撞[J].极地研究，2011(4)：320.

（五）挪威的实践

挪威于2009年5月4日向委员会提交有关南极大陆德龙宁毛德地（Dronning Maud Land）的部分划界案，借鉴澳大利亚的做法，也请求委员会不予审议与该地区有关的大陆架划界案。

联合国秘书长共收到美国、俄罗斯、印度、荷兰和日本五个国家的反应照会，上述五国，均明确表示不承认挪威在南极大陆陆地领土主权及对南极大陆周边海域海床及底土的主权权利，同时赞同挪威请求委员会不审议南极地区大陆架划界的做法。

澳大利亚和英国已表示对挪威该地区的大陆架划界案不持反对意见，只是这部分大陆架划界案不能妨害挪威与澳、英两国之间的最终大陆架划界。这再一次说明，在共同的利益驱使下，南极洲主权主张国在南极洲大陆架问题上都持相同或相似的观点和立场①。

（六）新西兰的实践

新西兰认为《南极条约》在过去有效地维护了新西兰的南极利益，这一局面将持续下去。其对罗斯属地的主权声明一直很谨慎，尽量避免采取过于明显的强势行为从而与《南极条约》体系相悖或者与非缔约国发生冲突。

2006年，新西兰向大陆架界限委员会提交划界案，该划界案的主张区域未越过南纬60°的地区，且不涉及罗斯属地，但新西兰政府宣称它将保留在未来对罗斯属地大陆架提出主张的权力②。

（七）法国的实践

2006年至2009年，法国先后提交了两个联合划界案和三

① 朱瑛，薛桂芳．大陆架划界对南极条约体系的挑战[J]．中国海洋大学学报（社会科学版），2012(1)：13.

② 朱瑛，薛桂芳，李金蓉．南极地区大陆架划界引发的法律制度碰撞[J]．极地研究，2011(4)：321.

个部分划界案，均未对南极大陆架提出任何主张，但同样宣称在今后划界案中将对南极大陆架提出主张。何时提交正式划界案，除考虑其主张的南极大陆架是否延伸至200海里以外，更重要的是政治战略的因素决定①。

三、南极海域的海洋科学研究问题

综上所述，南极海域即在南纬60°以南的南大洋海域，目前而言对南极海域的海洋科学研究法律制度在理论上还是极为复杂的问题。

这种复杂性体现在以下几个方面：

（一）南极海域的法律性质问题

南极海域，属于何种性质的海域？《南极条约》体系并未给出准确的答案。虽然《南极条约》体系可解释为可以适用于南纬60°以南的地区，包括陆地和海域，并且从《南极条约》第6条可以得出结论，即南极海域包括公海。

南极主权主张国在《联合国海洋法公约》规定专属经济区制度之后，不顾部分国家的反对，主张南极领土的专属经济区和大陆架。

据不完全统计，目前已经对南极领土提出"领海"声明的有澳大利亚、新西兰、法国、英国、阿根廷以及智利等国，挪威保留提出声明的权利；提出"毗连区"声明的国家包括澳大利亚、新西兰、法国、阿根廷以及智利；向大陆架界限委员会提出200海里外大陆架划界案的国家包括澳大利亚、英国与挪威，新西兰提出保留南极领土外大陆架划界权利；在七个主权要求国中，澳大利亚、法国、阿根廷以及智利等四国已经声明了其"南极领土"的

① 朱瑛，薛桂芳，李金蓉. 南极地区大陆架划界引发的法律制度碰撞[J]. 极地研究，2011(4)：321.

200 海里专属经济区①。

对于南极海域的法律性质,特别是南极主权主张国是否拥有主张相关海域的主权和权利,存在完全相反的两种立场。

以澳大利亚为代表的主张国认为,《南极条约》并没有废除南极的领土主权,也没有禁止主张从该领土产生的其他权利。因此,主张领海、专属经济区等海域并没有违反《南极条约》体系,这种主张不构成新主张或扩大主张,符合国际法特别是国际海洋法的规定。

相反的立场则认为,南极洲不存在所谓的"沿海国"②,澳大利亚等国对专属经济区的声明构成了"新的主权要求"或者"扩大的主权要求",直接违反《南极条约》第 4 条第 2 款的规定。从实践来看,澳大利亚等国"专属经济区"声明明确规定不适用于外国人及外国船舶,事实上也从未损害或限制其他国家在该海域的权利与自由,表明澳大利亚既不敢明显违反《南极条约》又不愿放弃依据《联合国海洋法公约》所能获得权利的矛盾心态③。

但对于南纬 60°以南的海域是否全部为公海,《南极条约》并未做出规定。不同国家对其的解释也不相同,主权主张国认为,除了未主张主权和存在主权争议的南极大陆附属海域属于公海外,其余部分的海域主权应得到支持。大部分国家则认为该水域应被视为公海,所有国家在这一海域享有航行自由等公海权利④。

---

① 陈力.论南极海域的法律地位[J].复旦学报(社会科学版),2014(5):151.

② Christopher C. Joyner. The Antarctic Treaty and the Law of the Sea: Fifty Years On [J]. Polar Record, 2010, 46: 15.

③ 陈力.论南极海域的法律地位[J].复旦学报(社会科学版),2014(5):156.

④ Christopher C. Joyner. The Antarctic Treaty and the Law of the Sea: Fifty Years On [J]. Polar Record, 2010, 46: 16.

（二）南极海域的大陆架问题

《南极条约》第 4 条第 2 款规定，在本条约有效期间所发生的一切行为或活动，不得构成主张、支持或否定对南极的领土主权的要求的基础，也不得创立在南极的任何主权权利。在本条约有效期间，对在南极的领土主权不得提出新的要求或扩大现有的要求。

但对于南极海域的大陆架问题，也存在两种的观点：

一种观点认为，虽然依据《联合国海洋法公约》，“沿海国对大陆架的权利并不取决于有效或象征的占领或任何明文公告”①，但是领土主权和大陆架主权权利是相互关联的，大陆架主权权利依存于领土的主权，南极领土主权目前处于冻结状态，况且一些国家不承认主张国的南极领土主权，在南极领土主权存疑和冻结的情况下，南极主权主张国提出南极海域的大陆架主权权利要求，违反《南极条约》的规定。

另一种观点认为，特别是澳大利亚的学者认为沿海国对大陆架固有的权利自《大陆架公约》生效后一直延续至今，在《联合国海洋法公约》中得到了继续发展，但这种权利在《南极条约》生效之前就已经存在了，国际社会应当尊重和支持②；

南极海域的外大陆架问题请参看前文分析。

（三）南极海域的海洋科学研究制度分析

综上所述，因为南极海域的法律性质至今尚存在争议，因此，在该海域以及海底的海洋科学研究制度尚具有不确定性。

虽然南极海域的公海范围尚不明确，但是南极海域公海的

---

① 《联合国海洋法公约》第 77 条第 3 款。

② 吴宁铂. 南极外大陆架划界法律问题研究（硕士学位论文）[D]. 上海：复旦大学，2012，27.

海洋科学研究制度应当适用国际法的规定，这从《南极条约》第6条可以得出结论，故南极海域的公海应当适用公海的科学研究制度。

依据国际法的发展，特别是国际海洋法的发展，依据《联合国海洋法公约》的规定，公海可自由进行科学研究，“但受第六和第十三部分的限制”①，详细的规定可参看本书第三章的相关内容。

关于南极的“国际海底区域”问题，迄今为止，尚没有南极主权主张国申请从南极大陆向北扩展的外大陆架，澳大利亚申请赫德岛和麦克唐纳群岛、麦夸里岛向南扩展大陆架已经延伸至南纬60°以南地区，进入《南极条约》适用的范围，大陆架界限委员会已基本同意。

对于南极海域的“国际海底区域”，如果在《联合国海洋法公约》生效前，海洋科学制度应适用公海制度，但随着“区域”制度的确立，“区域”已经成为人类的共同继承财产，《联合国海洋法公约》针对“区域”制定特殊的制度，包括海洋科学研究制度，因此南极的“区域”应当适用《联合国海洋法公约》规定的“区域”海洋科学研究制度②。

对于从南极海域之外向南“入侵”到南纬60°以南地区的国家“外大陆架”，适用何种海洋科学研究制度尚是一个未决问题，没有国际社会实践，理论上存在重大争议。

如果南极海域除了公海还存在其他海域的话，就是南极主权主张国所主张的领海、毗连区、专属经济区包括没有扩展的大陆架。如上所述，这部分的争议更大，相关国家的立场对立，在

---

① 《联合国海洋法公约》第87条。

② 《联合国海洋法公约》第143条。

这种情况下讨论海洋科学研究更是一个复杂的问题。

如果承认南极主权主张国拥有上述海域主权或主权权利，则海洋科学研究应当适用《联合国海洋法公约》的相关规定；若不承认的话，则海洋科学研究应当适用《南极条约》体系规定的科学研究制度或者国际法规定的公海科学研究制度。

实践中，还未发现南极主权主张国依据《联合国海洋法公约》相关海域的科学研究制度的规定而要求其他国家加以遵守的先例。澳大利亚要求在其南极领域(包括南极的专属经济区)采取特殊的保护措施，但是国内立法又规定只适用于位于澳大利亚南极领土的任何人，在实践中从来没有针对外国人提出这种要求。

总之，尽管在理论上存有争议，但在实践中，各国在南极海域的海洋科学研究活动还是依据《南极条约》体系的规定在进行，特别是遵守《关于环境保护的南极条约议定书》的规定。

第五章　北极科考的法律制度

北极科考(或北极科学研究)首先涉及科考的地理范围,如前文所述,北极科考的地理范围本书适用地理学划分方法界定的北极地区,即北极科考的地理范围是指北极点以南,北极圈(北纬 66°34′)以北的区域。

北极与南极科考一样,科学研究的范围都包括陆域和海域两大部分,适用的法律制度有所不同,但是看似简单的法律适用问题,理论上与实践中却处处存在争议。

本章分别针对北极陆域和海域的科学研究法律制度进行论述。在北极地区,目前仅有位于北纬 80°48′,格陵兰岛与加拿大埃尔斯米岛之间的汉斯岛存在加拿大和丹麦的主权争端①,因该岛主权问题尚未解决,本章不涉及该岛科学研究制度的研究,从法理上讲,争端国家加拿大和丹麦均主张本国国内法适用于该岛。

---

① 贾宇.北极地区领土主权和海洋权益争端探析[J].中国海洋大学学报(社会科学版),2010(1):7.

第一节　北极陆域的科学研究制度

若第三国的北极科学研究活动范围在北极国家领陆，依据国际法的基本原理，这属于国家领土主权的管辖范围，因此，第三国必须依据各北极国家的相关政策和法规，向后者提出申请，获得批准后，依照后者的要求进行研究工作。

实践中，陆域的科学研究并非国际社会北极科考的主要表现形式，所以本章并未收集整理相关国家陆域科学研究的法规与政策，实际上，针对他国的领陆进行科学研究是非常敏感的问题，如果未得到特殊允许，一国不可能允许他国在本国领陆进行科学研究。

如果本国邀请他国科学研究人员来本国进行科学研究合作；或者研究地点在本国领土上，研究的对象不是本国领陆，实践中这两种情况较为常见，但是本国邀请者还得需要依据本国的法规和政策做出决定。

本节主要研究北极的一个特殊地区，即主权属于挪威的斯瓦尔巴德群岛的科学研究制度。

斯瓦尔巴德群岛（以下简称斯岛）处于北极圈内，该群岛地处巴伦支海和格陵兰海之间，长约450千米，宽约40～225千米，由9个主岛和众多小岛组成，面积约6.27万平方千米，54%的地区被冰川覆盖①，首府朗伊尔城在该岛的西岸，现有常住居民约3 000人，其中俄罗斯人和乌克兰人占62%，挪威人只占

---

① 参见Ministry of Foreign Affairs：Svalbard and the Surrounding Maritime areas-Background and Legal Issues，http：//www. regjeringen. no/en/dep/ud/selected-topics/civil-rights/spesiell-folkerett/folkerettslige-sporsmal-i-tilknytning-ti. html？ id＝537481.

38%。19世纪末,美国、英国、挪威、瑞典、荷兰及俄国的公司与个人纷纷在岛上勘测矿产藏量并要求取得矿产所有权,经多轮谈判,1920年2月9日,英国、美国、丹麦、挪威、瑞典、法国、意大利、荷兰及日本等18个国家在巴黎签订了《斯匹次卑尔根群岛条约》(以下简称《斯约》)①,1925年8月14日《斯约》正式生效,截至2015年,缔约国达到42个②,我国虽然于1925年签署该条约,但在签约后很长时间内没有进行任何科学研究活动③。

《斯约》生效的时候名称为"Treaty concerning the Archipelago of Spitsbergen",由于斯匹次卑尔根群岛已经改名为斯瓦尔巴德群岛,所以现在《斯约》也被称为《斯瓦尔巴德条约》。本书中所提及的斯瓦尔巴德是该群岛的统称,可解释为斯瓦尔巴德群岛,包含所有岛礁。

一、《斯瓦尔巴德条约》适用范围之争

《斯约》第1条规定:"缔约国保证根据本条约的规定承认挪威对斯匹次卑尔根群岛和熊岛拥有充分和完全的主权,其中包括位于东经10°~35°之间,北纬74°~81°之间的所有岛屿,特别是西斯匹次卑尔根群岛、东北地岛、巴伦支岛、埃季岛、希望岛和

① 卢芳华.《斯瓦尔巴德条约》与我国的北极利益[J]. 法学论丛,2013(4):88.

② 缔约国有:阿富汗、阿尔巴尼亚、阿根廷、澳大利亚、奥地利、比利时、保加利亚、加拿大、智利、中国、捷克、丹麦、多米尼加共和国、埃及、爱沙尼亚、芬兰、法国、德国、希腊、匈牙利、冰岛、印度、意大利、日本、立陶宛、摩纳哥、荷兰、新西兰、挪威、波兰、葡萄牙、韩国、罗马尼亚、俄罗斯、沙特阿拉伯、南非、西班牙、瑞典、瑞士、英国、美国、委内瑞拉。前南斯拉夫因为解体失去了缔约国的资格,未有其他国家继承其缔约国的身份。

③ Zhiguo Gao. Legal Issues of MSR in the Arctic: A Chinese Perspective[A]. // Beiträge zum ausländischen öffentlichen Recht und Völkerrecht ,Volume 235[M]. Springer Berlin Heidelberg, 2012, 142.

查理王岛以及所有附属的大小岛屿和暗礁”[①]。这个区域被称为斯瓦尔巴德方框(Svalbard Box)。

依此规定,挪威根据《斯约》的规定对斯瓦尔巴德方框内所有岛礁享有“充分和完全的主权”,缔约国承认挪威对上述岛礁的主权,“缔约国的船舶和国民应平等地享有在第一条所指的地域及其领水内捕鱼和狩猎的权利”[②]。依据国际习惯法,挪威已经有效占领并行使主权,实践中未有其他国家对斯瓦尔巴德群岛提出主权要求,这意味着挪威的主权也同时约束《斯约》的非缔约国,非缔约国可自由加入《斯约》,享受该条约所规定的平等的非歧视性的权利[③]。

挪威的主权也可进一步解释为挪威可以制定并执行相关的法规。实践中,挪威于1925年制定《斯瓦尔巴德法令》[④],该法将斯瓦尔巴德纳入挪威领土,第2条规定:“若无相反的规定,挪威的民事和刑事法律,以及关于司法行政的挪威法律适用于斯瓦尔巴德。若无特殊的规定,其他法律条文不适用于斯瓦尔巴德”[⑤]。第4条规定挪威可制定一般的法律规则,特别是涉及矿业、渔业和工业以及动植物保护[⑥]。依据上述立法授权,挪威于1925年制定《采矿法规》[⑦],2001年制定《斯瓦尔巴德环境

---

① Svalbard Treaty, Article 1.

② Svalbard Treaty, Article 2.

③ 缔约国享受的权利规定在《斯瓦尔巴德条约》第2条和第3条。

④ Act of 17 July 1925 relating to Svalbard [EB/OL]. http://www.ub.uio.no/ujur/ulovdata/lov-19250717-011-eng.pdf, 2015-08-10.

⑤ Act of 17 July 1925 relating to Svalbard, Article 2.

⑥ Act of 17 July 1925 relating to Svalbard, Article 4.

⑦ The Mining Code (the Mining Regulations) for Spitsbergen (Svalbard), laid down by Royal Decree of 7 August 1925 as amended by Royal Decree of 11 June 1975.

保护法》[①],2002 年制定《斯瓦尔巴德动物采集法》[②]。

《斯约》适用的地理范围,主要体现为第 1 条所确定的所有岛礁以及领水。

现在争议的焦点是:《斯约》中规定的上述这些岛礁是否有专属经济区和大陆架?若有,应适用何种制度?

(一)《斯瓦尔巴德条约》的“领水”解读

《斯约》共有三处提到“领水”,分别是第 2 条第 1 款和第 2 款,以及第 3 条第 2 款。《斯约》适用的地理范围包括斯瓦尔巴德方框内的岛礁及其领水并无疑问。但这里的领水是否包括专属经济区和大陆架?这里需对《斯约》“领水”的概念与范围进行分析。

首先,《斯约》的相关“领水”规定如下所述:

《斯约》第 2 条第 1 款和第 2 款规定:

> 缔约国的船舶和国民应平等地享有在第一条所指的地域及其领水内(territorial waters)捕鱼和狩猎的权利。
>
> 挪威应自由地维护、采取或颁布适当措施,以便确保保护并于必要时重新恢复该地域及其领水内(territorial waters)的动植物;并应明确此种措施均应平等地适用于各缔约国的国民,不应直接或间接地使任何一国的国民享有任何豁免、特权和优惠。

---

① Act of 15 June 2001 No. 79 Relating to the Protection of the Environment in Svalbard.

② Regulations relating to harvesting of the fauna on Svalbard, Adopted by the Ministry of the Environment on 24 June 2002 under sections 31 and 32 of the Act of 15 June 2001 No. 79 relating to the protection of the environment in Svalbard.

《斯约》第3条第2款规定：

> 缔约国国民应在相同平等的条件下允许在陆上和领水内（territorial waters）开展和从事一切海洋、工业、矿业或商业活动，但不得以任何理由或出于任何计划而建立垄断。

在当时，由于国际法对于领海的法律地位一直没有明确界定，一直到1958年才达成《领海与毗连区公约》，领海的法律地位才得以确定，但即便如此，当时领海的宽度仍未达成一致意见。结合当时的国际实践，《斯约》规定的“领水”可以解释为现代国际法中的领海是没有疑问的。

挪威之前主张大陆和斯瓦尔巴德享有4海里的领海[①]，2001年，斯瓦尔巴德群岛划定新的直线基线，也确定了领海之外12海里的毗连区[②]。2003年，挪威制定法规将其大陆和斯瓦尔巴德的领海从4海里扩大到12海里[③]。

斯瓦尔巴德的地理位置、基线与领海可参看图5-1的示意图。

实践中，挪威的主权及于斯瓦尔巴德群岛的领海并没有受到任何国家的质疑，《斯约》规定的“领水”被解释为目前的“领海”也得到国际社会的认可。

但是，《斯约》中的另一处用语并不明确，即第3条第1款和

① Royal Decree of 22 February 1812.

② Royal Decree of 1 June 2001, No 556, Regulations Relating to the Limits of the Norwegian Territorial Sea Around Svalbard, UN Law of the Sea Bulletin No. 49 (2001), 72-81.

③ Act of 27 June 2003 relating to Norwegian Territorial Waters and the Contiguous Zone, including the sea areas around Jan Mayen, Act No 57 of 2003, UN Law of the Sea Bulletin No. 54 (2004), 41-80.

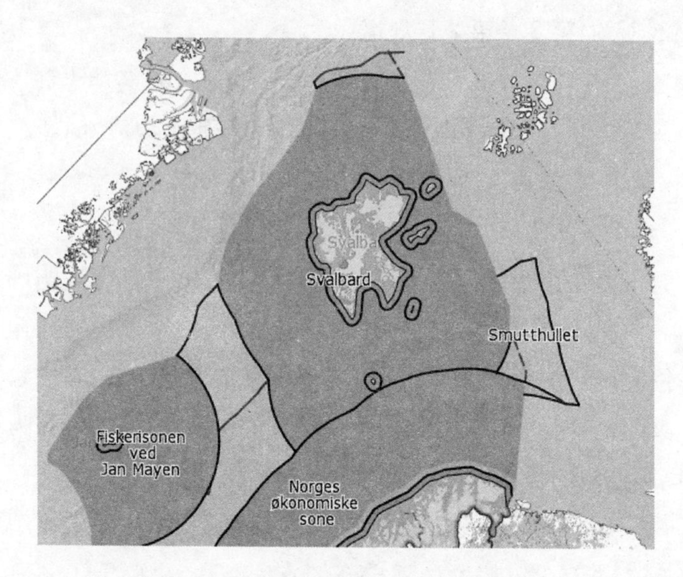

图 5-1 斯瓦尔巴德群岛海域示意①

第2款提及:

> 缔约国国民,不论出于什么原因或目的,均应享有平等自由进出第一条所指地域(territories)的水域(waters)、峡湾和港口的权利;在遵守当地法律的规章的情况下,他们可毫无阻碍、完全平等地在此类水域、峡湾和港口从事一切海洋、工业、矿业和商业活动。
>
> 缔约国国民应在相同平等的条件下允许在陆上和领水(territorial waters)内开展和从事一切海洋、工业、矿业或商业活动,但不得以任何理由或出于任何计划而建立垄断。

对于这一款中的“第一条所指地域的水域”存在不同的理解,首先第一条所指的“地域”,是仅指斯瓦尔巴德方框内的陆地

① https://www.barentswatch.no/en/Maps1/Law-of-the-sea/Oceanic-borders/.2015-05-28.

区域还是包括领水？从字面解读，第一条并没有提到水域，而只提及斯瓦尔巴德方框内的所有岛礁。如果第一条所指“地域”不包括“水域”的话，则第一条所指“地域”的“水域”是指何种水域？此处的“水域”显然与《斯约》中其他地方提及的“领水”不同，如果考虑到此处的“水域”与后面的“峡湾和港口”处于同一表述层级，则可以将此处的“水域”理解为内水更合适，从而与第3条第2款提及的“领水”就不会发生解释上的冲突。

综上所述，《斯约》适用范围除斯瓦尔巴德方框内的所有岛礁外，还包括斯瓦尔巴德的内水、领海。无论从《斯约》相关条款的解释，国际法的主权概念与适用范围，以及国际社会在斯瓦尔巴德方框的实践，以及挪威国内法的适用等均说明，上述的适用范围目前不存在争议。

目前的争议的问题是斯瓦尔巴德的“渔业保护区”与大陆架。

（二）斯瓦尔巴德“渔业保护区”的问题

1977年5月，挪威通过法律，规定斯瓦尔巴德周边200海里的区域为“渔业保护区”（Fishery Protection Zone）①。起初，挪威想仿照挪威大陆建立专属经济区一样，为斯瓦尔巴德也建立一个专属经济区②，但是这引起了《斯约》部分缔约国的反对，他们担心如果建立专属经济区，则其依据《斯约》第2条所享有的优先权受到损害，考虑到这个因素的影响，挪威最终没有建立专属经济区，而是建立了所谓的斯瓦尔巴德“渔业保护区”③，以

---

① Decree No. 6 of 23 May 1977 relative to the Fishery Protection Zone of Svalbard.

② Act No. 91 of 17 December 1976 relating to the Economic Zone of Norway.

③ T. Pedersen. The constrained politics of the Svalbard offshore area[J]. Marine Policy 32 (2008), (913) 916 with references.

保护和管理的需求为理由对该海域渔业进行管理，同时也考虑到先前外国在该海域的捕鱼情况①。

从挪威所建立的“渔业保护区”的位置、范围和职权来看，其与专属经济区非常类似。《联合国海洋法公约》专门规定了专属经济区的法律制度，但是没有明确提及具有类似内容的其他海域，如“渔业保护区”。不过，专属经济区本身的性质决定了沿海国可以建立类似的海域，实现本国在该海域的主权权利和管辖权，特别是涉及该海域渔业管理权，如有的国家建立的“专属渔区”即属于这种性质。挪威建立的斯瓦尔巴德“渔业保护区”也具有类似的性质与意义。

就挪威建立的斯瓦尔巴德“渔业保护区”而言，目前的争议主要集中于《斯约》能否适用于“渔业保护区”?《斯约》缔约国能否在该区域享有优先权，即平等地从事捕鱼、矿业等活动?

对于上述问题，各缔约国基本持三种立场，分述如下：

1. 挪威的立场：挪威享有“渔业保护区”的主权权利和管辖权

挪威多年来在一系列政府文件中坚持认为，《斯约》并不适用于斯瓦尔巴德的“渔业保护区”②。有的学者也支持挪威的这一立场，认为《斯约》只适用于斯瓦尔巴德的陆地区域，内水和领海。依据国际海洋法，挪威拥有“渔业保护区”的专属权利而不

---

① Rolf Einar Fife, cite from E.J. Molenaar. Fisheries Regulation in the Maritime Zones of Svalbard[J]. The International Journal of Marine and Coastal Law ,2012(27)：3－58.

② Robin Churchill & Geir Ulfstein. The Disputed Maritime Zones around Svalbard[A]. // Changes in the Arctic Environment and the Law of the Sea, Panel Ⅸ[M]. Leiden/Boston：Martinus Nijhoff Publishers, 2010,564.

受《斯约》的约束[①]。

挪威认为《斯约》的条文规定是非常清楚的，即其他缔约国的权利，特别是第2条规定的捕鱼权仅限于斯瓦尔巴德的领土和“领水”，即现在的领海。《斯约》没有提及斯瓦尔巴德的“渔业保护区”和大陆架。所以，《斯约》并没有禁止或改变挪威在“渔业保护区”享有依据《联合国海洋法公约》沿海国所享有的在该海域的主权权利。

挪威的这一立场涉及条约的解释问题。《斯约》在谈判签署的时候，国际法中的专属经济区制度和大陆架制度还未形成，因此《斯约》也不可能规定该类海域，现在挪威提出依据现代国际法特别是《联合国海洋法公约》而享有斯瓦尔巴德的专属海域即“渔业保护区”，这涉及《斯约》与《联合国海洋法公约》适用的竞合问题和解释问题。

1969年《维也纳条约法公约》第30条规定：

第30条　关于同一事项先后所订条约之适用

一、以不违反联合国宪章第103条为限，就同一事项先后所订条约当事国之权利与义务应依下列各项确定之。

二、遇条约订明须不违反先订或后订条约或不得视为与先订或后订条约不合时，该先订或后订条约之规定应居优先。

三、遇先订条约全体当事国亦为后订条约当事国但不依第59条终止或停止施行先订条约时，先订条约仅于其规定与后订条约规定相合之范围内适用之。

---

① R.E. File. Svalbard and the Surrounding Maritime Areas[EB/OL]. http://www.regjeringen.no/en/dep/ud/selected-topics/civil-rights/spesiell-folkerett/folkerettslige-sporsmal-i-tilknytning-ti.html?id=537481,2015-06-11.

四、遇后订条约之当事国不包括先订条约之全体当事国时：

（甲）在同为两条约之当事国间，适用第三项之同一规则；

（乙）在为两条约之当事国与仅为其中一条约之当事国间彼此之权利与义务依两国均为当事国之条约定之。

五、第四项不妨碍第41条或依第60条终止或停止施行条约之任何问题，或一国因缔结或适用一条约而其规定与该国依另一条约对另一国之义务不合所生之任何责任问题。

《斯约》与《联合国海洋法公约》在这里即是前法与后法的关系，依据《维也纳条约法公约》第30条第3款的规定，当《斯约》的全体缔约国也是《联合国海洋法公约》的缔约国时，《斯约》并不废止或中止使用，而是继续适用《斯约》与《联合国海洋法公约》相符的内容。另外，《联合国海洋法公约》第311条第2款规定："本公约应不改变各缔约国根据与本公约相符合的其他条约而产生的权利和义务，但以不影响其他缔约国根据本公约享有其权利或履行其义务为限。"

因此，依据上述解释，《斯约》与《联合国海洋法公约》在适用时，《斯约》不与《联合国海洋法公约》冲突的内容还应该继续适用，但是这一原则只适用于相同的缔约国之间。此外，如果将《斯约》视为特别法的话，适用特别法优先原则，则与《联合国海洋法公约》相比，《斯约》也优先适用。

显然，挪威对于《斯约》的解释在这里是一种严格解释，即充分意识到广阔而全面的规则中也含有大量例外，从而严格限定解释的范围。

《维也纳条约法公约》第31～33条规定了条约解释的一般

原则和规则。一般认为,该解释规则已经构成习惯法规则,第31条第1款规定:“条约应依其用语按其上下文并参照条约之目的及宗旨所具有之通常意义,善意解释之。”

依据上述条款,条约在解释的时候应考虑三个因素,分别是条约的通常意义、条约的文本和条约的目的及宗旨。挪威在解释《斯约》的时候,却忽略了后两个因素,如果说《维也纳条约法公约》不能溯及适用于《斯约》,但是如前所述,经过国际社会实践特别是国际法院的裁决,《维也纳条约法公约》关于条约的解释规则已经演变成国际习惯法①。

对于挪威的这一立场,曾经有过支持的《斯约》缔约国只有加拿大和芬兰。

1995年,加拿大和挪威签订一个双边渔业协定,在其序言中,规定:“挪威有权行使依据联合国海洋法会议赋予沿海国的专属的主权权利和管辖权……在(斯瓦尔巴德)群岛的渔业保护区和大陆架,1920年2月的《斯匹次卑尔根群岛条约》不适用于上述区域。”②但是该协定至今尚未生效和批准,加拿大是否继续认可这一立场还存在疑问。芬兰在1976年给予挪威这一立场的支持,但是2005年好像又收回这一支持③。

---

① Robin Churchill & Geir Ulfstein. The Disputed Maritime Zones around Svalbard[A]. // Changes in the Arctic Environment and the Law of the Sea, Panel Ⅸ[M]. Leiden/Boston: Martinus Nijhoff Publishers, 2010, 567.

② Agreement between the Government of Norway and the Government of Canada on Fisheries Conservation and Enforcement, 1995.

③ Robin Churchill & Geir Ulfstein. The Disputed Maritime Zones around Svalbard[A]. // Changes in the Arctic Environment and the Law of the Sea, Panel Ⅸ[M]. Leiden/Boston: Martinus Nijhoff Publishers, 2010,565.

实践中，挪威就如其他正常的沿海国一样，在“渔业保护区”通过规定保护和管理措施并加以执行以规范该海域的渔业活动，这些措施包括登临、检查和逮捕外国船舶。

自1994年起，除挪威和俄罗斯两个沿岸国外，第三国基于传统的捕鱼活动若要在“渔业保护区”捕捞鳕鱼时需得到相应的配额，这意味着只有欧盟成员国的船舶和法罗群岛的船舶才能得到配额，配额管理制度也适用于鲱鱼捕捞。另外关于虾捕涉及船舶的最大可捕捞量和捕捞时间。鳕鱼捕捞配额管理制度导致挪威与冰岛渔民的冲突，因为后者没有分配到配额。在1996年挪威最高法院关于冰岛渔民在“渔业保护区”的捕鱼活动的裁决中，法院并没有考虑到《斯约》的地理适用范围。法院裁定，拒绝冰岛人捕鱼并不违反非歧视原则，因为捕捞配额是基于传统捕鱼活动是正当的。基于传统捕鱼活动分配配额的原因是避免因基于国籍而产生的间接歧视①。

另外“渔业保护区”的报告制度也引发冲突。在2006年前，挪威最高法院涉及西班牙在“渔业保护区”捕鱼的一个案件中，西班牙渔民认为俄罗斯渔船没有依据法规报告，这违反了《斯约》的非歧视性原则。然而法院裁定，对俄罗斯渔船通过报告而对其捕捞活动进行管控与其他国家在该海域捕捞报告相比是不重要的，因为俄罗斯的配额涉及鱼类整个迁徙的区域，而不是仅指“渔业保护区”，俄罗斯向挪威提交每个月的捕捞报告。挪威政府试图通过外交途径劝说俄罗斯履行报告要求，但是法院认为这虽然没有成功，但不能视为是对非歧视要

---

① Robin Churchill & Geir Ulfstein. The Disputed Maritime Zones around Svalbard[A]. // Changes in the Arctic Environment and the Law of the Sea, Panel Ⅸ[M]. Leiden/Boston: Martinus Nijhoff Publishers, 2010,586.

求的违反①。

2. 相反的立场：挪威不享有“渔业保护区”的主权权利和管辖权

相反的观点认为挪威对斯瓦尔巴德的主权应该严格依据《斯约》的规定解释，而《斯约》并没有赋予挪威建立“渔业保护区”的权利。

部分《斯约》的缔约国反对挪威的这一立场，这些国家中，西班牙仅仅反对挪威在“渔业保护区”的执行政策，而不反对挪威享有权利建立这么一个“渔业保护区”，欧盟委员会也持类似的立场。俄罗斯则认为挪威对斯瓦尔巴德的主权已经被《斯约》确定了地理范围，《斯约》并没有授权挪威主张斯瓦尔巴德的200海里渔区或大陆架。实践中，俄罗斯的渔船“琥珀号”(Elektron)曾将两名挪威的检查员滞留在船舶上，摆脱挪威海岸警卫队驶回到俄罗斯的领海。

若将《斯约》视为一个特别法，则挪威就无权单方建立斯瓦尔巴德的“渔业保护区”或主张大陆架，只有在其他缔约国的同意与合作下，挪威才可以建立“渔业保护区”或大陆架。

其他国家反对挪威建立“渔业保护区”行使主权权利和管辖权的理由来自《斯约》的具体条款解释。《斯约》仅提及陆地领土、领水和水域、峡湾和港口②。《斯约》规定在上述区域可以建立相关海域，例如领海、内水等，但是挪威无权在领海之外的海域建立相关区域，因为在那个时候《斯约》已经签署，斯瓦尔巴德

---

① Robin Churchill & Geir Ulfstein. The Disputed Maritime Zones around Svalbard[A]. // Changes in the Arctic Environment and the Law of the Sea, Panel Ⅸ[M]. Leiden/Boston: Martinus Nijhoff Publishers, 2010,587.

② Svalbard Treaty, Article 2 & Article3.

领海之外的水域被视为公海。

依据对条约的“善意解释”规则，挪威对斯瓦尔巴德享有主权是对原先作为无主地的斯瓦尔巴德，其他缔约国也享有同样权利的一种限制。所以解释挪威对斯瓦尔巴德的主权必须严格解释，其他缔约国也应该享有一种非歧视性的权利，因为挪威的主权来自条约而非习惯法，其主权是受到限制的①。

这种观点是基于挪威对斯瓦尔巴德主权取得的事实不同于传统国际法上领土主权的取得方式，特别是先占取得这种方法。挪威的主权取得是通过国际条约缔约国的集体决定，由其他缔约国予以承认的。

3. 中间的立场：挪威享有“渔业保护区”管辖权和《斯约》的同时适用

目前这种观点占据优势，即承认挪威对斯瓦尔巴德的完全主权以及周边海域的管辖权，同时《斯约》特别是其中的非歧视性的权利也适用于上述海域。

英国、丹麦和荷兰支持这种观点②。其他国家，特别是美国、法国和德国，已经声称依据《斯约》保留领海之外的任何权利③。

沿海国主张领海之外的海域权利之能力是来自其对本国领土享有的主权，挪威可以主张斯瓦尔巴德的周边海域的主权权

① T. Pedersen. The Svalbard's Continental Shelf Controversy: Legal Disputes and Political Rivalries [J]. Ocean Development & International Law, 2006(37): 345.

② United Kingdom, Note No. 11/06 to Norway, 17 March 2006; United States, Note No. 20 to Norway, 20 November 1974; Netherlands, Note No. 2238 to Norway, 3 August 1977; Denmark: Avtale mellom Norgeog GrØnland/Danmark om gjensidige fi skeriforbindelser (adopted 9 June 1992, entered into force 4 March 1994), in: Overenskomster med fremmede stater 1994, 1500.

③ T. Pedersen. Conflict and Order in Svalbard Waters, April 2008, 15.

利，因为《斯约》并没有任何限制挪威行使主张权利的规定，《斯约》只是提及领海而已。依据国际海洋法，不管挪威在斯瓦尔巴德的主权受到任何限制，挪威依然是一个正常的沿海国。《斯约》以及国际海洋法没有任何规定限制挪威主张国际社会已经普遍承认的像专属经济区一样的海域，因而，挪威当然有权主张斯瓦尔巴德的“渔业保护区”。

1920 年签署《斯约》的时候，缔约国无法预见海洋法发展到沿海国可以主张 200 海里宽的专属经济区，以及产生大陆架制度，所以《斯约》也不会对这些新制度有任何提及，在达成条约的时候，缔约国都认为领海之外是公海，其向所有国家开放，《斯约》不会对公海作任何限制。但是，这并不意味着斯瓦尔巴德领海之外的海域永远是公海，如果《斯约》的起草者预见到该海域的性质将有变化，则肯定会建立一个全面的制度以解决将出现的问题。从这方面考虑，《斯约》应根据它的目的和宗旨进行灵活地解释，《斯约》作为“一篮子交易”，挪威被赋予主权，但同时其他缔约国通过非歧视性的权利规定还保留着一定的“无主地”的权利。在当时，非歧视性的权利适用于所有已知区域，包括陆地和海洋。因而在陆地和海洋之间就有法律联系，所以挪威的主权权利以及其他缔约国的非歧视性的权利都应适用于“渔业保护区”①。

国际司法的一些裁判也支持这一立场，即《斯约》可以解释为适用于斯瓦尔巴德的“渔业保护区”和大陆架。例如，1978 年国际法院在“爱琴海大陆架案”判决中指出 1928 年的一个管辖权宣言也适用于大陆架；2003 年国际法院在“石油平台案”没有区分 1955 年生效条约中的陆地领土、领海、大陆架和专属经济

① G. Ulfstein, Spitsbergen/Svalbard, Max Planck Encyclopedia of Public International Law, www.mpepil.com, Para. 52.

区，适用于“两个缔约国的领土”。

如果认为《斯约》适用范围可以扩展到领海之外的“渔业保护区”，也意味着挪威制定的相关法规符合《斯约》第2条所规定的挪威可行使“自由地维护、采取或颁布适当措施”的权利。

（三）斯瓦尔巴德的大陆架问题

挪威认为斯瓦尔巴德没有独立的大陆架，斯瓦尔巴德并不符合《联合国海洋法公约》所规定的岛屿条件，因此斯瓦尔巴德的大陆架只是挪威大陆的大陆架向北延伸至斯瓦尔巴德地区①。因此，挪威并没有主张斯瓦尔巴德领海之外大陆架的专属权利。有的国家或学者却认为，斯瓦尔巴德有自身的大陆架。

挪威关于此问题的立场似乎有所变化，但这种变化反映在与挪威外交部有着密切联系的两个人的观点，一个是卡尔·奥古斯特·弗莱舍（Carl August Fleischer）教授（挪威外交部的特别顾问），另一个是罗尔夫·艾纳·法夫（Rolf Einar Fife）先生（时任外交部法律事务部的负责人）②。他们论文中的观点是：像陆地区域一样，斯瓦尔巴德拥有自己独立的大陆架。从地质学角度而言，斯瓦尔巴德的大陆架是挪威大陆架延伸的一部分，而斯瓦尔巴德是挪威的一部分，所以斯瓦尔巴德的大陆架也是挪威大陆架的一部分。

该观点表述的意思是：从法律角度讲斯瓦尔巴德拥有独立

---

① The Norwegian Ministry of Foreign Affairs，Letter to the Norwegian Ministry of Industry（12834/I 64）25 May 1964. See D. H. Anderson，The Status Under International Law of the Maritime Areas Around Svalbard，in：ODIL 40（2009），（373）377.

② Robin Churchill & Geir Ulfstein. The Disputed Maritime Zones around Svalbard[A]. // Changes in the Arctic Environment and the Law of the Sea，Panel Ⅸ [M]. Leiden/Boston：Martinus Nijhoff Publishers，2010，566.

的大陆架，但该大陆架是挪威大陆架的一部分。表面上看，好像没有改变之前的立场，但是挪威以此主张斯瓦尔巴德大陆架的专属管辖权，并且否定《斯约》在该大陆架的适用权。

挪威的实践也表明，挪威正在改变斯瓦尔巴德没有自身大陆架的立场。

2006 年 11 月 27 日，挪威向大陆架界限委员会提交关于北冰洋、巴伦支海和挪威海 200 海里外大陆架部分划界案，其中包括斯瓦尔巴德群岛的外大陆架。针对挪威的提案，只有四个国家即西班牙、丹麦、俄罗斯和冰岛向委员会提交照会。西班牙表示不反对审议挪威提出的划界案，但其作为《斯约》的缔约国，保留在斯瓦尔巴德群岛大陆架，包括延伸海域矿产资源的开发权利。其他三个国家也表示不反对委员会的审议①。这意味着没有国家反对挪威在斯瓦尔巴德主张外大陆架的行为，反对国家的缺失也意味着挪威主张斯瓦尔巴德的大陆架得到其他国家的认可。

2009 年 3 月 27 日，大陆架界限委员会在审议后提出建议案，审议程序加剧了斯瓦尔巴德是否拥有专属经济区和大陆架的争议。审议程序支持挪威有权在群岛包括斯瓦尔巴德群岛设立包括“渔业保护区”的海洋区域，并可行使沿海国的管辖权。

此外，2006 年挪威和丹麦达成海上划界协定，就斯瓦尔巴德和格陵兰之间的渔区和大陆架在等距离线的原则上完成划界②。

---

①　贾宇. 极地周边国家海洋划界图文辑要[M]. 北京：社会科学文献出版社，2014：25 - 26.

②　Agreement between the Government of the Kingdom of Norway on the one hand, and the Government of the Kingdom of Denmark together with the Home Rule Government of Greenland on the other hand, concerning the delimitation of the continental shelf and the fisheries zones in the area between Greenland and Svalbard (signed 20 February 2006, entered into force 2 June 2006), deposited with the Secretary-General of the UN, 7 July 2006, Reg. No. I - 42887.

2010年9月15日，俄罗斯和挪威达成《关于巴伦支海和北冰洋海洋划界与合作条约》，双方在斯瓦尔巴德群岛和法兰士约瑟夫地群岛之间划定海上边界。

就大陆架界限委员会的审议，以及挪威与丹麦、俄罗斯划定海上边界的实践而言，可以视为挪威对斯瓦尔巴德大陆架的主张已经得到其他国家的接受。但是，无论是大陆架界限委员会，还是挪威与邻国的海上划界协定都没有解决《斯约》是否适用于斯瓦尔巴德大陆架的问题。

从法理上分析，斯瓦尔巴德大陆架的法律问题与上述的"渔业保护区"讨论的一样，存在三种观点，即挪威享有斯瓦尔巴德大陆架的主权权利和管辖权、不享有上述权利和《斯约》适用于斯瓦尔巴德大陆架，这方面的争论也将持续下去。

图5-2中斯瓦尔巴德群岛海域左侧线是挪威与丹麦（格陵兰）达成的海上边界，右侧线是挪威与俄罗斯达成的海上边界，方框即是《斯约》所规定的斯瓦尔巴德方框，斯瓦尔巴德群岛北边的小块区域是挪威主张的斯瓦尔巴群岛的外大陆架。

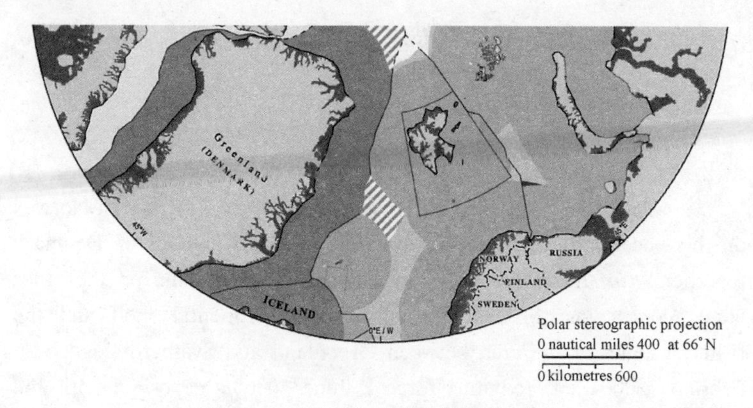

图5-2　斯瓦尔巴德海域界限示意

二、斯瓦尔巴德的科学研究制度

《斯瓦尔巴德条约》只有第5条涉及科学研究的规定[①]：

> 缔约国认识到在第一条所指的地域设立一个国际气象站的益处，其组织方式应由此后缔结的一项公约规定之。
>
> 还应缔结公约，规定在第一条所指的地域可以开展科学调查活动的条件。

依据第5条第2款的规定，国际社会应缔约公约规范在《斯约》第1条所指地区的科学研究活动，不过《斯约》没有明确规定缔约国（国民）享有在斯瓦尔巴德进行科学研究的权利。迄今为止，国际社会并未制定这样一部公约，但不能因为没有缔结公约而否定缔约国的科考权利。这一规定并没有非歧视性或平等的相关内容，因而从法理上讲，挪威似乎有权对缔约国的科考行为采取不平等的措施，但在实践中，挪威以平等原则来处理缔约国的科考行为。

问题是，在缺乏公约的情况下，挪威可否有权利单方面制定国内法规规范斯瓦尔巴德的科学研究活动？

如前文所述，挪威虽然对斯瓦尔巴德享有“充分和完全的主权”，但前提是缔约国根据《斯约》的规定之下才予以承认挪威的主权，换言之，挪威对斯瓦尔巴德的主权来自《斯约》的赋予和规定。

---

① Svalbard Treaty, Article 5: The High Contracting Parties recognize the utility of establishing an international meteorological station in the territories specifies in Article 1, the organization of which shall form the subject of a subsequent Convention. Conventions shall also be concluded laying down the conditions under which scientific investigations may be conducted in the said territories.

同时,《斯约》的一些条款也明确规定挪威可以制定相应法规,例如"挪威应自由地维护、采取或颁布适当措施,以便确保保护并于必要时重新恢复该地域及其领水内的动植物"①,"挪威保证为第一条所指的地域制定采矿条例"等②。

从国际法角度考虑,挪威"充分和完全的主权"也意味挪威有权在本国领土制定法规,1925年挪威制定的《斯瓦尔巴德法令》中也进一步规定挪威享有针对斯瓦尔巴德制定法规的权利。

因此从理论上而言,针对斯瓦尔巴德,应当同时适用《斯约》和挪威制定的国内法规。实践中,挪威制定的国内法规也在斯瓦尔巴德实施,但是部分法规引发挪威与缔约国之间的冲突,如前文提及的关于"渔业保护区"的法令与实施问题。

针对斯瓦尔巴德的科学研究问题,虽然目前尚无国际公约对其规范,但挪威国内通过的一些法规和规章已经对其进行规范管理。

根据挪威司法部的观点,之所以未制定规范斯瓦尔巴德科学研究公约的原因是在斯瓦尔巴德的国际研究数量相对有限,还不足以让国际社会讨论制定公约的问题。在20世纪80年代,随着在斯瓦尔巴德进行科学研究感兴趣的人日益增长,这个问题曾经非正式讨论过③。

虽然目前没有公约规范斯瓦尔巴德的科学研究,但并不意味着这里的科学研究存在法律真空。《斯约》的三项基本原则,即平等原则、主权原则和非军事化原则都会影响到在斯瓦尔巴

① Svalbard Treaty, Article 2, paragraph 2.

② Svalbard Treaty, Article 8.

③ Jacek Machowshi. Scientific activities on Spitsbergen in the light of the international legal status of the archipelago[J]. Polish Polar Research. 2008(16): 13-35.

德的科学研究[①]。

从科学研究的区域界定，斯瓦尔巴德的科学研究可以分为陆域科研和海域科研，下面结合挪威的国内法规定和《联合国海洋法公约》科学研究制度对这一问题进一步分析。

（一）斯瓦尔巴德陆域的科学研究

挪威目前对于斯瓦尔巴德陆地区域进行的大部分田野调查或实地研究（field research）活动，规定无论是挪威人还是外国人，均需提前取得斯瓦尔巴德总督（governor of svalbard）的批准。

2012年9月6日，斯瓦尔巴德总督颁布《斯瓦尔巴德科学家指南》，要求：任何人计划在斯瓦尔巴德进行研究，必须熟悉所有适用的规章，原则上绝大多数的实地研究必须取得总督的许可[②]。在适用时，指南中规定不明确的，需要与斯瓦尔巴德当局联系以获得更多的信息。

自2015年1月1日起，总督要求所有在斯瓦尔巴德的研究申请和研究报告，均应通过"斯瓦尔巴德研究数据库应用程序模块"（RIS）进行操作[③]。

根据上述要求，很多实地研究活动需要总督的许可，每一个研究者有责任确保在实地研究之前必须取得所有的许可，这个申请过程需要一个月的时间。

研究申请者必须通过斯瓦尔巴德研究数据库应用程序模块

---

① 卢芳华.斯瓦尔巴德群岛的科考制度研究[A].//贾宇.极地法律问题研究[M].北京：社会科学文献出版社，2014：45-46.

② 斯瓦尔巴德网站：http：//www.sysselmannen.no/en/Scientists/Guide-for-scientists-on-Svalbard/.2015-09-16.

③ 斯瓦尔巴德网站：http：//www.sysselmannen.no/en/Scientists/Fieldwork-researchers/.2015-09-16.

输入研究计划，这是强制性的要求，同时需要输入的信息还有计划研究的位置，如果需要在多处位置研究，必须输入所有的位置，因为不同的位置有不同的管理规则。如果计划在国家公园或自然保护区进行研究，必须遵守这些区域的有效法规，而且这些区域的植物和化石不能移动，科学研究只能在与保护目的相符时才可进行。

出于安全因素考虑，研究申请者必须登记研究计划中的所有参与人员，同时需登记实地研究的时间。

若研究有露营活动，需遵守《斯瓦尔巴德露营活动规章》的第6条至第9条。第6条要求“只要可能，帐篷和装备应当设置在远离植被的地面上”；第7条规定：“露营不得在明显可见或已知的文化遗产区向四周延伸的100米安全区之内”；第8条规定：“所有用于建造帐篷的石头、木桩和其他物体应当清除并放回它们以前的位置”；第9条规定：“不得在植被覆盖地或土壤覆盖地点火，营火残余应当移除并清理所在地。”

实地研究的交通也可能需要得到许可。所有直升机着陆均需要取得许可，无论在海冰之上还是船舶之上，着陆飞机上所有的乘客包括申请者应当在申请书中列明。如果使用其他直升机公司，则需要取得挪威民航局的批准。另外还有使用雪上汽车以及船舶交通工具的规定。

实地研究活动需遵守严格的不得干扰动物，以及处理和制作动物样本的规章。禁止移动在实地发现的死亡动物，这一规定也适用于动物的肢体部分（例如骨头、牙齿等），除自然脱落的驯鹿鹿角之外。若有异常的发现，应当通知总督。所有类型的干扰都是禁止的，任何对动物计划的干扰活动必须得到总督的批准，处理和制作动物样本应得到挪威动物研究局的同意。

通常不得损害或移动整个斯瓦尔巴德的植物。但是在保护区之外，对于用于研究和教育为目的之收集植物活动，如果没有显著影响到地方种群的时候可给予许可。另外在露营的时候也有相关的限制。所有可能会显著影响到地方种群的植物收集活动均需要总督的批准。若涉及植物体从斯瓦尔巴德运送至挪威，斯瓦尔巴德的原生植物不需要许可。若需运送到其他国家则需联系相关的海关当局。

收集(保护区之外)散落的石头和化石不需要批准，但是需查阅保护区的法规。对于其他所有的地质研究活动需取得总督的批准。地质研究如果需要改造(例如使用铁锤或钻机移动石头)，则需取得总督的批准。

斯瓦尔巴德文化遗产的保护法规非常严格。任何早于1946年的东西自动被视为保护对象，包括人类活动的遗迹例如房屋、建筑物和其他人造项目。任何人类的坟墓遗迹不管时间长短均应保护。

另外一些采集样本的活动也需得到批准，从冰川或土壤样本中提取冰芯，提取水样(无论淡水或咸水)或雪样不需要批准。

如果需要建造设施，需联系相关几个部门，具体取决于建造位置。但是，不管建造设施的尺寸大小，均需要取得批准。在申请书将计划建造设施的地理位置报告给总督，另外，如果在斯瓦尔巴德四个最大的定居点建造设施，还需要取得该定居点当局的批准。

如果需要在斯瓦尔巴德的任何地点建造任何油库(如简便油桶)，必须取得总督的批准。

为确保安全，建议研究者需学会使用枪支和烟火，参加安全课程的学习，学会安全地使用枪支，知道如何防止和应对突发情况，个人旅行者必须购买充足的保险或有同等的担保。

另外，依据《斯瓦尔巴德环境保护法》第5条，任何在斯瓦尔巴德居住或经营事业的人应当充分考虑和谨慎活动以免不必要地损害或干扰自然环境或文化遗产。

最后,当实地研究结束之后,应当提交研究报告,一般在每年的11月1日[①]。

依据2012年9月6日总督颁布的《实地研究报告范本》要求,实地研究报告不得超过2页,研究报告应当包括以下内容[②]。

1. 标题:包括科研项目名称、实地研究时间、大学或机构、RIS-ID和批准编号;

2. 简介:实地研究项目及其目的简短介绍;

3. 实现:介绍活动或实现情况;项目是否依照批准完成,或有偏离;废物如何处置;移除研究或实地装备和油库的证明;报告遗留的所有装备的GPS位置;简短报告营地北极熊的安全情况。如果遇到北极熊,需提交相关报告;应当记录所有的飞行和着陆,所有的着陆必须报告位置、时间和持续期间;

4. 调查结果:需要提交调查结果的简要说明,特别是有相关的管理时。

对于挪威制定的一系列法律规章,有学者认为其限制了缔约国的科学研究活动,这些规定在一定程度上缩小了科学研究活动的范围和内容。对此,挪威认为,《斯约》赋予缔约国平等的科考权,挪威颁布的法规均平等适用于各缔约国,并没有违反

① Guide for scientists on Svalbard.

② Template for research reports after fieldwork. 参见 http://www.sysselmannen.no/en/Scientists/Fieldwork-researchers/Research-reports-/.2015-10-18.

《斯约》①。

（二）斯瓦尔巴德海域的科学研究

这里所指斯瓦尔巴德的海域是其领海、“渔业保护区”和大陆架。

前文已述，对于《斯约》的适用范围而言，《斯约》适用于斯瓦尔巴德群岛的内水和领海没有争议，而《斯约》能否适用于领海之外的“渔业保护区”和大陆架，目前存在不同的立场。

首先，对于斯瓦尔巴德群岛领海之外是否有专属经济区和大陆架存在两种对立的观点：一是认为依据现代国际海洋法，应当拥有，这也是挪威的观点；二是认为依据《斯约》的规定解释，斯瓦尔巴德群岛领海之外应当是公海。

其次，在认可斯瓦尔巴德群岛拥有专属经济区和大陆架的情况下，又存在两种不同的观点：一是挪威认为挪威应当依据现代国际海洋法的规定拥有相应的主权权利和管辖权；二是认为《斯约》规定的缔约国非歧视性的权利应适用于该“渔业保护区”和大陆架，挪威不能拥有主权权利和管辖权。

上述不同观点的详细法理解释可参考前文部分。但是，这个问题的不确定性也影响到其他国家在斯瓦尔巴德海域的海洋科学研究活动。

从挪威的实践来看，挪威认为国际社会已经认可斯瓦尔巴德群岛拥有《联合国海洋法公约》所规定的相关海域，包括专属经济区以及大陆架。

问题是：即使斯瓦尔巴德群岛拥有上述海域，是否也意味着挪威拥有上述海域《联合国海洋法公约》所规定的沿海国权

① 卢芳华.斯瓦尔巴德群岛的科考制度研究[A].//贾宇.极地法律问题研究[M].北京.社会科学文献出版社，2014：51.

利？包括规范海洋科学研究的权利。

除上述不同的观点外，还有一种立场叫保持沉默。实践中，有的缔约国出于各种原因的考虑，对上述争议并不表明立场，而是选择中立，不支持也不反对挪威与其他缔约国的立场和观点。

1. 斯瓦尔巴德群岛领海的海洋科学研究

《斯约》适用的地理范围包括斯瓦尔巴德的内水和领海，虽然《斯约》并未明文规定缔约国（国民）的科学研究权利，但是《斯约》第3条规定“缔约国国民，不论出于什么原因或目的，均应享有平等自由进出第一条所指地域的水域、峡湾和港口的权利”。“自由进出”的目的虽然《斯约》规定是“从事一切海洋、工业、矿业和商业活动”，可以将上述活动理解为包括科学研究的活动，这其中的原因可以从两个方面分析：

一是在《斯约》缔约之前，相关国家的国民已经在斯瓦尔巴德展开探险、科学研究等活动，这与商业活动同时进行的科研活动也是历史上形成的权利，《斯约》之所以赋予挪威对斯瓦尔巴德的主权，是以承认相关国家在斯瓦尔巴德的权利为前提的，《斯约》缔约之后，则意味着所有的缔约国也具有相关的权利，包括历史上形成的科学研究权利。

二是缔约国国民从事一切的海洋、工业、矿业和商业活动也与科学研究活动密不可分。特别是矿业活动，必然涉及对相关资源的科学调查与研究，若无此前提也难以谈及矿业开发的活动。一切的海洋活动也包括海洋的科学研究活动，如海道情况、海水流量、海洋水质等海洋科学研究活动。

综合上述两个原因，可以认为缔约国对斯瓦尔巴德群岛的领海以及内水的海洋科学研究活动之权利，《斯约》虽然无明文规定，但缔约国（国民）拥有科学研究的权利。

依据挪威《关于外国在挪威内水、领海和经济区以及大陆架上进行海洋科学研究的规章》的规定[①]，其适用于“挪威内水、领海和经济区，以及大陆架上的外国海洋科学研究”活动，“在挪威内水、领海和经济区，以及大陆架上的外国海洋科学研究未经渔业局同意，不得实施”[②]。因此，如果外国在斯瓦尔巴德群岛的内水和领海进行海洋科学研究，需提前取得挪威渔业局的同意。

2. 斯瓦尔巴德群岛“渔业保护区”和大陆架的海洋科学研究

斯瓦尔巴德的“渔业保护区”以及大陆架的争议可参看前文。

挪威坚持拥有“渔业保护区”的专属权利的立场，并且《斯约》不适用于该“渔业保护区”。如果依据挪威的立场与观点，则“渔业保护区”的海洋科学研究应当适用《联合国海洋法公约》规定的相关制度。

依据《公约》第56条规定，沿海国享有对其专属经济区的海洋科学研究管辖权。《公约》第246条详细地规定了外国计划在沿海国专属经济区和大陆架进行海洋科学研究的条件与程序。

总而言之，沿海国的专属经济区内或大陆架上进行的所有海洋科学研究，必须取得沿海国的同意，《公约》规定的具体内容与分析请参看本书第三章的内容。

挪威虽然对斯瓦尔巴德建立了“渔业保护区”，而回避了“专属经济区”这样的术语以防引起更剧烈的冲突，但实践中挪威对“渔业保护区”实质主张的是专属经济区的主权权利和管辖权，目前的管辖活动主要是渔业捕捞的配额分配与报告制度。对于

---

① 《关于外国在挪威内水、领海和经济区以及大陆架上进行海洋科学研究的规章》译本请参看附录部分。

② 《关于外国在挪威内水、领海和经济区以及大陆架上进行海洋科学研究的规章》第6条。

该海域的海洋科学研究问题,缔约国与挪威的观点自然不同,但是挪威国内目前并未具体的法律规章对其予以规范,《关于外国在挪威内水、领海和经济区以及大陆架上进行海洋科学研究的规章》的适用范围包括挪威的内水、领海和经济区,但是并不包括斯瓦尔巴德的"渔业保护区",因此可以预测,关于这一海域的海洋科学研究问题还将持续产生争议。

关于在斯瓦尔巴德大陆架的海洋科学研究制度,从法理分析,这个情况更加复杂,因为挪威建立的200海里的"渔业保护区"制度如视为专属经济区性质的话,则可直接适用专属经济区的海洋科学研究制度。如果目前该海域还存在争议的话,挪威的立场是斯瓦尔巴德的大陆架是挪威大陆的大陆架向北延伸的部分,所以可以适用上述《关于外国在挪威内水、领海和经济区以及大陆架上进行海洋科学研究的规章》。但是,挪威又主张并且大陆架界限委员会也提出了斯瓦尔巴德外大陆架的建议案,则这部分外大陆架部分应当适用《联合国海洋法公约》中关于外大陆架的海洋科学研究制度。

总之,目前斯瓦尔巴德的"渔业保护区"和大陆架的海洋科学研究问题还处于相对平静的时期,并未爆发激烈的冲突,但可以预期的是,这个问题如果不能妥善的解决,冲突迟早将会爆发,而这一问题的解决又与《斯约》的适用解释密不可分,《斯约》面临的问题不解决的话,这一问题也将难以解决。

对于这一问题,有学者提出了可能解决的方案:如挪威接受《斯约》可以适用于专属经济区和大陆架;其他缔约国接受《斯约》不能适用于专属经济区和大陆架;重新召开斯瓦尔巴德会议修改《斯约》;通过国际争端解决机制如国际法院、国际仲裁解决上述问题;通过协商达成对《斯约》一致的解释。

但不论运用哪一种方案,目前而言都面临重重障碍,短期内很难看到解决这一问题的希望，因而在实践中还需要通过外交方式解决引发的冲突。

对于中国而言，自 1999 年我国成功实施首次北极科学考察之后，国家海洋局根据我国参与北极事务的需要和科学家的建议，构思建立北极科学考察站，并支持和资助了一批科学家前往北极地区开展国际合作研究，为建立北极科学考察站做了初步准备。

2001 年，我国极地考察"十五"期间能力建设总体方案中正式提出建立北极科学考察站的构想。2002 年 9 月，国家海洋局在征求有关科学家意见的基础上，会同国务院有关部门对北极地区斯匹次卑尔根群岛进行专题考察，并组织编写了《中国北极科学考察站建设总体方案》。

2003 年，该方案在征求国家有关部门同意后，由国家海洋局经由国土资源部上报国务院，正式请示申请建立中国北极科学考察站并得到国务院正式批准。2004 年 7 月 28 日，我国在斯瓦尔巴德群岛的新奥尔松建立的第一个科学考察站黄河站正式落成并投入运行①。

第二节　北极海域的科学研究制度

与陆域相比，北极地区的海域占据优势，北冰洋占北极地区总面积的 60%以上，其绝大部分都在北极圈以北。

北极海域的海洋科学研究适用《联合国海洋法公约》的海洋科学研究法律制度，同时依据《公约》的规定，沿海国也享有制定国内法律和规章对管辖海域的海洋科学研究进行规范，因此，北

① 北极问题编写组.北极问题研究[M].北京：海洋出版社，2011：355.

极海域的海洋科学研究制度包括两部分：一是《公约》的海洋科学研究制度；二是北冰洋沿岸国制定的国内法规。

对于《公约》制定的海洋科学研究制度，特别涉及北冰洋公海与“区域”的海洋科学研究制度，因为不受沿海国的国内法规范，所以需要遵守《公约》的相关规定，这部分内容请参看本书第三章的内容，此处不再赘述。

另外，北冰洋沿海国主张北冰洋的外大陆架，对外大陆架的海洋科学研究也应当适用《公约》的相关规定①。

本节主要研究北冰洋沿岸国制定的规范管辖海域海洋科学研究的法律和规章，以分国别的形式展开论述。

一、美国海洋科学研究的法规与政策

（一）美国加入《联合国海洋法公约》的问题

《联合国海洋法公约》制定了“海洋科学研究”的基本法律制度，目前已经成为规范各国申请或批准海洋科学研究的基本制度。迄今为止，虽然美国不是《公约》的成员国，但美国认为《公约》是国际习惯法和国际社会实践的反映且愿意遵守，对于《公约》规定的海洋科学研究部分，尽管在实践和解释上还存在一些争议，美国也表示愿意遵守，因而此处有必要先考察一下美国近期对《公约》的立场和态度。

虽然美国在《公约》谈判的形成和发展中起到重要作用，但1981年上台的里根政府对尚是草案的《公约》进行审查，结果认为美国不能接受这个草案，并且在1982年4月对《公约》投了反对票，成为仅仅投反对票的四个国家之一②。

---

① Ted L. Mcdoman. The Continental Shelf Beyond 200 nm: Law and Politics in the Arctic Ocean [J]. Journal of Transnational Law & Policy, 2009(18): 159.

② 另外三个国家是土耳其、委内瑞拉和以色列。

由于美国、德国和英国等工业国家对1982年通过的《公约》中的海底采矿制度不满意，这些国家迟迟不批准《公约》，影响到其他一些国家的态度，导致《公约》一直不能生效。为此，联合国大会于1994年通过第48/263号决议《关于执行1982年12月10日联合国海洋法公约第十一部分的协定》，删除了《公约》第十一部分中关于强制性技术转让的要求和企业部活动的补贴等内容，基本满足了美国等的要求。

有学者经过总结，认为美国参议院保守派反对加入《公约》的原因主要有以下几点：一是《公约》第十一部分的“区域”条款赋予国际海底管理局对占据地球海洋面积70%的地方所有活动的管辖权；二是1994年《执行协定》并没有真正修改第十一部分核心的问题；三是遵守《公约》会损害美国的海洋情报活动和防扩散安全倡议（PSI）；四是《公约》绝大多数条款是国际习惯法的反映，因此不需要《公约》来保护美国的海洋利益；五是《公约》的强制争端解决条款将会把美国带入不符合美国要求的国际裁决管辖中；六是《公约》赋予国际海底管辖权征税的权力①。

在1994年之后，美国的几任政府，包括民主党的克林顿政府、共和党的小布什政府和奥巴马政府都支持美国加入《公约》，但都遭到参议院保守派的成功反对。持多边主义立场的参议员们认为，加入海洋法公约等多边体系更有利于维护美国的经济和安全利益，而主张美国主权至上的保守派参议员则认为，这只会使国际管辖权高于美国的利益，使美国承担不必要的义务，损及美国的主权。

---

① Horace B. Robertson Jr. The 1982 United Nations Convention on the Law of the Sea：An Historical Perspective on Prospects for Us Accession [J]. International Law Studies，2008(84)：115.

美国参议院外交关系委员会曾经分别在2004年和2007年两次建议批准加入《公约》,但由于参议院保守派的反对,都未能实现。根据美国法律,政府与外国或国际组织签署的条约,需经外交委员会表决通过后,再经参议院三分之二多数票批准方能生效。

2004年,美国参议院外交关系委员会首次投票赞成批准《公约》,但未能提交全院表决。

2007年,参议院外交关系委员会在10月31日以17票赞成、4票反对的表决结果,同意美国政府批准《公约》,但由于保守派议员的强烈反对,参议院全体会议依然拒绝投票。

2012年5月,奥巴马政府再次就加入《公约》做出努力。当月,美国国务院时任国务卿希拉里·克林顿,以及时任国防部长帕内塔和时任参谋长联席会议主席马丁·登普西在参议院外交关系委员会的听证会上支持美国加入《公约》,强调美国作为"世界上最重要的海上力量"和国家,拥有最大的专属经济区,应该比任何其他国家在经济、安全和国际影响方面从《公约》中获益更多。马丁·登普西在一次海洋法公约的论坛上演讲强调:"《公约》给我们提供了另外一种工具在每一层面上有效地解决争端,它提供了一种共同的语言,因而有一种更好的机会,不用大炮而用合作来解决争端。"①

虽然这次听证会上,美国各界强烈支持加入《公约》,但在2012年7月16日,34名共和党参议员联名向外交委员会主席写信承诺投票时将反对加入《公约》②。因为需要参议院三分之

① 美国国家海洋和大气管理局网站,http://www.gc.noaa.gov/gcil_los.html,2014-05-23.

② Law of the Sea sinks in Senate 2012.7.16, http://www.politico.com/news/stories/0712/78568.html.

二多数票赞成,《公约》才能生效,这意味着至少需要 67 票赞成票(总计 100 个议员),但这 34 个参议员的反对票承诺已经使批准公约成为不可能。所以,2012 年美国政府的努力又一次宣告失败。

这并不影响美国政府急迫加入《公约》的态度。例如,国务卿克里以国务卿的身份同样支持美国加入《公约》。同时,他作为参议院外交委员会主席的身份在《赫芬顿邮报》发表文章,呼吁两党支持美国加入《公约》,他写道:“可以自豪地说,这个《公约》前所未有地得到共和党外交政策专家、美国军方和美国商界的支持。”①

美国国务院认为:“加入海洋法公约是美国的首要之事,《公约》建立了全面的法律体制对海洋的利用进行管理,保护并推进广泛的美国利益,包括美国的国家安全和经济利益。过去的政府(包括共和党和民主党)、美国军方和相关的企业以及其他组织全都强烈地支持加入《公约》”②。

美国总统奥巴马在 2013 年的《美国北极地区国家战略》中强调:“只有加入《公约》,我们才能在美国扩张北极和其他区域的大陆架方面,最大限度地具有法律确定性以及获得国际社会对我们主权权利的承认。”③

(二) 美国海洋科学研究的法规与政策

1. 海洋科学的基本政策

1966 年,美国制定的《海洋资源与能源发展法》对海洋科学研究已有基本的规定:

---

① http://www.worldwatch.org/node/5993,2014-05-23.

② 美国国务院网站,http://www.state.gov/e/oes/lawofthesea/,2014-05-23.

③ US 2013 National Strategy for the Arctic Region.

在海洋科学方面以人类受益为目标，建立、鼓励和维持一个协调一致、综合和长期的国家计划，以协助保护健康和财产，增强改善商贸、运输和国家安全，复兴美国的商业渔业，以及提高这些和其他资源的利用[①]。

《海洋资源与能源发展法》规定美国海洋科学的活动应该实现下列目标[②]：

(1) 海洋环境中资源的加速开发；

(2) 增强人类对海洋环境知识的了解；

(3) 鼓励私人投资企业从事海洋环境中资源的勘探、技术发展、海洋商业和经济的利用；

(4) 维持美国在海洋科学和资源开发中作为领导者的作用；

(5) 海洋科学方面教育与培训的进步；

(6) 发展和提高对海洋环境中能源进行勘探、研究、调查、资源回采和传输时所使用的工具、设备和仪器的功能、性能、使用和效率；

(7) 与所有公共或私人的相关机构紧密合作，有效地利用国家科学和工程资源，以避免工作、设施和设备不必要的重复，或避免浪费；

(8) 如果为了国家利益，美国可与其他国家、国家联盟和国际组织在海洋科学活动方面进行合作。

2. 海洋科学研究的基本政策

关于美国海洋科学研究的基本政策，主要体现在美国总统

---

① 33U. S. C. §1101. Marine Resource and Engineering Development Act of 1966.

② 33U. S. C. §1101. Marine Resource and Engineering Development Act of 1966.

于1983年发布的关于专属经济区的声明和总统令，以及1988年发布的关于领海的声明。

1）1983年里根总统发布专属经济区的声明

1983年3月10日，美国总统里根发布关于海洋政策的总统声明，宣布对200海里专属经济区的主张，声称200海里专属经济区概念在1976年就已经基本上在第三次海洋法会议的谈判中被认同，而且一些国家已经单方面地宣布了本国的200海里专属经济区，这说明专属经济区概念已经被国际社会完全接受，美国宣布专属经济区符合国际惯例①。

2）1983年里根总统发布专属经济区的(5030)总统令

1983年3月10日，与上述声明同一天，里根总统发布第5030号总统令，确认美国的专属经济区以及美国对其享有的主权权利与管辖权②：

> 在专属经济区内，在国际法许可的范围内，美国享有：(a)以勘探、开发、保护和管理海床和底土以及其上面毗邻水域的自然资源，包括生物资源和非生物资源的主权权利，以及在该区域以经济勘探与开发相关的其他活动的主权权利，如产生能源的水、水流和风；和(b)与建造和使用人工岛屿、有经济目的的设施和结构以及海洋环境保护和保全相关的管辖权。

在该总统令中，美国主张200海里的专属经济区，并确认美国对其享有的主权权利和管辖权，同时承认其他国家对美国专属经济区的合法使用，如航行和飞越自由。

---

① Biliana Cicin-Sain and Robert W. Knecht. 美国海洋政策的未来[M]. 张耀光，韩增林，译. 北京：海洋出版社，2010：107.

② Proclamation (5030) on Exclusive Economic Zone of the United States of Amercia by the President. March 10, 1983.

3）1988年里根总统发布领海的声明

1988年12月27日美国发布第5928号关于美国领海的总统令[①]，宣布美国的领海依据国际法确定的基线向外延伸12海里。

美国一直是最窄领海3海里的支持者，在第三次海洋法会议谈判中，只有保证在用于国际航行的海峡中的自由通行，美国才同意改变原先立场，接受将领海扩展到12海里。但是直到1988年，里根政府才宣布美国的12海里领海[②]。

4）美国关于专属经济区内海洋科学研究的政策

1983年3月10日，里根总统关于海洋政策的总统声明中涉及专属经济区的海洋科学研究，内容如下：

> 在专属经济区内，所有国家将继续享有与资源无关的公海性质的权利和自由，包括航行自由和飞越自由。我的声明不改变现有美国关于大陆架、海洋哺乳动物和渔业的政策，包括不属于美国管辖的高度洄游的金枪鱼。美国将继续努力去实现达成对上述物种进行有效管理的国际协议。本声明同样促进政府制定政策来促进美国渔业的发展。
>
> 虽然国际法规定专属经济区内海洋科学研究的管辖权，但本声明不主张这种权利。我决定不这样做的原因是美国从事海洋科学研究的利益和避免任何不必要的负担。但是，美国将承认其他沿岸国在距其200海里的水域行使海洋科学研究管辖权的权利，前提是

---

① Proclamation（5928）on Territorial Sea of the United States of Amercia by the President. December 27, 1988.

② Biliana Cicin-Sain and Robert W. Knecht.美国海洋政策的未来［M］.张耀光，韩增林，译.北京：海洋出版社，2010：107.

行使这种管辖权需符合国际法的合理方式①。

在1983年的总统令中可推知，如果沿海国拒绝同意美国在其专属经济区进行海洋科学研究，若该拒绝是任意或无理由的，并且超出《联合国海洋法公约》规定的权力时，美国保留对其挑战的权利②。

（三）美国关于海洋科学研究的立场

依据上述美国总统的声明以及美国的实践，对于海洋科学研究，美国承认国际法所规定的沿海国对领海行使海洋科学研究的主权，对专属经济区以及大陆架行使海洋科学研究的管辖权。

因而，美国承认沿海国有权依据《联合国海洋法公约》在领海、专属经济区和大陆架行使规定、准许和进行海洋科学研究的权利，享有对上述海洋区域的海洋科学研究活动进行管理和授权的权利。在任何情况下，他国在沿海国上述海洋区域进行海洋科学研究均需取得沿海国的事先同意。《公约》规定了这种申请应该通过“适当的官方途径”发出③，美国海洋与极地事务办公室(OPA)是美国“适当的官方途径”④，它是美国官方或私人研究者寻求其他沿海国同意以及外国研究者寻求美国同意的官方途径。每年该办公室负责处理大约400件需要外国同意的申请书和70件需要美国同意的申请书⑤。

---

① Statement on United States Oceans Policy by the President. March 10, 1983.

② George D. Haimbaugh, Jr. Impact of The Reagan Administration on The Law of The Sea [J]. Washington and Lee Law Review, 1989(46): 178.

③ 《联合国海洋法公约》第250条。

④ 隶属于美国国务院的海洋与国际环境暨科学事务局(OES)。

⑤ http://www.state.gov/e/oes/ocns/opa/rvc/index.htm, 2014-06-10.

对于海洋科学研究的申请,美国的政策是不得无理由拒绝或延迟。美国有权参与在美国领海和(或)美国专属经济区,以及美国大陆架之上的研究活动。

1. 关于海洋科学研究的范围争议

《联合国海洋法公约》未规定"海洋科学研究"的定义以及涵盖的范围,美国认为海洋科学研究一般是指人类在海洋中的活动,目的是获得海洋环境以及其变化过程的知识。海洋科学研究的范围包括物理海洋学与海洋化学、海洋生物学、渔业研究、以科学为目标的海洋钻探与取芯,以及为科学目标的其他活动①。

因为《公约》所规范的"海洋科学研究"并未有一个公认的定义以及范围的界定,所以在实践中各国因对海洋科学研究的范围认识不一致,导致发生冲突。针对这个问题,美国认为下列活动不属于《公约》规定的"海洋科学研究"②:

> 矿床勘探和自然资源的勘探;
>
> 海道测量(目的是提高航行安全);
>
> 军事活动包括军事测量;
>
> 涉及海底电缆铺设及运行的活动;
>
> 依据《联合国海洋法公约》第十二部分第四节环境监测和环境污染的评估活动;
>
> 海洋气象资料数据的收集及其他常规海洋观测(例如,海洋状态的监测和预测、自然灾害预警和天气预报、气候预测),包括通过海洋学和海洋气象学联合

---

① http://www.gc.noaa.gov/gcil_marine_research.html,2014-06-10.

② 美国国务院海洋与极地事务办公室网站的信息,http://www.state.gov/e/oes/ocns/opa/rvc/index.htm,2014-06-10.

技术委员会(JCOMM)的自愿海洋观测计划、全球漂流浮标计划和全球海洋观测计划；

以海洋中考古和历史沉淀为对象的活动。

2. 关于海洋科学研究的批准

美国5030号和5928号总统令，以及1983年3月10日美国关于海洋政策的总统声明确定了在美国专属经济区和领海进行海洋科学研究的政策，与美国的政策和相应的国内法规相一致，如在美国领海内进行海洋科学研究需要美国的事先同意，但是在美国专属经济区内的海洋科学研究一般不需要同意。

然而，依据美国国内法，在美国专属经济区内的海洋科学研究之任何活动遇到下列情况时，则需要得到美国的事先同意①：

如位于一个国家海洋保护区、海洋国家保护区或其他海洋保护区之内时；

涉及海洋哺乳动物或濒危物种的研究；

需要获得大量具有商业价值的海洋资源；

包括接触到美国的大陆架；

包括海洋倾弃物的研究。

上述这些情况相关的具体法规内容如下。

1) 美国《海洋哺乳动物法》的规定

美国于1972年10月21日制定《海洋哺乳动物保护法》(2007年修订)，规定所有的海洋哺乳动物都受该法的保护。除非美国在作为《海洋哺乳动物保护法》生效前已经加入成为成员方的国际条约、公约或协定有明确的规定，或者执行任何国际条约、公约或协定的任何法令有明确规定，否则，任何人或船舶、其

① http://www.state.gov/e/oes/ocns/opa/rvc/index.htm，2014-06-10.

他运输工具不得从美国享有管辖权的水域或陆地“带走”任何哺乳动物①。

这一规定中涉及的专业术语解释如下。

“带走”是指侵扰、狩猎、捕获或杀死任何哺乳动物②。

“人”是指包括任何个人或实体,以及联邦政府、任何州或政治分区或任何外国政府的任何官员、雇员、代理、部门或机构③。

“船舶”,美国国家海洋和大气管理局(NOAA)使用的定义是指用作或者能够用作水上运输工具的各类水上船筏或其他人类发明④。

“美国享有管辖权的水域”是指美国领海和专属经济区⑤。

任何在美国领海或专属经济区进行海洋科学研究的个人或实体应当符合《海洋哺乳动物保护法》所规定的“人”的定义,除非有例外情况,均不得“带走”任何哺乳动物。

因此,如果在美国的专属经济区中的海洋科学研究涉及上述内容,则需要取得美国的事先同意。

2) 美国《濒危物种法》的规定

1973 年,美国通过《濒危物种法》以保护濒危和受威胁物种,以及它们所依存的生态系统⑥。

除非另有规定,《濒危物种法》禁止在美国管辖权下的任何人,在美国领海和公海“带走”任何属于濒危或受威胁物种的鱼类和野生动物⑦。

---

① 16 U.S.C. §1372(a)(2)(A).
② 16 U.S.C. §1362(13).
③ 16 U.S.C. §1362(10).
④ 1 U.S.C. §3.
⑤ 16 U.S.C. §1362(15)(A)&(B).
⑥ 16 U.S.C. §1531(b).1.
⑦ 16 U.S.C. §1538(a)(1)(B)&(C).

因为《濒危物种法》制定的时候，正值领海之外还是公海的时期，所以现在美国国家海洋和大气管理局在解释这一条款时，将条款中的公海解释为美国的专属经济区。

上述条款中的“人”在《濒危物种法》的定义被赋予广义，包括个人、企业、合伙、信托、社团或任何其他私人实体；或任何联邦政府、任何州、直辖市或政治分区或任何外国政府的任何官员、雇员、代理、部门或机构；或任何州、直辖市或政治分区；或任何隶属于美国管辖的其他实体①。

“带走”是指侵扰、伤害、追逐、狩猎、射击、伤害、杀死、设陷阱、捕获，或收集，或试图从事任何此类行为②。

任何在美国领海或专属经济区进行海洋科学研究的个人或实体应当符合《濒危物种法》所规定的“人”的定义，除非有例外情况，均不得在上述海洋区域“带走”《濒危物种法》所列举的物种。

3）美国《国家海洋保护区法》的规定

《国家海洋保护区法》授权商业部长，对因为有保护、休闲、生态、历史、科学、文化、考古、教育或美学价值等因素而对国家具有特殊重要意义的海洋环境区，指定为国家海洋保护区并加以保护③。

《国家海洋保护区法》的首要目标是保护海洋资源，如珊瑚礁、海藻林和历史性沉船。目前美国有 13 个国家海洋保护区，位于美国大陆旁边的大西洋和太平洋中，以及墨西哥湾和五大湖，还有一些位于夏威夷和美属萨摩亚附近的海洋中。海洋保

---

① 16 U.S.C. § 1532(13).

② 16 U.S.C. § 1532(19).

③ 16 U.S.C. § 1431(b).

护区包括领海中的水域和底土,以及美国的专属经济区。其中有7个海洋保护区全部或部分位于美国的专属经济区中①。

《国家海洋保护区法》禁止任何人对任何保护区相关法规规范的“保护区资源”破坏、造成损失或伤害②。

这里的“保护区资源”是指国家海洋保护区内的任何生物或非生物资源,其具有保护、休闲、生态、历史、教育、文化、考古、科学,或美学价值的性质③。

在国家海洋保护区内进行科学研究的活动将会违反海洋保护区相关的法规,但是如果取得研究许可,则可以合法地进行海洋科学研究活动。通常而言,如果取得研究许可,则需要提供与保护区资源有关的更加深入的研究计划。

4)《马格努森-史蒂芬斯渔业保护和管理法》的规定

《马格努森-史蒂芬斯渔业保护和管理法》规范美国专属经济区内外国和国内的渔业活动。该法明确地将科学研究船实施的科学研究活动排除在“捕鱼”定义之外④。执行该法的具体规章规定一个自愿项目,用来确认计划的海洋科学研究活动并不构成该法所规定的“捕鱼”⑤。

自愿的“安全港”项目对外国船舶和美国船舶适用时类似:计划在美国专属经济区内进行海洋科学研究的人,对每一次科

---

① 这7个海洋保护区分别是:(1) Monitor National Marine Sanctuary;(2) Stellwagen Bank National Marine Sanctuary;(3) Gray's Reef National Marine Sanctuary;(4) Flower Garden Banks National Marine Sanctuary;(5) Cordell Bank National Marine Sanctuary;(6) Olympic Coast National Marine Sanctuary; and (7) Gulf of the Farallones National Marine Sanctuary.

② 16 U.S.C. §1436(1).

③ 16 U.S.C. §1432(8).

④ 16 U.S.C. §1802(16).

⑤ 50 C.F.R. §600.512; 600.745.

学航行都要向国家海洋局适当的区域办事处提交科学研究计划。区域办事处通过向资助机构或船舶的营运人或船长颁发“证明信”(LOA)以表示已经收到计划活动的申请。如果在对科学研究计划评估之后，国家海洋局认为该计划活动既不构成海洋科学研究，也不构成捕鱼，则应当以书面形式尽快通知申请人。建议进行海洋科学研究的人随船携带一份科学研究计划的副本和“证明信”，与“证明信”所认可的与科学研究计划一致的活动被推定为科学研究活动[①]。如果符合下列条件，则这种推定无效：① 船舶从事的活动超过了科学研究计划的范围；或②该活动并不符合科学研究活动的定义[②]。

如果外国船舶从事的活动被认定为捕鱼而不是科学研究，该船舶则不能进行捕鱼，除非它符合该法第二节中所规定的外国捕鱼要求，这种捕鱼活动一般必须根据国际渔业协定进行[③]。

在美国专属经济区进行科学研究的船舶，需向合适的国家海洋渔业服务科学和研究主管提交任何航行报告的副本或者其他航行结果的出版物，包括渔获物的数量、构成和处理情况[④]。

（四）美国海洋科学研究的主管部门

1. 美国国家海洋和大气管理局(NOAA)

美国国家海洋和大气管理局与美国国务院一起建立和实施海洋科学研究的法律与政策。该管理局同时在美国管辖水域之内或之外进行海洋科学研究。如果在外国的专属经济区或领海

---

① 50 C. F. R. § 600. 512(a)(foreign vessels); § 600. 745(a)(U. S. flagged vessels).

② 50 C. F. R. § 600. 512(a); § 600. 745(a).

③ 16 U. S. C. § 1821(16) ; § 1857(2)(B).

④ 50 C. F. R. § 600. 512(b)(foreign vessels); § 600. 745(c)(U. S. flagged vessels).

之内，或在外国大陆架的海床或底土之上进行海洋科学研究之前，美国国家海洋和大气管理局将通过与符合《联合国海洋法公约》相应条款之适当的通报和外交许可程序以寻求相关沿岸国的明示同意。

美国国家海洋和大气管理局与美国国务院一起评估外国研究者要求在美国专属经济区内进行海洋科学研究的申请，以确保其符合美国国家海洋和大气管理局所负责的法律之要求。这些法律包括：《海洋哺乳动物保护法》、《濒危物种法》、《国家海洋保护区法》、《马格努森-史蒂芬斯渔业保护和管理法》和《古迹法》。

对于外国科学家在美国管辖水域进行的海洋科学研究，美国国家海洋和大气管理局通常要求其提供该研究产生的数据和报告以从中受益。

2. 美国海洋与极地事务办公室(OPA)

美国海洋与极地事务办公室隶属于美国国务院的海洋与国际环境暨科学事务局(OES)，负责制定和实施美国在领海、专属经济区和大陆架(部分情况下包括超过200海里的大陆架)进行海洋科学研究的政策，以及负责制定和执行有关海洋、北极和南极国际问题的美国政策，也是美国官方或私人研究者寻求其他沿海国同意科学研究以及外国研究者寻求美国同意的官方途径[①]。

1) 美国海洋与极地事务办公室的首要目标

美国海洋与极地事务办公室的首要目标是通过下列活动提

---

① http://www.state.gov/e/oes/ocns/opa/rvc/index.htm，2014-06-25.

高美国海洋和极地事务的利益①：

早日加入和大力实施作为全面统管海洋使用的《联合国海洋法公约》；

海洋与极地相关的双边和多边协定的谈判；

在处理海洋和极地事务的国际论坛中积极发挥领导作用；

密切协调其他联邦机构和利益相关方。

2) 美国海洋与极地事务办公室的具体目标和优先事项②

取得参议院关于加入1982年《联合国海洋法公约》的建议和同意，和维持《公约》条款所体现利益的平衡；

协调美国关于《公约》政策的国际事项，例如，航行自由、海洋主张与边界、海洋环境保护和美国大陆架的延伸；

通过国际海事组织、区域海洋项目、溢油反应和入侵物种控制以及其他措施保护海洋环境免受污染和其他人为的威胁；

保护海洋生物的多样性，包括鲸鱼和其他鲸类，北极熊、海鸟和珊瑚礁；

提高海上安全以保护美国免受恐怖主义和其他犯罪的威胁，以及保护航行自由和海上贸易；

促进南极的和平与安全、良好秩序和环境保护，包括主办第32届南极条约协商会议和支持国际极地年；

通过在国际上参与北极理事会和其他论坛，包括

---

① http://www.state.gov/e/oes/ocns/opa/index.htm,2014-06-25.

② http://www.state.gov/e/oes/ocns/opa/index.htm,2014-06-26.

通过支持国际极地年，以应对北极不断变化的情况；

通过有效的审批程序和对若干国际科学组织的支持以促进海洋科学研究；

通过跨部门工作组的领导，确立美国延伸大陆架的外部界限，加强维护国家安全，促进经济繁荣和提高我们的资源管理；

通过参加双边和多边国际协定，以及通过制定国内政策来保护水下文化遗产。

（五）美国海洋科学研究的申请与批准程序

1. 申请在美国进行海洋科学研究的指南

如果外国申请人计划在美国海域进行海洋科学研究，则需要依照以下几个步骤来完成申请工作。

1）判断计划进行的海洋科学研究是否位于美国的海洋区域

申请人首先需要判断计划开展的研究是否位于美国的海洋区域内，此时可参照“美国海洋界限与边界”（U.S. Maritime Limits and Boundaries）创建的信息系统①。申请人可在线查询计划实施的海洋科学研究是否位于美国的领海或专属经济区之内或大陆架之上。如果位于美国的领海之内，则须要美国的批准，如果位于美国的专属经济内，在符合上文中所述特定的条件下也需要得到美国的批准。

2）提交申请的途径

外国的申请人必须通过他们的科学专员办公室向美国提交申请。鼓励所有申请人与沿岸国的科学家磋商研究计划。无论

---

① “美国海洋界限与边界”是国家海洋和大气管理局下属的海岸测量局（OCS）依据《联合国海洋法公约》的规定，依据领海基线（低潮线）而划定的美国领海和专属经济区地图，其有在线系统，可在线查阅具体的位置。

图5-3　“美国海洋界限与边界”在线查询系统界面①

是首席科学家还是资助其的组织均有责任通过美国海洋与极地事务办公室及时寻求沿岸国的同意。

美国海洋与极地事务办公室接收这些申请。

所有向美国海洋与极地事务办公室提交科学研究的申请应当通过“研究申请跟踪系统”(RATS)提交,研究申请跟踪系统是一个在线的数据管理系统,用来提高美国海洋与极地事务办公室执行海洋科学研究批准制度的透明性和效率。

申请人必须从美国海洋与极地事务办公室获得一个研究申请跟踪系统的用户名和密码,以用来提交申请和跟踪其进展。第一次使用时,申请人与美国海洋与极地事务办公室联系以获得美国海洋与极地事务办公室的指导。

对于申请,研究申请跟踪系统会分配一个文件编号并告知申请人。申请人在所有与美国海洋与极地事务办公室的书面与

① http://www.nauticalcharts.noaa.gov/csdl/mbound.htm,2014-07-22.

口头通信联系中应当使用该文件编号。

通过研究申请跟踪系统，申请人可完成一项申请，跟踪其进展，收到授权文档以及提交报告。研究申请跟踪系统提高了申请人和负责接收与(或)签发授权事项的官方渠道之间重要信息的传递速度。

研究申请跟踪系统申请和同意的记录在被批准的研究完成之前不会向公众公开。研究结果数据和报告也不会通过研究申请跟踪系统向公众公开，但是初步和最终报告传输的日期需公开，以证明申请人履行了沿岸国家的义务①。

3）申请的形式

申请的形式适用联合国海洋事务和海洋法司于2010年制定并推荐的《关于执行联合国海洋法公约海洋科学研究相关条款的指南(修订)》，该《指南》附件一即是《请求实施海洋科学研究的申请书》的草案标准表格。

“研究申请跟踪系统”数据输入的基本内容来自该《指南》。

所有上传到研究申请跟踪系统的文件必须采用PDF格式，文件名称应当简洁，没有标点符号或怪字符。

如果在申请评估过程中或授权批准后，所提交的原始申请内容有所变化，则申请人必须尽快向美国海洋与极地事务办公室报告这些变化内容。美国海洋与极地事务办公室则在必要时调整授权。

4）申请的时间

《联合国海洋法公约》规定沿岸国必须在海洋科学研究预期开始日期前不少于6个月的时间收到申请书，然而，许多沿岸国

---

① http：//www.state.gov/e/oes/ocns/opa/rvc/rats/index.htm，2014-07-22.

接受海洋科学研究预期开始日期前 3 个月至 6 个月收到申请书。

由于美国海洋与极地事务办公室需将申请再转交其他相关机构审核，它允许美国机构用 8 周时间去评估和回复申请。所以，美国海洋与极地事务办公室建议向其提交申请的时间从研究启动之前算起不少于 9 周，这样它才能保障对所有的申请及时回复。

如果美国某一机构要求对申请的相关事项澄清，美国海洋与极地事务办公室则会将此问题通过科学专员办公室迅速传递给申请人[①]。

5）申请人需准备的材料

如果属于下列情况，则申请人必须通过研究申请跟踪系统准备以下另外需提交的材料[②]：

如果研究需进入国家海洋保护区（National Marine Sanctuary），则需保护区的许可证。

如果研究需进入下面的海洋国家保护区（marine national monunent），则需相关保护区的许可证：

帕帕哈瑙莫夸基亚海洋国家保护区（Papahanaumokuakea Marine National Monument）

玫瑰环礁海洋国家保护区（Rose Atoll Marine National Monument）

马里亚纳海沟海洋国家保护区（Marianas Trench Marine National Monument）

---

① http：//www. state. gov/e/oes/ocns/opa/rvc/rats/index. htm, 2014-07-30.

② http：//www. state. gov/e/oes/ocns/opa/rvc/rats/index. htm, 2014-07-30.

太平洋偏远岛屿海洋国家保护区(Pacific Remote Island Marine National Monument)

如果研究需研究或随之带走海洋哺乳动物或濒危物种,则需来自美国国家海洋和大气管理局资源保护办公室(Office of Protected Resources)的正确授权(例如,研究许可或带走许可/授权)。这些活动包括但不限于使用气枪进行地震研究。

如果研究需要带走大量具有商业价值的鱼类,则需要来自美国国家海洋和大气管理局渔业服务区域科学中心(NOAA Fisheries Service Regional Science Center)的确认书。

如果研究是在阿拉斯加海岸外进行,则需评估《北极研究者和北方社区之间促进合作指南》。

6) 申请的其他要求

若适用的话,在研究期间,首席科学家有责任获取和持有一份有效的濒危物种国际贸易公约(CITES)的收集许可证。其许可证必须通过该贸易公约的国家联络点取得。

研究完成后,首席科学家必须通过研究申请跟踪系统提交一份"初步报告表"和一份最终报告。"初步报告表"必须在被授权研究结束日期之后30天内提交,最终报告必须在被授权研究结束日期之后两年内提交给美国海洋与极地事务办公室。不按上述时间提交报告将会影响到其他等待授权的申请。

研究产生的数据必须提交给国家海洋数据中心,原始和经过处理的数据必须有观察或处理的笔记和相关的解释报告。

2. 美国申请人寻求外国同意的指南

本国申请人也需通过美国海洋与极地事务办公室来提交申请。申请人必须通过研究平台经营者的办公室来提交申请,该办公室应当可证明平台的有效性以及(视实际情况而定)确认计划造访并安排进行宣传和亲善活动的港口。

辅助文件应当用 PDF 文件格式上传到研究申请跟踪系统，文件名称应当简洁，没有标点符号或怪字符。

美国海洋与极地事务办公室将尽一切努力在研究开始之前取得外国当局的回应。

在申请过程中，除非美国海洋与极地事务办公室明确给予许可，否则，申请人不得联系外交部或美国大使馆。申请人在其绘制的研究区域、行动路线和站点中不得描述任何海洋边界或主张。

如果申请人遇到需要判断计划研究的区域是否位于一个或多个海洋边界或主张的问题时，应当与美国海洋与极地事务办公室联系。

在离开之前，申请人应当评估有关海基和陆基安全问题（例如，查询大学-国家海洋实验室系统中的“海洋安全链接”）可用的信息资源。参见：

旅行警告、领事信息表、国家背景说明——提供给旅行者的国家特殊信息。

来自疾病控制中心的旅行健康信息——特定目的地的健康信息。

有关科学标本重要性的信息可以从动植物卫生检验署（APHIS）查到，该署隶属于美国农业部，给农业生产者提供广泛的合作项目以保护动植物的健康①。

二、加拿大海洋科学研究的法规与政策

（一）加拿大规范海洋科学研究的法规

关于海洋科学研究的定义，加拿大边境服务局的《外国在加

---

① http：//www. state. gov/e/oes/ocns/opa/rvc/rats/index. htm，2014 - 08 - 01.

拿大科学考察或探险备忘录》中规定①：

> 海洋科学研究是指在海洋环境中实施的活动，目的是增进对海洋、海底及其底土的性质和自然变化过程的科学知识。

对在加拿大境内包括陆地、内水和领海，以及在加拿大的专属经济区内和大陆架上，外国机构或个人若计划实施科学研究活动，包括海洋科学研究活动，则必须遵守加拿大相关的法律规范。目前，加拿大规范海洋科学研究的法律规范主要有：

1.《联合国海洋法公约》

2003年11月6日，加拿大政府宣布批准《联合国海洋法公约》，同时加拿大向联合国秘书长提交一份声明接受《联合国海洋法公约》的强制性争端解决机制，同意将相关争端提交给仲裁或国际海洋法庭解决。

依据《联合国海洋法公约》的规定，沿海国可行使主权，规定、准许和进行其领海内的海洋科学研究的专属权利，领海内的海洋科学研究，必须经沿海国明示同意并在沿海国规定的条件下，才可进行②；

沿海国对专属经济区和大陆架行使管辖权，有权依据《公约》的有关条款，规定、准许和进行在其专属经济区内或大陆架上的海洋科学研究，上述的海洋科学研究应经沿海国同意③。

依据《联合国海洋法公约》的上述基本规定，外国政府或机

① CBSA Memorandum D2-1-2：Foreign Scientific or Exploratory Expeditions in Canada.

② 《联合国海洋法公约》第245条。

③ 《联合国海洋法公约》第246条第1款、第2款。

构，包括外国个人计划在加拿大的领海、专属经济区内或大陆架上进行海洋科学研究，该国家必须通过外交途径提前向加拿大外交和国际贸易部(DFAIT)提出申请并经同意后，才可实施研究计划。

2. 加拿大的国内法规

依据《联合国海洋法公约》的相关内容，加拿大制定国内法规对外国的海洋科学研究活动进行规范。这些法规有：

1) 加拿大《海洋法》

1996年加拿大制定《海洋法》，涉及海洋科学研究的条款分别如下：

第14条

加拿大享有

(b) 在加拿大专属经济区的管辖权

(ii) 海洋科学研究

海洋科学

第42条

依据加拿大《渔业与海洋部法》第4(1)(c)条之规定，在行使其权利与执行其职责和职能时，部长可：

(a) 以获知海洋和其生物资源与生态系统为目的而收集数据；

(b) 在加拿大水域和其他水域进行水文与海洋调查；

(c) 进行与渔业资源以及支撑其生境和生态系统相关的海洋科学调查；

(d) 进行与水文学、海洋学和其他海洋科学相关的研究，包括对鱼类及支撑其生境和生态系统的研究；

(e) 以获知海洋和其生物资源与生态系统为目的而开展调查；

(f) 准备和发布数据、报告、统计数据、海图、地图、计划、款项和其他文件；

(g) 授权分销或销售数据、报告、统计数据、海图、地图、计划、款项和其他文件；

(h) 准备与外交部部长合作，发布和授权绘制海图的分销或销售，该绘制海图应该与加拿大的领海、毗连区、专属经济区和加拿大的渔区及其毗连水域的全部或部分的海图性质与比例相一致；

(i) 参与海洋技术开发；

(j) 以获知海洋及其生物资源和生态系统为目的进行研究，获得传统的生态学知识。

第43条

依据加拿大《渔业与海洋部法》第4条，涉及该条规定的有关部长的权力、职责和职能不属于议会的管辖范围内时，部长可：

(a) 负责协调、促进和提议与渔业科学、水文学、海洋学和其他科学相关的国家政策与计划；

(b) 为履行依据本条规定之责任，可：

(i) 以获知海洋及其生物资源和生态系统为目的，实施或与他人合作实施应用和基础性研究项目、调查和经济研究；

(ii) 为上述目的，维护和运营以获知海洋及其生物资源和生态系统为目的的用于研究、调查和监测的船舶、研究机构、实验室和其他设施。

(c) 可向加拿大政府提供海洋科学建议、服务和支持,可代表加拿大政府向各省政府、其他国家、国际组织和他人提供海洋科学建议、服务和支持。

第44条

部长可:

(a) 将外国船舶①或未完税船舶②在加拿大水域③,或在加拿大依据国际法规定享有主权权利的水域进行海洋科学研究后向部长提交研究结果这一要求,作为外交部部长依据《沿海贸易法》第3(2)(c)条规定颁发外交部部长同意书的条件④;

(b) 在不违反加拿大所承担的国际责任的情况下,制定外国船舶或未完税船舶在加拿大水域或在加拿大依据国际法规定享有主权权利的水域进行海洋科学研究时适用的指导方针。

第45条

当部长对水道测量负责时,部长的权力、职责和职能延伸并包括所有不属于议会的管辖事项,以及法律

---

① Coasting Trade Act, Article 2(1)(f), "foreign ship" means a ship other than a Canadian ship or a non-duty paid ship.

② Coasting Trade Act, Article 2(1)(f), "non-duty paid ship" means a ship registered in Canada in respect of which any duties and taxes under the Customs Tariff and the Excise Tax Act have not been paid.

③ Coasting Trade Act, Article 2(1)(f), "Canadian waters" means the inland waters within the meaning of section 2 of the Customs Act, the internal waters of Canada and the territorial sea of Canada.

④ Coasting Trade Act, Article 3(2)(c), operated or sponsored by a foreign government that has sought and received the consent of the Minister of Foreign Affairs to conduct marine scientific research.

未赋予加拿大政府任何其他部门、委员会或机构的事项,涉及:

(a) 为代表部长进行数据收集和准备海图的水道测量员和其他人员制定标准和指导方针;

(b) 向加拿大政府提供水道建议、服务和支持,代表加拿大政府向各省政府、其他国家、国际组织和他人提供水道建议、服务和支持。

第46条

当代表部长进行水道测量为目的时,水道测量员可进入或通过任何人的土地,但在这样做的时候应当采取一切合理的预防措施以避免引起任何损害。

2) 加拿大《沿海贸易法》

第3条

(1) 依据本条第2款至第5款,除非根据或按照许可证,否则外国船舶或未完税船舶不得从事沿海贸易。

(2) 第1款不适用于任何外国船舶或未完税船舶:

(b) 受渔业与海洋部委托从事的任何海洋研究活动;

(c) 其由外国政府经营或资助,请求并经外交部部长同意从事的海洋科学研究活动;

(c.1) 在加拿大大陆架之上的水域从事与加拿大大陆架上的矿产或非生物自然资源勘探相关的地震活动。

加拿大关于海洋科学研究管理的联邦部门和相关法律与规章请参见表5-1。

表 5-1　加拿大关于海洋科学研究管理的联邦部门和相关法律与规章①

部　门	法　规	注　　释
渔业与海洋部	《海洋法》	本法规定国家战略的发展和实施，为综合管理制定计划，海洋保护区的设立
	《渔业法》	本法保护和养护鱼类和海洋物种以及它们的栖息地，栖息地的改变需要授权。未经授权禁止倾倒影响鱼类及其栖息地的有害物质。本部分由加拿大环境部执行
	《通航水域保护法》	本法保护通航水道，对指定的行为和水道的任何变化需要授权
	《沿海渔业保护法》	监控、控制和监测
印第安事务和北部发展部	《加拿大石油资源保护法》	规范与边境土地相关的石油利益
	《北极水域污染防治法》	本法规范北极水域的油气活动和航行，以及油气活动的限制责任。同时也合并《加拿大航运法》关于航行，包括石油污染防治与应急准备的相关制度
	《努纳武特领土声明协议法案》	实施领土声明协议
	《西北极索赔清偿法案》	实施领土声明协议(因纽特人)
国家能源局	《加拿大油气运营法》	本法授权西北地区陆地区域和北冰洋近海海域的油气勘探与开发。授权包括安全、健康和环境措施
环境部	《加拿大环境保护法》	规定制定《加拿大环境保护法质量指南》；海洋废物处理；陆源污染、海上油气和有毒物质的控制
	《加拿大野生动物法》	野生动物保护，研究与阐释，特别是通过野生动物海洋保护区的设立与合作

① Arvind Anand. Marine Scientific Research Governance in the Arctic Ocean (January 18, 2008).

续 表

部门	法规	注释
环境部	《加拿大环境评估法》	加拿大环境部向部长报告
	《渔业法》(第36～42条)	控制陆源污染、有害物质、海上石油和矿产资源的发展
	《政府组织法》	分配冰情服务、海洋天气和海洋气候的责任
	《候鸟保育法1994》	候鸟保育
文化遗产部	《国家公园法》和《国家海洋保护法》	设立和管理国家公园和其他类型的加拿大北极保护区,公园可在陆地或海洋
	《食品药品法》	保证人类使用海洋物种的安全
交通部	《北极水域污染防治法》	执行该法的部门
	《加拿大航运法》	为船舶在加拿大水域航行的安全、经济和有效提供服务
外交和国际贸易部	《沿海贸易法》	管理对在加拿大的专属经济区计划进行海洋研究的外国船舶授权同意
	《对外事务与国际贸易法》	海洋边界争端,海洋法
	《海洋法》	确立加拿大海洋边界
自然资源部	《资源和技术测量法》	负责测量“所有”的加拿大陆地和下沉陆地
	《自然资源部门法》	负责实施加拿大陆地区域的领土部分
	《加拿大土地测量法》	海洋责任立法
	《海洋法》	实施相关部分
	《加拿大石油资源法》	规范与边境土地相关的石油利益
	《北极水域污染防治法》	关于加拿大北极地区自然资源的规定,部长具有行政责任

续　表

部　门	法　规	注　　释
国防部	《国防法》	海上指挥
	《加拿大航运法》	搜寻与营救
	《紧急状况法》	授权临时措施以保证加拿大的安全
工业部	《通讯法》	国际海底电缆
	《国家研究委员会法》	成立国家研究委员会，包括海洋工程与海洋生物研究
	《自然科学和工程研究法》	成立自然科学和工程研究委员会，规定支持大学

3. 加拿大相关的指导方针等

加拿大边境服务局(CBSA)于2011年8月31日颁布《外国在加拿大科学考察或探险备忘录》(D2-1-2)，它包括指导方针和程序规则，用来规范外国在加拿大进行科学考察或探险时人员和物品入境问题。其中相关条款如下：

第5条

进行海洋科学研究的外国政府，如果研究的任何部分位于加拿大的领海中，则依据加拿大《移民和难民保护法》(IRPA)和《海关法》规定的报告要求，必须在一旦抵达时向加拿大边境服务局报告。如果外国的海洋科学研究仅在加拿大领海之外的专属经济区内和大陆架上进行，则不需要向加拿大边境服务局报告。

第8条

(军事活动)

外国政府实施的在加拿大的军事活动，不属于科学考察或探险。军事测量包括为军事目的收集数据。对于外国军舰船舶和飞机向加拿大边境服务局申请的程序,请查阅备忘录 D3－5－1(用于国际服务的商船),或备忘录 D3－2－1(国际商业空中交通和运输报告)。

第 9 条

(外国政府资助的考察)

外国政府资助在加拿大进行的任何类型的科学考察或探险,均需要加拿大政府的事先同意。应当通过该国使馆向加拿大外交和国际贸易部(DFAIT)提交申请书,提交时间至少在计划考察的 45 天之前。

(二) 外国实施海洋科学研究有关的加拿大法律制度

1. 事先许可制度

《联合国海洋法公约》明确规定,外国在本国领海、专属经济区和大陆架进行的海洋科学研究活动,需事先得到沿海国的同意。

《联合国海洋法公约》于 1994 年 11 月 16 日生效,虽然加拿大当时还没有批准加入《公约》,但是其 1992 年 6 月 23 日批准生效的《沿海贸易法》第 3 条第 2 款规定"由外国政府经营或资助,请求并经外交部部长同意从事海洋科学研究活动"的外国船舶不需要申请许可证(从事沿海贸易)①。由于该法规定"沿海贸易"适用的范围是加拿大的领土和加拿大大陆架上面覆盖的水域②。因此,外国船舶从事海洋科学研究的适用范围包括加

① 外国船舶是指不包括加拿大船舶或未完税船舶在内的其他船舶;未完税船舶是指在依据《海关税和消费税法》尚未交纳任何税收和费用的在加拿大注册的船舶;许可证是指依据本法颁发的文件,用来授权外国船舶或未完税船舶在加拿大水域或加拿大大陆架上的水域从事沿海贸易。参见 Canada Coasting Trade Act, Article 2.

② Canada Coasting Trade Act, Article 2.

拿大的领土，除了内水与领海之外，还包括大陆架上的水域，当然也包括专属经济区在内。

这一条款成为外国船舶如果计划在加拿大水域[①]或加拿大享有管辖权的水域[②]，甚至包括外大陆架上进行科学研究活动时，需事先取得加拿大同意的国内法律依据。

这一条款也规定，代表加拿大政府负责管理并审批外国船舶申请书的部门是外交部门，即目前的加拿大外交和国际贸易部。

实践中，加拿大对上述区域的海洋科学研究管理对象已经不仅局限于"由外国政府经营或资助"的船舶，凡是外国政府，以及外国机构或个人计划在加拿大的领海、专属经济区内或大陆架上，包括北极，进行海洋科学研究的情况下，该国家必须通过外交途径提前向加拿大外交和国际贸易部提出申请并经同意后，才可以实施研究计划。

2. 加拿大国内的审批程序

外国人向加拿大外交和国际贸易部通过外交途径提交申请书，即"请求在加拿大享有国家管辖权的区域实施海洋科学研究的申请书"（Application for Consent to Conduct Marine Scientific Research in Areas under National Jurisdiction of Canada），申请书中包括计划实施的研究类型，研究海域等内容。

---

① 加拿大水域是指加拿大《海关法》第2条所规定的内陆水，以及加拿大的内水和领海。参见 Canada Coasting Trade Act, Article 2.

② 加拿大内陆水指加拿大所有的河流、湖泊和其他淡水，包括圣劳伦斯河向海洋直到下列直线基线处：(a)从玫瑰角（Cap-des-Rosiers）到安蒂科斯岛（Anticosti Island）的最西点；(b)沿西经63°线从安蒂科斯岛到圣劳伦斯河的北岸。参见 Canada Customs Act, Article 2.

加拿大外交和国际贸易部收到外国人的申请书之后，根据申请书中所申请研究的内容，将该申请书转交给国内相关部门，如对海洋科学、资源养护与管理负有职责的加拿大渔业与海洋部(DFO)，加拿大渔业与海洋部再依据该申请的科学研究计划是否位于海洋保护区内，而再将申请转交给不同的相关机构。

如果相关机构需要外国申请人提供进一步的信息，则由外交和国际贸易部通过外交途径向申请人提出相关要求，申请人提交另外的信息后再由外交和国际贸易部转交给相关机构。

相关机构对申请书提出是否同意的指导意见后，将这些意见提交给外交和国际贸易部。最后，外交和国际贸易部依据这些相关部门的意见，决定是否批准该申请书。

可参考下面的审批流程图(见图 5 - 4)，因为加拿大并没有公开其内部的具体审批流程，所以此图仅供研究者参考。

3. 外国人申请海洋科学研究涉及的其他问题

1) 申请与批准的时间与要求①

依据《联合国海洋法公约》的规定，应在海洋科学研究计划预定开始日期至少 45 个公历日之前②，向加拿大外交和国际贸易部提交申请书。

提交下列各项的详细说明③：

---

① 加拿大 1983 年曾经公布外国计划在加拿大水域进行海洋科学研究，需要通过驻加使馆通过外交途径向加拿大外交和国际贸易部提交相关内容的外交照会，主要内容与条件与《联合国海洋法公约》规定的内容基本一致，但是要求在进入加拿大管辖的水域或港口 45 个公历日之前提交申请。

② 《联合国海洋法公约》第 248 条。

③ 《联合国海洋法公约》第 248 条。

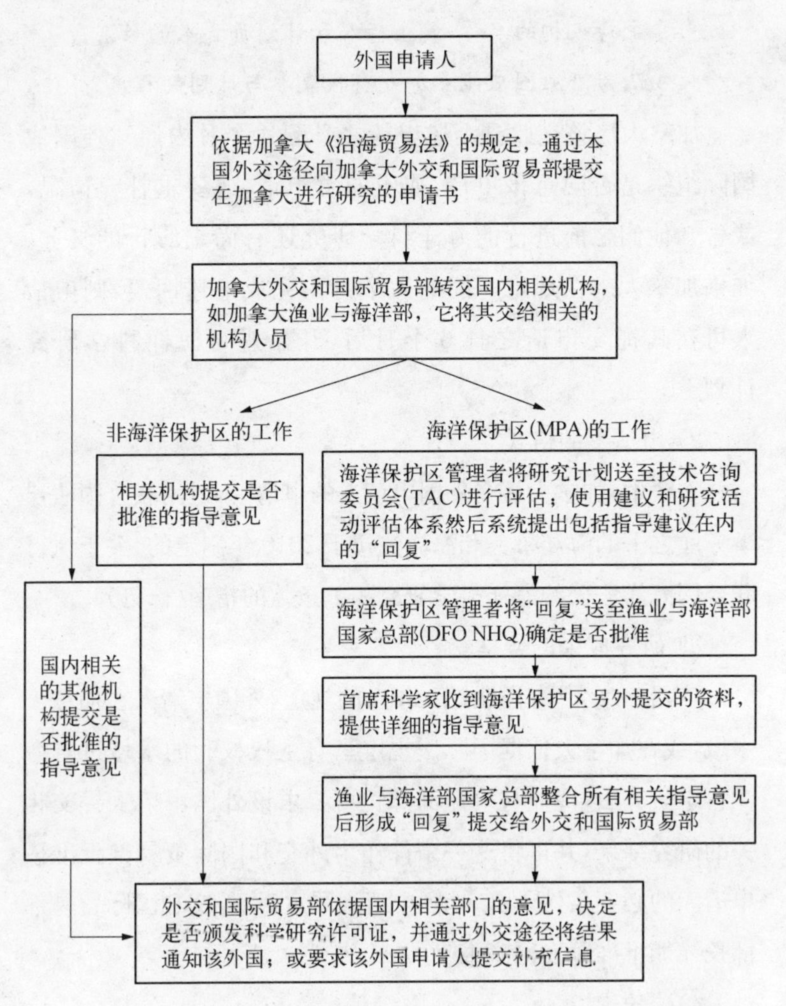

图5-4　外国申请人在加拿大进行海洋科学研究的审批流程图

计划的性质和目标；

使用的方法和工具，包括船只的船名、吨位、类型和级别，以及科学装备的说明；

进行计划的精确区域；

研究船最初到达和最后离开的预定日期，或装备的部署和拆除的预定日期，视情况而定；

主持机构的名称，其主持人和计划负责人的姓名；

认为沿海国应能参加或有代表参与计划的程度。

加拿大应该在收到上述申请之日起4个月内通知外国或国际组织是否同意该申请，或不同意申请，或要求补充情况，或告知他们之前进行的海洋科学研究还有尚未履行的义务。如果加拿大未在规定时间的4个月内完成上述回复，则申请人可在其提交申请之日6个月后，开始进行海洋科学研究计划①。

2）申请书的格式

实践中，加拿大接受外国申请人的申请书，适用联合国法律事务厅之下的海洋事务和海洋法司于2010年制定的《关于执行联合国海洋法公约海洋科学研究相关条款的指南(修订)》。

3）研究成果的分享

依据加拿大《海洋法》第44条的规定，外国申请人在加拿大水域，或在加拿大依据国际法规定享有主权权利的水域进行海洋科学研究后，渔业与海洋部部长可要求该外国申请人提交相关的研究结果，并可将这一条件作为外交和国际贸易部批准该申请人的必要条件，在该外国申请人同意后，外交和国际贸易部部长才能批准颁发同意书②。

4）报告制度

如果外国政府海洋科学研究的任何部分位于加拿大的领海中，则依据加拿大《移民和难民保护法》和《海关法》规定的报告要求，必须在一旦抵达时向加拿大边境服务局报告。

如果外国的海洋科学研究仅在加拿大领海之外的专属经济

---

① 《联合国海洋法公约》第252条。

② Canada Oceans Act, Article 44.

区内和大陆架上进行，则不需要向加拿大边境服务局报告[1]。

5）其他相关问题

如果研究人员需要在加拿大上岸，则需要提前办理签证等事项，如果仅在船上的话则不需要；如果在加拿大领空使用飞机，则需要办理相关手续。

三、俄罗斯海洋科学研究的法规与政策

早在17世纪，俄罗斯的探险家已经开始航海探险，他们是北极和北太平洋的亚洲区域的发现者。20世纪上半叶，俄罗斯的海洋研究主要集中在近海和内海，俄罗斯国内战争后，对北极的研究立即重新开始并快速发展，20世纪下半叶对远洋的海洋研究开始重视，当时苏联组建世界上最先进的海洋调查船队展开全球海洋研究。20世纪90年代后，俄罗斯的海洋调查范围大幅下降[2]。

针对北极的科学研究，俄罗斯联邦总统于2001年7月27日批准《2020年前俄罗斯联邦北极地区国家政策原则及远景规划》，在该规划中，确定了海洋科学研究作为国家海洋政策的战略优先重点，这在规划中表现为第三部分[3]（重点）：

三、俄罗斯联邦北极国家政策的基本目标和战略优先重点

6. 俄罗斯联邦北极国家政策的基本目标是：

（e）在科学和技术领域，保障足够的基础性和应

---

① CBSA Memorandum D2－1－2：Foreign Scientific or Exploratory Expeditions in Canada，Article 5.

② N. N. 米哈依洛夫.俄罗斯的海洋调查[M].蔡东明，编译.北京：海洋出版社，2014.

③ 参见 Basics of the State Policy of the Russian Federation in the Arctic for the Period till 2020 and for a Future Perspective.

用性科学研究，为北极领土管理积累现代科学知识和地理信息，包括研究北极自然与气候条件下的国防和安全问题，以及维护生命保障系统和生产活动设备的方法与手段；

7. 俄罗斯联邦北极国家政策的战略优先重点是：

(g) 通过扩大对北极的基础性和应用性研究，改进俄罗斯联邦北极区域社会经济发展的国家管理体制。

目前俄罗斯管理海洋科学研究的部门是俄罗斯联邦教育科学部。

俄罗斯联邦依据国际法与国内法，对其领海、专属经济区和大陆架上的科学研究活动行使主权和管辖权，也制定相应的法规来行使这些权利。

对于国际法依据，俄罗斯联邦 1997 年批准的《联合国海洋法公约》成为其管理海洋科学研究活动的主要国际法依据，其国内法亦是依据该公约而制定。

对于国内法，俄罗斯联邦于 2004 年 7 月 30 日公布政府第 391 号令，批准《俄罗斯联邦内海、领海、专属经济区和大陆架内海洋科学研究实施法规》(以下简称为《2004 法规》)，同时废除 2001 年颁布的《关于批准俄罗斯联邦专属经济区内海洋科学研究的提请和相应决策法规》。

目前《2004 法规》适用于俄罗斯联邦管埋之下的所有海域，包括北极区域。该法规包括俄罗斯联邦相关海域进行海洋科学研究活动的所有问题，特别是关于申请与批准海洋科学研究的程序，包括关于外国人申请在俄罗斯联邦的内海、专属经济区和大陆架进行科学研究的程序，因本书主要介绍外国申请科学研究的内容，因而对于《2004 法规》中涉及俄罗斯本国申请人的内容不作阐述,详细内容可见本书所附法规,另外俄罗斯在其他立法中(如《俄罗斯大陆架法》)也对相关海域的海洋科学研究有详细规定,但内容与《联合国海洋法公约》的规定基本一致。

(一) 可进行海洋科学研究的主体

他国和主管国际组织,以及他国或主管国际组织授权的外国公民和外国法人可以进行海洋科学研究①。

(二) 颁发许可证的机关

执行科学、科技活动领域国策的联邦权力执行机关是颁发许可证的机关②。

(三) 外国申请人申请海洋科学研究的时间与途径

外国申请人至少在研究预定开始日期6个月前通过外交途径(俄联邦参加的国际条约另有规定除外),向联邦科学技术权力执行机关提出申请③。

(四) 外国申请人提交的申请书主要内容

依据《2004法规》的规定,外国申请人在提交申请书的时候,申请书中需包含以下内容④:

(1) 以一种通用地图投影编制而成的每项海洋科学研究区域的详细地图(示意图),图上应标注:

地理坐标网格;

海洋科学研究区域的边界;

---

① 《俄罗斯联邦内海、领海、专属经济区和大陆架内海洋科学研究实施法规》第2条b款。

② 《俄罗斯联邦内海、领海、专属经济区和大陆架内海洋科学研究实施法规》第3条。

③ 《俄罗斯联邦内海、领海、专属经济区和大陆架内海洋科学研究实施法规》第30条。

④ 《俄罗斯联邦内海、领海、专属经济区和大陆架内海洋科学研究实施法规》第31条。

海洋科学研究期间船舶(其他运载工具)的航行路线;

海洋科学研究所使用的自控测量器材的装设点。

(2) 外方申请人在俄联邦内海、领海、专属经济区或大陆架内最近一次进行的海洋科学研究的信息,包括:

进行海洋科学研究所依据的联邦科学技术权力执行机关许可证的日期和编号;

海洋科学研究的名称;

海洋科学研究所使用船舶(运载工具类型)的名称;

海洋科学研究区域的地理坐标;

进行海洋科学研究的期限;

向俄联邦国家科学组织提交上述海洋科学研究所获得的样品和资料副本的证明文件,或是说明未提交样品和资料副本的原因的文件,同时指出可能的提交期限。

(3) 海洋科学研究中俄联邦公民和俄罗斯法人的参与形式和参与程度信息。

(4) 许可证所申请的海洋科学研究的其他材料以及这些研究的说明材料。

(五) 对外国人申请书的审批时间

俄联邦科学技术权力执行机关通过外交途径,在收到申请书后4个月内发给外方申请人许可证或者发出以下通知[①]:

(1) 拒绝发放许可证;

---

① 《俄罗斯联邦内海、领海、专属经济区和大陆架内海洋科学研究实施法规》第35条。

(2) 必须提供海洋科学研究的补充信息；

(3) 申请书中的信息不符合海洋科学研究的性质和目标以及研究实施方法。

(六) 拒绝发放许可证的情况

《2004法规》规定，在下列几种情况不向本国及外国申请人颁发许可证：

(1) 如果怀疑所申请的研究是否专为和平目的而进行，以及在以下情况下，可拒绝向俄方申请人和外方申请人发放许可证[①]：

① 与研究、寻找、勘探和开发非生物资源或研究、勘探和捕捉生物资源有直接关系；

② 违反海洋环境、生物或非生物资源的保护要求；

③ 涉及大陆架的钻探、炸药、气动装置的使用或将有害物质引入海洋环境；

④ 涉及人工岛屿、设施和结构的建造、操作或使用；

⑤ 对俄联邦在专属经济区和大陆架内实现主权权利和管辖权所进行的活动造成不当干扰。

(2) 如果海洋科学研究不符合申请书中指出的研究性质或目标的相关信息，则可拒绝向俄方申请人和外方申请人发放许可证[②]。

(3) 如果俄方或外方申请人由于先前进行海洋科学研究而

---

① 《俄罗斯联邦内海、领海、专属经济区和大陆架内海洋科学研究实施法规》第38条。

② 《俄罗斯联邦内海、领海、专属经济区和大陆架内海洋科学研究实施法规》第39条。

对俄联邦负有尚未履行的义务，则可拒绝向俄方申请人和外方申请人发放许可证[①]。

（七）获得许可证的申请人义务

(1) 外国申请人，以及海洋科学研究的领导和研究所用船舶的船长必须[②]：

① 确保履行本法规、俄联邦法律以及俄联邦参加的国际条约；

② 确保安全、地质和地下资源利用、环境保护、矿山和工业监督、渔业以及海事领域的联邦权力执行机关的负责人可自由登上船舶、查看研究项目或进入考察队岸上或冰上驻地，以便检查研究所用的设备和机械器材，以及用于保障生态安全和预防环境污染的器材，旨在确定是否符合申请书中的信息，在查看时要进行必要的说明；

③ 定期与许可证中指出的俄联邦海岸部门保持联系；

④ 如果研究计划发生任何变化，其中包括预定变化和紧急情况所引起的变化、研究中断、被迫偏离航线或航线延时、研究过程中修建和拆除科研工程、装设(撤收)航海、地球物理、水声和其他设备，应立即通知联邦科学技术权力执行机关。俄方申请人还应将该信息发至许可证所指出的安全、反技术侦察和信息技术保护领域的联邦权力执行机关的地区管理局(机关)，

① 《俄罗斯联邦内海、领海、专属经济区和大陆架内海洋科学研究实施法规》第40条。

② 《俄罗斯联邦内海、领海、专属经济区和大陆架内海洋科学研究实施法规》第46条。

以及海军舰队(船队)司令部；

⑤ 于实际可行的情况下，尽快向俄联邦国家资料库提供气象、水文、水化学、水生生物观测、环境状态观测、环境污染观测，以及许可证规定的其他观测资料的副本(资料库所在地见许可证)；

⑥ 如果研究船、飞行器、设施和结构上的必需设备按照世界气象组织的标准程序在国际基本天气观测时经过海岸无线电中心(海岸无线电台)向最近的俄联邦水文气象中心传递气象、水文和高空气象观测联机数据，若许可证规定了上述观测，则应告知所发现的石油、毒物、垃圾和废水对海洋环境的污染情况；

⑦ 不对俄联邦为实现主权权利和管辖权所进行的活动造成不当干扰。

(2) 俄方申请人和外国申请人必须自费确保联邦科学技术权力执行机关专门委托的俄联邦代表参加其举行的海洋科学研究，以监督申请人是否遵守许可证的条件[①]，其中包括：

① 安置并完全确保在研究船、飞行器、设施和结构上与指挥(领导)人员同等条件；

② 使用海洋科学研究所用的设备和技术器材，以确定是否符合申请书的信息，并可使用通信工具；

③ 查看海洋科学研究所获得的所有资料和样品，并且在许可证有所规定的情况下，获得可以复制的资料和可以分开而不致有损其科学价值的样品。

---

① 《俄罗斯联邦内海、领海、专属经济区和大陆架内海洋科学研究实施法规》第47条。

(3) 完成海洋科学研究后，申请人必须[1]：

① 于实际可行的情况下，尽快向联邦科学技术权力执行机关提供初步研究报告，并于海洋科学研究完成后的3个月内提供最终报告。外方申请人提供上述资料时同时使用俄语和申请人语言；

② 向联邦科学技术权力执行机关提供本法规第56条和第71条所规定的资料和样品的转交信息；

③ 除非另有规定，海洋科学研究完成后应立即拆除设施、结构和装备。

(4) 外国申请人必须将海洋科学研究所获得的可进行复制的资料、可以分开而不致有损其科学价值的样品(按照本法规第47条c款所规定方式转交给俄联邦代表的除外)、资料和样品的最终处理成果，以及该项研究的结论提供给俄联邦国家科学组织(科学组织所在地见许可证)[2]。

(5) 外国申请人完成海洋科学研究并向俄联邦递交获得的所有资料后，通过国内或国际途径确保研究成果在国际上可取得，涉及本法规第38条a款所指信息时除外。经俄联邦政府同意后可公布这些信息[3]。

(八) 改动海洋科学研究计划的程序

如果在海洋科学研究开始之前，外国申请人必须更改研究计划或许可证所指的研究实施条件，则申请人应征得联邦科学

---

① 《俄罗斯联邦内海、领海、专属经济区和大陆架内海洋科学研究实施法规》第48条。

② 《俄罗斯联邦内海、领海、专属经济区和大陆架内海洋科学研究实施法规》第56条。

③ 《俄罗斯联邦内海、领海、专属经济区和大陆架内海洋科学研究实施法规》第57条。

技术权力执行机关的同意[①]。

如果联邦科学技术权力执行机关确认收到改动通知，在收到通知后的60天内没有提出反对意见，则视为同意改动海洋科学研究计划[②]。

（九）海洋科学研究的暂停与终止

(1) 如果海洋科学研究违反了本法规，则可根据联邦科学技术权力执行机关、保护机构或本法规第47条所指的俄联邦代表的决议予以暂停，或是根据联邦科学技术权力执行机关的决议予以终止[③]。

(2) 在以下情况下，可暂停海洋科学研究[④]：

① 改动海洋科学研究方案，违背了申请书或本法规第43条所规定信息中给出的资料；

② 申请人不遵守本法规所规定的自己对俄联邦承担的义务。

(3) 在规定期限内消除违规并向联邦科学技术权力执行机关、保护机关或本法规第47条所指的做出暂停海洋科学研究决定的俄联邦代表提交保证书，保证今后不发生类似违规，然后根据联邦科学技术权力执行机关的书面指示可重新开始海洋科学研究[⑤]。

---

① 《俄罗斯联邦内海、领海、专属经济区和大陆架内海洋科学研究实施法规》第49条。

② 《俄罗斯联邦内海、领海、专属经济区和大陆架内海洋科学研究实施法规》第50条。

③ 《俄罗斯联邦内海、领海、专属经济区和大陆架内海洋科学研究实施法规》第58条。

④ 《俄罗斯联邦内海、领海、专属经济区和大陆架内海洋科学研究实施法规》第59条。

⑤ 《俄罗斯联邦内海、领海、专属经济区和大陆架内海洋科学研究实施法规》第60条。

(4) 在以下情况下，应立即终止海洋科学研究[①]：

① 海洋科学研究未经许可(本法规第37、44条规定的情况除外)；

② 俄方申请人或外国申请人在未按规定期限消除暂停违规事项的情况下，重新开始已被暂停的海洋科学研究。

四、挪威海洋科学研究的法规与政策

挪威于1982年12月10日签署，1996年6月24日批准《联合国海洋法公约》(1996年7月24日生效)[②]，并于2006年11月27日向联合国大陆架界限委员会提交挪威海、巴伦支海等海域的外大陆架划界案。2009年3月27日，大陆架界限委员会就挪威划界案提出建议[③]。

挪威依据历史权利、地理条件和当地居民的切身利益，1935年挪威国王颁布的敕令中也确定了4海里的渔区，后来国际法院在裁决中认为该渔区即为挪威的领水[④]。因此，挪威的领海长期以来一直是4海里，但到2004年1月1日起，挪威将大陆、斯瓦尔巴德群岛和扬马延岛的领海从4海里扩大到12海里[⑤]。

1977年1月1日，挪威大陆沿岸海域设立200海里的专属

---

① 《俄罗斯联邦内海、领海、专属经济区和大陆架内海洋科学研究实施法规》第61条。

② http：//www. un. org/depts/los/convention _ agreements/convention_declarations. htm#Norway Upon ratification.

③ http：//www. un. org/Depts/los/clcs _ new/submissions _ files/submission_nor. htm.

④ 王泽林.北极航道法律地位研究[M].上海：上海交通大学出版社，2014：301－320.

⑤ Royal Decree of 27 June 2003 No. 798 on the enter into force of Act No. 57 relating to Norway's territorial waters and contiguous zone.

经济区，1980年在扬马延岛海域设立200海里的渔区①，1977年在斯瓦尔巴德群岛海域宣布200海里的“渔业保护区”②。

（一）挪威的海洋科学研究制度

2001年3月30日，挪威制定《关于外国在挪威内水、领海和经济区以及大陆架上进行海洋科学研究的规章》（以下简称《规章》），2001年7月1日开始生效。该《规章》对外国在挪威管辖海域以及大陆架进行海洋科学研究作了详细的规定，包括海洋科学研究申请的程序与批准的条件等内容。（具体的内容可参看本书附录笔者翻译的《关于外国在挪威内水、领海和经济区以及大陆架上进行海洋科学研究的规章》和挪威《计划研究航行的通知》。）

1. 适用范围与对象

《规章》适用范围为挪威内水、领海和经济区，以及大陆架。

《规章》适用对象为外国的海洋科学研究。具体而言，是指研究国是外国而不是挪威，或者该研究是由国际组织实施。研究国是指领导该计划的研究人员或机构是该国居民。如果来自几个国家的研究人员或机构参加一个研究计划，该计划的首席研究员或机构所属的国家被视为研究国。“国际组织”应指其目标是实施科学研究的政府间国际组织③。

2. 批准制度

外国海洋科学研究如果在挪威内水、领海和经济区，以及大

---

① Royal Decree 23 May 1980 no 4 on the establishment of a fisheries zone off Jan Mayen.

② Royal Decree of 3 June 1977 no 6 on the Fisheries Protection Zone off Svalbard.

③ Regulations relating to Foreign Marine Scientific Research in Norway's internal waters, territorial sea and economic zone and on the continental shelf, article 4.

陆架上实施，则必须经过挪威渔业局的同意，否则不得进行[①]。

如果出现下面这种情况则视为默示同意，即挪威渔业局收到申请书4个月后，如果没有正式通知研究国或国际组织下列事项[②]：

(1) 不予同意；

(2) 已经提交的信息明显与事实不符；

(3) 要求提交进一步的信息；

(4) 申请的国家或国际组织对在挪威内水、领海和经济区或大陆架上先前进行的研究计划而对沿海国负有尚未履行的义务。

但是，默示同意也不适用于下面两种情况：

(1) 如果依据本规章第7条所列法律所规定的，或依据这些法律所颁布的规章另有规定的除外；

(2) 在挪威内水和领海进行的研究。

3. 同时需要遵守其他法规

依据《规章》，外国的海洋科学研究还需要遵守挪威的其他法规，如果《规章》与这些法规发生冲突，则这些法规优先适用[③]。

---

① Regulations relating to Foreign Marine Scientific Research in Norway's internal waters, territorial sea and economic zone and on the continental shelf, article 6.

② Regulations relating to Foreign Marine Scientific Research in Norway's internal waters, territorial sea and economic zone and on the continental shelf, article 10.

③ Regulations relating to Foreign Marine Scientific Research in Norway's internal waters, territorial sea and economic zone and on the continental shelf, article 3.

这些法规包括[①]：

关于国防机密的法律；

关于海底油气资源及其他自然资源科学研究与勘探开发的法律；

关于挪威捕鱼区和禁止外国人在该捕鱼区捕鱼等行为的法律；

关于海水渔业的法律；

关于外国人进入挪威王国和停留的法律；

关于引航服务的法律；

关于石油活动的法律；

关于挪威海岸警卫队的法律；

关于在斯瓦尔巴群岛设立鸟类保护和大型自然保护区的规章；

关于外国人进入挪威王国和停留的规章；

关于和平时期外国非军事船只进入和通过挪威领海的规章。

4. 申请与批准时间

海洋科学研究申请书应当由实施该研究的研究人员、研究机构或国际组织提交给渔业局。申请书应当在研究计划开始日期6个月之前提交，除非与个人申请有关渔业局允许缩短提交的时间限制。渔业局应当尽快回复申请书，通常在收到申请书2个月内回复[②]。

---

① Regulations relating to Foreign Marine Scientific Research in Norway's internal waters, territorial sea and economic zone and on the continental shelf, article 7.

② Regulations relating to Foreign Marine Scientific Research in Norway's internal waters, territorial sea and economic zone and on the continental shelf, article 8.

申请书应该包括以下内容①：

(1) 负责计划的机构及其主持人、计划负责人的名称和国籍；

(2) 计划的性质和目标；

(3) 使用的方法和工具，包括船只的名称、船东、注册国家、责任保险、吨位、类型和等级，和科学装备的说明；

(4) 进行计划的精确地理区域，研究船只最初到达和最后离开的预定日期，或如有的话，设备的部署和拆除的预计日期；

(5) 认为沿岸国应能参加或有代表参与计划的程度。

5. 批准的条件

经挪威渔业局审核后，对符合下列条件的外国海洋科学研究，挪威可批准其申请②。

(1) 挪威当局或其指定的研究人员应当有权参加或有代表参与海洋科学研究计划，特别是基于可行时在研究船和其他船只上或在科学研究设施上进行，但对沿海国的科学工作者无须支付任何报酬，沿海国亦无分担计划费用的义务；

(2) 挪威当局如果提出要求，应当在实际可行范

① Regulations relating to Foreign Marine Scientific Research in Norway's internal waters, territorial sea and economic zone and on the continental shelf, article 9.

② Regulations relating to Foreign Marine Scientific Research in Norway's internal waters, territorial sea and economic zone and on the continental shelf, article 11.

围内尽快向其提供初步报告，并于研究完成后提供所得的最后成果和结论；

(3) 挪威当局如果提出要求，应当向其提供从海洋科学研究计划所取得的一切资料和样品，并同样向其提供可以复制的资料和可以分开而不致有损其科学价值的样品；

(4) 挪威当局如果提出要求，应当向其提供第3款所提及的此种资料、样品和研究成果的评价，或协助其加以评价或解释。

6. 研究相关的义务

依据《规章》，外国的海洋科学研究不得不当地干扰其他对海洋的合法使用①，与海洋科学研究有关的任何活动应当符合适用于挪威内水、领海和经济区以及大陆架的所有法规，包括海洋环境保护和保存的法规②。如果研究计划有重大改变和所用船只有任何变化，研究国或国际组织应当通知迅速沿海国③。研究人员、研究机构或国际组织负有义务接受挪威海岸警卫队检查研究船只或研究设施的要求④。渔业局可要求研究船只每天

① Regulations relating to Foreign Marine Scientific Research in Norway's internal waters, territorial sea and economic zone and on the continental shelf, article 12.

② Regulations relating to Foreign Marine Scientific Research in Norway's internal waters, territorial sea and economic zone and on the continental shelf, article 13.

③ Regulations relating to Foreign Marine Scientific Research in Norway's internal waters, territorial sea and economic zone and on the continental shelf, article 14.

④ Regulations relating to Foreign Marine Scientific Research in Norway's internal waters, territorial sea and economic zone and on the continental shelf, article 15.

报告位置,要求研究船只应当安装卫星跟踪设备,要求研究船只报告其他与研究活动相关的事项,如研究活动的开始和取样时间①。

五、丹麦海洋科学研究的法规与政策

如果科学研究在丹麦的三海里范围内,丹麦政府要求必须有丹麦的科学家在研究平台之上。

如果科学研究涉及下述事项,则需填写《丹麦极地中心申请书》:

国家公园的研究活动;

Qimuseriarssuaq / Melville Bay 自然保护区的研究活动;

Arnangarnup Qoorua / Sarfartoq 山谷自然保护区的研究活动;

图勒(Thule)空军基地的研究活动;

地球科学;

投放气球;

激光的应用;

天线或仪器的户外安装;

损害环境的项目;

低空飞行;

空投;

对鱼类、哺乳动物及鸟类的捕捉、猎杀、标签或套环;

峡湾或海冰上的研究活动。

依据《丹麦北极战略 2011～2020》的相关内容,丹麦北极研

① Regulations relating to Foreign Marine Scientific Research in Norway's internal waters, territorial sea and economic zone and on the continental shelf, article 16.

究战略主要规划[1]如下：

丹麦的北极研究在全球处于前沿水平，研究和培训工作必须支持北极的工业和社会的发展。

格陵兰岛在自然、地理、生物学以及自然与人类的相互影响等方面提供了众多独特的机会。对北极冰盖的研究与监控和对北极的气候与环境演变的研究在全球的传播和使用是至关重要的。北极地区居民实际应用研究成果以支持其文化、社会、经济和工业的迅速发展亦非常重要。因此，北极研究成果必须被清楚地用来提升北极居民（不仅是北极土著居民）的利益。所以社会科学和健康的研究将发挥关键作用。

丹麦将保持在与北极相关的一系列研究领域中处于国际领先位置，并将促进国家与国际的北极研究工作。

丹麦将努力促进丹麦、格陵兰和法罗群岛的学术与科学机构参与国际研究和监控活动。这包括北极气候变化对全球与地区影响的量化管理，如北极生态系统、海冰和冰盖是如何对气候变化反应，以及北极内外的居民和社区而言，该气候变化带来的后果与重要性。

北极的研究和监控使得资源和运输紧张，所以必须持续鼓励上述项目的国际合作，以及寻找更灵活的管理方法以便利对该地区的访问和减少项目的行政负担。

北极的研究也要必须帮助及支持文化、社会、经济和商业的发展。必须建立更多的知识和数据，特别是这些知识和数据亦用于研究伙伴所处的北极，如将优先考虑自然资源和更多的社会科学领域。外国研究者的广泛研究必须在更大程度上扩散到更多的相关机构与社区。

---

① 参见 Kingdom of Denmark Strategy for the Arctic 2011 - 2020.

附　录

附录一　南极条约

（1959年12月1日订于华盛顿，
1961年6月23日生效）①

阿根廷、澳大利亚、比利时、智利、法兰西共和国、日本、新西兰、挪威、南非联邦、苏维埃社会主义共和国联盟、大不列颠及北爱尔兰联合王国和美利坚合众国政府，承认为了全人类的利益，南极应继续并永远专用于和平目的，不应成为国际纷争的场所和对象；认识到在南极科学考察中的国际合作为科学研究作出的重大贡献；确信建立坚实的基础，以便按照国际地球物理年期间的实践，在南极科学调查自由的基础上继续和发展这种国际合作是符合科学和全人类进步的利益的；并确信保证南极只用于和平目的和继续保持在南极的国际和睦的条约将促进联合国宪章的宗旨和原则。

协议如下：

---

① 文本来源：南极条约体系[M].李占生，宋荔，高风，编译.天津：天津大学出版社，1997.

第一条

1. 南极应只用于和平目的。一切具有军事性质的措施，如建立军事基地、建筑要塞、进行任何类型武器的试验以及军事演习，均予禁止。

2. 本条约不妨碍为了科学研究或任何其他和平目的而使用军事人员或军事设备。

第二条

在国际地球物理年内所实行的南极科学调查自由和为此目的而进行的合作，应按照本条约的规定予以继续。

第三条

1. 依据本条约第二条的规定，为了促进南极科学考察中的国际合作，缔约各方同意在一切实际可行的范围内：

(a) 交换南极科学考察计划的信息，以便获得最经济、最有效的作业效果；

(b) 在南极各考察队和各考察站之间交换科学人员；

(c) 南极的科学考察报告和成果应予交换并可自由得到。

2. 在实施本条款时，应尽力鼓励同南极具有科学和技术兴趣的联合国专门机构以及其他国际组织建立合作的工作关系。

第四条

1. 本条约的任何规定不得解释为：

(a) 缔约任何一方放弃在南极原来所主张的领土主权权利或领土的要求；

(b) 缔约任何一方全部或部分放弃由于它在南极的活动或由于它的国民在南极的活动或其他原因而构成的对南极领土主权的要求的任何根据；

(c) 损害缔约任何一方关于它承认或否认任何其他国家在南极的领土主权的要求或要求的依据的立场。

2. 在本条约有效期间所发生的一切行为或活动,不得构成主张、支持或否定对南极的领土主权的要求的基础,也不得创立在南极的任何主权权利。在本条约有效期间,对在南极的领土主权不得提出新的要求或扩大现有的要求。

第五条

1. 禁止在南极进行任何核爆炸和在该区域处置放射性废物。

2. 如果在使用核能包括核爆炸和处置放射性废物方面达成国际协定,而其代表有权参加本条约第九条所列举的会议的缔约各方均为缔约国时,则该协定所确立的规则均适用于南极。

第六条

本条约的规定应适用于南纬60°以南的地区,包括一切冰架;但本条约的规定不应损害或在任何方面影响任何一个国家在该地区内根据国际法所享有的对公海的权利或行使这些权利。

第七条

1. 为了促进本条约的宗旨,并保证这些规定得到遵守,有权派代表参加本条约第九条所述的会议的缔约各方,有权指派观察员进行本条约所规定的任何视察。观察员应为指派他的缔约国的国民。观察员的姓名应通知其他有权指派观察员的缔约各方,对其任命的终止也应给以同样的通知。

2. 根据本条第一款的规定所指派的每一个观察员,应有完全的自由在任何时间进入南极的任何一个或一切地区。

3. 南极的一切地区,包括所有考察站、设施和设备,以及在南极装卸货物或运送人员的地点的一切船只和飞机,应随时对根据本条第一款所指派的任何观察员开放,任其视察。

4. 有权指派观察员的任何缔约国,可于任何时间在南极的任何或一切地区进行空中视察。

5. 缔约每一方，在本条约对它生效时，应将下列情况通知其他缔约各方，并且以后应事先将下列情况通知它们：

(a) 由其船只或国民组成的前往南极和已在南极的一切考察队，以及在它领土上组织或从它领土上出发的一切前往南极的考察队；

(b) 由其国民在南极所占驻的所有考察站；

(c) 依照本条约第一条第2款规定的条件，准备运往南极的任何军事人员或装备。

第八条

1. 为了便利缔约各方行使本条约规定的职责，并且不损害缔约各方关于在南极对所有其他人员行使管辖权的各自立场，根据本条约第七条第1款指派的观察员和根据本条约第三条第1款(b)项而交换的科学人员以及任何这些人员的随从人员，在南极为了行使他们的职责而逗留期间发生的一切行为或不行为，应只受他们所属缔约一方的管辖。

2. 在不损害本条第1款的规定，并在依照第九条第1款(e)项采取措施以前，有关的缔约各方对在南极行使管辖权的任何争端应立即共同协商，以求达到相互可以接受的解决。

第九条

1. 本条约序言所列缔约各方的代表，应于本条约生效之日后两个月内在堪培拉市开会，并在以后于合适的期间和地点开会，目的在于交换信息、一道协商有关南极的共同利益问题，并制定、审议以及向本国政府建议旨在促进本条约的原则和宗旨的措施，这些有关措施包括：

(a) 南极只用于和平目的；

(b) 便利在南极的科学研究；

(c) 便利在南极的国际科学合作；

(d) 便利行使本条约第七条所规定的视察权利；

(e) 关于在南极管辖权的行使问题；

(f) 南极有生资源的保护与养护。

2. 任何根据第十三条而加入本条约的缔约国当其在南极进行诸如建立科学站或派遣科学考察队的实质性的科学研究活动而对南极表示兴趣时，有权委派代表参加本条第1款中提到的会议。

3. 本条约第七条提及的观察员的报告，应送交参加本条第1款所述的会议的缔约各方的代表。

4. 本条第1款所述的各项措施，应在有权派代表参加审议这些措施的会议的缔约各方同意时才能生效。

5. 本条约确立的任何或一切权利自本条约生效之日起即可行使，不论对行使这种权利的便利措施是否按照本条的规定而已被提出、审议或批准。

第十条

缔约每一方保证作出符合《联合国宪章》的适当的努力，务使任何人不得在南极从事违反本条约的原则和宗旨的任何活动。

第十一条

1. 如两个或多个缔约国对本条约的解释或执行发生任何争端，则有关缔约各方应彼此协商，以使该争端通过谈判、调查、调停、和解、仲裁、司法裁决或它们自己选择的其他和平手段得到解决。

2. 没有得到如此解决的任何这种性质的争端，在有关争端所有各方都同意时，应提交国际法院解决，但如对提交国际法院未能达成协议，也不应排除争端各方根据本条第1款所述的各种和平手段的任何一种继续设法解决该争端的责任。

第十二条

1. (a) 经其代表有权参加第九条规定的会议的缔约各方的一致同意,可在任何时候修改或修正本公约。任何这种修改或修正应在保存国政府从所有这些缔约各方接到它们已批准这种修改或修正的通知时生效。

(b) 这种修改或修正对任何其他缔约一方的生效,应在其批准的通知已由保存国政府收到时开始。任何这样的缔约一方,依照本条第1款(a)项的规定修改或修正开始生效的两年期间内尚未发出批准修改或修正的通知,应认为在该期限届满之日已退出本条约。

2. (a) 如在本条约生效之日起满30年后,任何一个其代表有权参加第九条规定的会议的缔约国用书面通知保存国政府的方式提出请求,则应尽快举行包括一切缔约国的会议,以便审议条约的实施情况。

(b) 经出席上述会议的大多数缔约国,包括其代表有权参加第九条规定的会议的大多数缔约国,所同意的本条约的任何修改或修正,应由保存国政府在会议结束后立即通知所有缔约国,并应依照本条第1款的规定生效。

(c) 任何这种修改或修正,如在通知所有缔约国之日以后两年内尚未依照本条第1款(a)项的规定生效,则任何缔约国得在上述时期届满后的任何时候,向保存国政府发出其退出本条约的通知;这样的退出应在保存国政府接到通知的两年后生效。

第十三条

1. 本条约须经各签字国批准。对于联合国任何会员国,或经其代表有权参加本条约第九条规定的会议的所有缔约国同意而邀请加入本条约的任何其他国家,本条约应予开放,任其加入。

2. 批准或加入本条约应由各国根据其宪法程序实行。

3. 批准书和加入书应交存于美利坚合众国政府,该国政府已被指定为保存国政府。

4. 保存国政府应将每个批准书或加入书的交存日期、本条约的生效日期以及对本条约任何修改或修正日期通知所有签字国和加入国。

5. 当所有签字国都交存批准书时,本条约应对这些国家和已交存加入书的国家生效。此后本条约应对任何加入国在它交存其加入书时生效。

6. 本条约应由保存国政府按照《联合国宪章》第102条进行登记。

第十四条

本条约用英文、法文、俄文和西班牙文写成,每种文本具有同等效力。本条约应交存于美利坚合众国政府的档案库中。美利坚合众国政府应将正式核证无误的副本递交所有签字国和加入国政府。

附录二 斯瓦尔巴德条约

（斯匹次卑尔根条约）①

美利坚合众国总统，大不列颠、爱尔兰及海外领地国王兼印度皇帝陛下，丹麦国王陛下，法兰西共和国总统，意大利国王陛下，日本天皇陛下，挪威国王陛下，荷兰女王陛下，瑞典国王陛下：

希望在承认挪威对斯匹次卑尔根群岛，包括熊岛拥有主权的同时，在该地区建立一种公平制度，以保证对该地区的开发与和平利用。

指派下列代表为各自的全权代表，以便缔结一项条约；其互阅全权证书，发现均属妥善，兹协议如下：

第一条

缔约国保证根据本条约的规定承认挪威对斯匹次卑尔根群岛和熊岛拥有充分和完全的主权，其中包括位于东经 10°～35°

① 文本来源：陆俊元．北极地缘政治与中国应对[M]．北京：时事出版社，2010．原文注明“本译文由外交部翻译”。原译文中的附件二第九条(c)(ii)未翻译，笔者翻译后补充于译文中。

之间、北纬 74°～81°之间的所有岛屿，特别是西斯匹次卑尔根群岛、东北地岛、巴伦支岛、埃季岛、希望岛和查理王岛以及所有附属的大小岛屿和暗礁。

第二条

缔约国的船舶和国民应平等地享有在第一条所指的地域及其领水内捕鱼和狩猎的权利。

挪威应自由地维护、采取或颁布适当措施，以便确保保护并于必要时重新恢复该地域及其领水内的动植物；并应明确此种措施均应平等地适用于各缔约国的国民，不应直接或间接地使任何一国的国民享有任何豁免、特权和优惠。

土地占有者，如果其权利根据第六条和第七条的规定已得到承认，将在其下列所有地上享有狩猎专有权：(1) 依照当地警察条例的规定为发展其产业而建造的住所、房屋、店铺、工厂及设施所在的邻近地区；(2) 经营或工作场所总部所在地周围 10 千米范围内地区；在上述两种情形下均须遵守挪威政府根据本条的规定而制定的法规。

第三条

缔约国国民，不论出于什么原因或目的，均应享有平等自由进出第一条所指地域的水域、峡湾和港口的权利；在遵守当地法律和规章的情况下，他们可毫无阻碍、完全平等地在此类水域、峡湾和港口从事一切海洋、工业、矿业和商业活动。

缔约国国民应在相同平等的条件下允许在陆上和领水内开展和从事一切海洋、工业、矿业或商业活动，但不得以任何理由或出于任何计划而建立垄断。

尽管挪威可能实施任何有关沿海贸易的法规，驶往或驶离第一条所指地域的缔约国船舶在去程或返程中均有权停靠挪威港口，以便送往前往或离开该地区的旅客或货物或者办理其他事宜。

缔约国的国民、船舶和货物在各方面，特别是在出口、进口和过境运输方面，均不得承担或受到在挪威享有最惠国待遇的国民、船舶或货物不负担的任何费用或不附加的任何限制；为此目的，挪威国民、船舶或货物与其他缔约国的国民、船舶或货物应同样办理，不得在任何方面享有更优惠的待遇。

对出口到任何缔约国领土的任何货物所征收的费用或附加的限制条件不得不同于或超过对出口到任何其他缔约国（包括挪威）领土或者任何其他目的地的相同货物所征收的费用或附加的限制条件。

第四条

在第一条所指的地域内由挪威政府建立或将要建立或得到其允许建立的一切公共无线电报台应根据 1912 年 7 月 5 日《无线电报公约》或此后为替代该公约而可能缔结的国际公约的规定，永远在完全平等的基础上对悬挂各国国旗的船舶和各缔约国国民的通讯开放使用。

在不违背战争状态所产生的国际义务的情况下，地产所有者应永远享有为私人目的设立和使用无线电设备的权利，此类设备以及固定或流动无线台，包括船舶和飞机上的无线台，应自由地就私人事务进行联系。

第五条

缔约国认识到在第一条所指的地域设立一个国际气象站的益处，其组织方式应由此后缔结的一项公约规定之。

还应缔结公约，规定在第一条所指的地域可以开展科学调查活动的条件。

第六条

在不违反本条规定的情况下，缔约国国民已获取的权利应得到承认。

在本条约签署前因取得或占有土地而产生的权利主张应依照与本条约具有同等效力的附件予以处理。

第七条

关于在第一条所指的地域的财产所有权，包括矿产权的获得、享有和行使方式，挪威保证赋予缔约国的所有国民完全平等并符合本条约规定的待遇。

此种权利不得剥夺，除非出于公益理由并支付适当赔偿金额。

第八条

挪威保证为第一条所指的地域制定采矿条例。采矿条例不得给予包括挪威在内的任何缔约国或其国民特权、垄断或优惠，特别是在进口、各种税收或费用以及普通或特殊的劳工条件方面，并应保证各种雇佣工人得到报酬及其身心方面所必需的保护。

所征赋税应只用于第一条所指的地域且不得超过目的所需的数额。

关于矿产品的出口，挪威政府应有权征收出口税。出口矿产品如在10万吨以下，所征税率不得超过其最大价值的1%；如超过10万吨，所征税率应按比例递减。矿产品的价值应在通航期结束时通过计算所得到的平均船上交货价予以确定。

在采矿条例草案所确定的生效之日前3个月，挪威政府应将草案转交其他缔约国。在此期间，如果一个或一个以上缔约国建议在实施采矿条例前修改采矿条例，此类建议应由挪威政府转交其他缔约国，以便提交由缔约国各派一名代表组成的委员会进行审查并作出决定。该委员会应挪威政府的邀请举行会议,并应在其首次会议举行之日起的3个月内作出决定。委员会的决定应由多数作出。

第九条

在不损害挪威加入国际联盟所产生的权利和义务的情况下,挪威保证在第一条所指的地域不建立也不允许建立任何海军基地,并保证不在该地域建立任何防御工事。该地域决不能用于军事目的。

第十条

在缔约国承认俄罗斯政府并允许其加入本条约之前,俄罗斯国民和公司应享有与缔约国国民相同的权利。

俄罗斯国民和公司可能提出的在第一条所指的地域的权利的请求应根据本条约(第六条和附件)的规定通过丹麦政府提出。丹麦政府将宣布愿意为此提供斡旋。

本条约应经批准,其法文和英文文本均为作准文本。

批准书应尽快在巴黎交存。

政府所在地在欧洲之外的国家可采取行动,通过其驻巴黎的外交代表将其批准条约的情况通知法兰西共和国政府;在此情况下,此类国家应尽快递交批准书。

本条约就第八条规定而言,将自所有签署国批准之日起生效,就其他方面而言将与第八条规定的采矿条例同日生效。

法兰西共和国政府将在本条约得到批准之后邀请其他国家加入本条约。此种加入应通过致函通知法国政府的方式完成,法国政府将保证通知其他缔约国。

上述全权代表签署本条约,以昭信守。

1920年2月9日订于巴黎,一式两份,一份转交挪威国王陛下政府,另一份交存于法兰西共和国的档案库。经核实无误的副本将转交其他签署国。

附 件

一

（一）自本条约生效之日起3个月内，已在本条约签署前向任何政府提出的领土权属主张之通知，均应由该主张者之政府向承担审查此类主张职责的专员提出。专员应是符合条件的丹麦籍法官或法学家，并由丹麦政府予以任命。

（二）此项通过须说明所主张之土地的界限并附有一幅明确标明所主张之土地且比例不小于1∶1 000 000的地图。

（三）提出此项通知应按每主张一英亩（合40公亩）土地缴1便士的比例缴款，作为该项土地主张的审查费用。

（四）专员认为必要时，有权要求主张人提交进一步的文件和资料。

（五）专员将对上述通知的主张进行审查。为此，专员有权得到必要的专家协助，并可在需要时进行现场调查。

（六）专员的报酬应由丹麦政府和其他有关国家政府协议确定。专员认为有必要雇佣助手时，应确定助手的报酬。

（七）在对主张进行审查后，专员应提出报告，准确说明其认为应该立即予以承认之主张和由于存在争议或其他原因而应提交上述规定的仲裁予以解决的主张。专员应将报告副本送交有关国家政府。

（八）如果上述第（三）项规定的缴存款项不足以支付对主张的审查费用，专员若认为该项主张应被承认，则其可立即说明要求主张者支持的差额数。此差额数应根据主张者被承认的土地面积确定。

如果本款第（三）项规定的缴存款项超过审查一项主张所需的费用，则其余款应转归下述仲裁之用。

（九）在依据本款第（七）项提出报告之日起3个月内，挪威政府应根据本条约第一条所指的地域上已生效或将实施的法律法规及本条约第八条所提及的产矿条例的规定，采取必要措施，授予其主张被专员认可的主张者一份有效的地契，以确保其对所主张土地的所有权。

但是，在依据本款第(八)项要求支付差额款前，只可授予临时地契；一旦在挪威政府确定的合理期限内支付了该差额款，则临时地契即转为正式地契。

二

主张因任何原因而未被上列第一款第(一)项所述的专员确认为有效的，则应依照以下规定予以解决：

(一) 在上列第一款第(七)项所述报告提出之日起3个月内，主张被否定者的政府应指定一名仲裁员。

专员应是为此而建立的仲裁庭庭长。在仲裁员观点相左且无一方胜出时，专员有决定权。专员应指定一书记官负责接收本款第(二)项所述文件及为仲裁庭会议做出必要安排。

(二) 在第(一)项所指书记官被任命后1个月内，有关主张人将通过其政府向书记官递交准确载明其主张的声明和其认为能支持其主张的文件和论据。

(三) 在第(一)项所指书记官被任命后的2个月内，仲裁庭应在哥本哈根开庭审理所受理的主张。

(四) 仲裁庭的工作语言为英文。有关各方可用其本国语言提交文件或论据，但应附有英文译文。

(五) 主张人若愿意，应有权亲自或由其律师出庭；仲裁庭认为必要时，应有权要求主张人提供其认为必要的补充解释、文件或证据。

(六) 仲裁庭在开庭审理案件之前，应要求当事方缴纳一笔其认为必要的保证金，以支付各方承担的仲裁庭审案费用。仲裁庭应主要依据涉案主张土地的面积确定审案费用。若出现特殊开支，仲裁庭亦有权要求当事方增加缴费。

（七）仲裁员的酬金应按月计算，并由有关政府确定。书记官和仲裁庭其他雇员的薪金应由仲裁庭庭长确定。

（八）根据本附件的规定，仲裁庭应全权确定其工作程序。

（九）在审理主张时，仲裁庭应考虑：

(a) 任何可适用的国际法规则；

(b) 公正与平等的普遍原则；

(c) 下列情形：

(i) 被主张之土地为主张人或其拥有所有权的初始主张人最先占有的日期；

(ii) 主张被通知给主张人政府的日期；

(iii) 主张人或拥有所有权的初始主张人对被主张之土地进行开发和利用的程度。在这方面，仲裁庭应考虑由于1914～1919年战争所造成的条件限制而妨碍主张人对土地实施开发和利用活动的程度。

（十）仲裁庭的所有开支应由主张者分担，其分担份额由仲裁庭决定。如果依据本款第(六)项所支付的费用大于仲裁庭的实际开支，余款应按仲裁庭认为适当的比例退还其主张被认可的当事方。

（十一）仲裁庭的裁决应由仲裁庭通知有关国家政府，且每一案件的裁决均应通知挪威政府。

挪威政府在收到裁决通知后3个月内，根据本条约第一条所指的地域上已生效或将实施的法律法规以及本条约第八条所述采矿条例的规定，采取必要措施，授予其主张被仲裁庭裁决认可的主张人一份相关土地的有效地契。但是，只有主张人在挪威政府确定的合理期限内支付了其应分担的仲裁庭审案开支后,其被授予的地契方可转为正式地契。

三

没有依据第一款第(一)项规定通知专员的主张,或不被专员认可且亦未依据第二款规定提请仲裁庭裁决的主张,即为完全无效。

延长《斯匹次卑尔根群岛条约》签署时间的议定书。

暂时不在巴黎而未能于今天签署《斯匹次卑尔根群岛条约》的全权代表,在1920年4月8日前,均应允许签署之。

1920年2月9日订于巴黎。

附录三　联合国海洋法公约

第十三部分　海洋科学研究

第一节　一 般 规 定

第 238 条　进行海洋科学研究的权利

所有国家，不论其地理位置如何，以及各主管国际组织，在本公约所规定的其他国家的权利和义务的限制下，均有权进行海洋科学研究。

第 239 条　海洋科学研究的促进

各国和各主管国际组织应按照本公约，促进和便利海洋科学研究的发展和进行。

第 240 条　进行海洋科学研究的一般原则

进行海洋科学研究时应适用下列原则：

(a) 海洋科学研究应专为和平目的而进行；

(b) 海洋科学研究应以符合本公约的适当科学方法和工具进行；

(c) 海洋科学研究不应对符合本公约的海洋其他正当用途有不当干扰，而这种研究在上述用途过程中应适当地受到尊重；

(d) 海洋科学研究的进行应遵守依照本公约制定的一切有关规章,包括关于保护和保全海洋环境的规章。

第 241 条 不承认海洋科学研究活动为任何权利主张的法律根据

海洋科学研究活动不应构成对海洋环境任何部分或其资源的任何权利主张的法律根据。

第二节 国 际 合 作

第 242 条 国际合作的促进

1. 各国和各主管国际组织应按照尊重主权和管辖权的原则,并在互利的基础上,促进为和平目的进行海洋科学研究的国际合作。

2. 因此,在不影响本公约所规定的权利和义务的情形下,一国在适用本部分时,在适当情形下,应向其他国家提供合理的机会,使其从该国取得或在该国合作下取得为防止和控制对人身健康和安全以及对海洋环境的损害所必要的情报。

第 243 条 有利条件的创造

各国和各主管国际组织应进行合作,通过双边和多边协定的缔结,创造有利条件,以进行海洋环境中的海洋科学研究,并将科学工作者在研究海洋环境中发生的各种现象和变化过程的本质以及两者之间的相互关系方面的努力结合起来。

第 244 条 情报和知识的公布和传播

1. 各国和各主管国际组织应按照本公约,通过适当途径以公布和传播的方式,提供关于拟议的主要方案及其目标的情报以及海洋科学研究所得的知识。

2. 为此目的,各国应个别地并与其他国家和各主管国际组织合作，积极促进科学资料和情报的流通以及海洋科学研究所得知识的转让，特别是向发展中国家的流通和转让，并通过除其他对发展中国家技术和科学人员提供适当教育和训练方案外，加强发展中国家自主进行海洋科学研究的能力。

第三节　海洋科学研究的进行和促进

第 245 条　领海内的海洋科学研究

沿海国在行使其主权时，有规定、准许和进行其领海内的海洋科学研究的专属权利。领海内的海洋科学研究，应经沿海国明示同意并在沿海国规定的条件下，才可进行。

第 246 条　专属经济区内和大陆架上的海洋科学研究

1. 沿海国在行使其管辖权时，有权按照本公约的有关条款，规定、准许和进行在其专属经济区内或大陆架上的海洋科学研究。

2. 在专属经济区内和大陆架上进行海洋科学研究，应经沿海国同意。

3. 在正常情形下，沿海国应对其他国家或各主管国际组织按照本公约专为和平目的和为了增进关于海洋环境的科学知识以谋全人类利益，而在其专属经济区内或大陆架上进行的海洋科学研究计划，给予同意。为此目的，沿海国应制订规则和程序，确保不致不合理地推迟或拒绝给予同意。

4. 为适用第 3 款的目的，尽管沿海国和研究国之间没有外交关系，它们之间仍可存在正常情况。

5. 但沿海国可斟酌决定，拒不同意另一国家或主管国际组织在该沿海国专属经济区内或大陆架上进行海洋科学研究计划，如果该计划：

(a) 与生物或非生物自然资源的勘探和开发有直接关系；

(b) 涉及大陆架的钻探、炸药的使用或将有害物质引入海洋环境；

(c) 涉及第 60 条和第 80 条所指的人工岛屿、设施和结构的建造、操作或使用；

(d) 含有依据第 248 条提出的关于该计划的性质和目标的不正确情报，或如进行研究的国家或主管国际组织由于先前进行研究计划而对沿海国负有尚未履行的义务。

6. 虽有第 5 款的规定，如果沿海国已在任何时候公开指定从测算领海宽度的基线量起 200 海里以外的某些特定区域为已在进行或将在合理期间内进行开发或详探作业的重点区域，则沿海国对于在这些特定区域之外的大陆架上按照本部分规定进行的海洋科学研究计划，即不得行使该款(a)项规定的斟酌决定权而拒不同意。沿海国对于这类区域的指定及其任何更改，应提出合理的通知，但无须提供其中作业的详情。

7. 第 6 款的规定不影响经第 77 条所规定的沿海国对大陆架的权利。

8. 本条所指的海洋科学研究活动，不应对沿海国行使本公约所规定的主权权利和管辖权所进行的活动有不当的干扰。

第 247 条　国际组织进行或主持的海洋科学研究计划

沿海国作为一个国际组织的成员或同该组织订有双边协定，而在该沿海国专属经济区内或大陆架上该组织有意直接或在其主持下进行一项海洋科学研究计划，如果该沿海国在该组织决定进行计划时已核准详细计划，或愿意参加该计划，并在该组织将计划通知该沿海国后四个月内没有表示任何反对意见，则应视为已准许依照同意的说明书进行该计划。

第 248 条　向沿海国提供资料的义务

各国和各主管国际组织有意在一个沿海国的专属经济区内

或大陆架上进行海洋科学研究，应在海洋科学研究计划预定开始日期至少6个月前，向该国提供关于下列各项的详细说明：

(a) 计划的性质和目标；

(b) 使用的方法和工具，包括船只的船名、吨位、类型和级别，以及科学装备的说明；

(c) 进行计划的精确地理区域；

(d) 研究船最初到达和最后离开的预定日期，或装备的部署和拆除的预定日期，视情况而定；

(e) 主持机构的名称，其主持人和计划负责人的姓名；

(f) 认为沿海国应能参加或有代表参与计划的程度。

第249条　遵守某些条件的义务

1. 各国和各主管国际组织在沿海国的专属经济区内或大陆架上进行海洋科学研究时，应遵守下列条件：

(a) 如沿海国愿意，确保其有权参加或有代表参与海洋科学研究计划，特别是于实际可行时在研究船和其他船只上或在科学研究设施上进行，但对沿海国的科学工作者无须支付任何报酬，沿海国亦无分担计划费用的义务；

(b) 经沿海国要求，在实际可行范围内尽快向沿海国提供初步报告，并于研究完成后提供所得的最后成果和结论；

(c) 经沿海国要求，负责供其利用从海洋科学研究计划所取得的一切资料和样品，并同样向其提供可以复制的资料和可以分开而不致有损其科学价值的样品；

(d) 如经要求，向沿海国提供对此种资料、样品及研究成果的评价，或协助沿海国加以评价或解释；

(e) 确保在第2款限制下，于实际可行的情况下，尽快通过适当的国内或国际途径，使研究成果在国际上可以取得；

(f) 将研究方案的任何重大改变立即通知沿海国；

(g) 除非另有协议,研究完成后立即拆除科学研究设施或装备。

2. 本条不妨害沿海国的法律和规章为依据第 246 条第 5 款行使斟酌决定权给予同意或拒不同意而规定的条件,包括要求预先同意使计划中对勘探和开发自然资源有直接关系的研究成果在国际上可以取得。

第 250 条 关于海洋科学研究计划的通知

关于海洋科学研究计划的通知,除另有协议外,应通过适当的官方途径发出。

第 251 条 一般准则和方针

各国应通过主管国际组织设法促进一般准则和方针的制定,以协助各国确定海洋科学研究的性质和影响。

第 252 条 默示同意

各国或各主管国际组织可于依据第 248 条的规定向沿海国提供必要的情报之日起 6 个月后,开始进行海洋科学研究计划,除非沿海国在收到含有此项情报的通知后 4 个月内通知进行研究的国家或组织:

(a) 该国已根据第 246 条的规定拒绝同意;

(b) 该国或主管国际组织提出的关于计划的性质和目标的情报与明显事实不符;

(c) 该国要求有关第 248 条和第 249 条规定的条件和情报的补充情报;

(d) 关于该国或该组织以前进行的海洋科学研究计划,在第 249 条规定的条件方面,还有尚未履行的义务。

第 253 条 海洋科学研究活动的暂停或停止

1. 沿海国应有权要求暂停在其专属经济区内或大陆架上正在进行的任何海洋科学研究活动,如果:

(a) 研究活动的进行不按照根据第 248 条的规定提出的,

且经沿海国作为同意的基础的情报;或

(b)进行研究活动的国家或主管国际组织未遵守第249条关于沿海国对该海洋科学研究计划的权利的规定。

2.任何不遵守第248条规定的情形,如果等于将研究计划或研究活动作重大改动,沿海国应有权要求停止任何海洋科学研究活动。

3.如果第1款所设想的任何情况在合理期间内仍未得到纠正,沿海国也可要求停止海洋科学研究活动。

4.沿海国发出其命令暂停或停止海洋科学研究活动的决定的通知后,获准进行这种活动的国家或主管国际组织应即终止这一通知所指的活动。

5.一旦进行研究的国家或主管国际组织遵行第248条和第249条所要求的条件,沿海国应即撤销根据第1款发出的暂停命令,海洋科学研究活动也应获准继续进行。

第254条　邻近的内陆国和地理不利国的权利

1.已向沿海国提出一项计划,准备进行第246条第3款所指的海洋科学研究的国家和主管国际组织,应将提议的研究计划通知邻近的内陆国和地理不利国,并应将此事通知沿海国。

2.在有关的沿海国按照第246条和本公约的其他有关规定对该提议的海洋科学研究计划给予同意后,进行这一计划的国家和主管国际组织,经邻近的内陆国和地理不利国请求,适当时应向它们提供第248条和第249条第1款(f)项所列的有关情报。

3.以上所指的邻近的内陆国的地理不利国,如提出请求,应获得机会按照有关的沿海国和进行此项海洋科学研究的国家或主管国际组织依本公约的规定而议定的适用于提议的海洋科学研究计划的条件,通过由其任命的并且不为该沿海国反对的合格专家在实际可行时参加该计划。

4. 第 1 款所指的国家和主管国际组织，经上述内陆国和地理不利国的请求，应向它们提供第 249 条第 1 款(d)项规定的有关情报和协助，但须受第 249 条第 2 款的限制。

第 255 条　便利海洋科学研究和协助研究船的措施

各国应尽力制定合理的规则、规章和程序，促进和便利在其领海以外按照本公约进行的海洋科学研究，并于适当时在其法律和规章规定的限制下，便利遵守本部分有关规定的海洋科学研究船进入其港口，并促进对这些船只的协助。

第 256 条　"区域"内的海洋科学研究

所有国家，不论其地理位置如何，和各主管国际组织均有权依第十一部分的规定在"区域"内进行海洋科学研究。

第 257 条　在专属经济区以外的水体内的海洋科学研究

所有国家，不论其地理位置如何，和各主管国际组织均有权依本公约在专属经济区范围以外的水体内进行海洋科学研究。

第四节　海洋环境中科学研究设施或装备

第 258 条　部署和使用

在海洋环境的任何区域内部署和使用任何种类的科学研究设施或装备，应遵守本公约为在任何这种区域内进行海洋科学研究所规定的同样条件。

第 259 条　法律地位

本节所指的设施或装备不具有岛屿的地位。这些设施或装备没有自己的领海，其存在也不影响领海、专属经济区或大陆架的界限的划定。

第 260 条　安全地带

在科学研究设施的周围可按照本公约有关规定设立不超过

500米的合理宽度的安全地带。所有国家应确保其本国船只尊重这些安全地带。

第261条　对国际航路的不干扰

任何种类的科学研究设施或装备的部署和使用不应对已确定的国际航路构成障碍。

第262条　识别标志和警告信号

本节所指的设施或装备应具有表明其登记的国家或所属的国际组织的识别标志,并应具有国际上议定的适当警告信号,以确保海上安全和空中航行安全,同时考虑到主管国际组织所制订的规则和标准。

第五节　责　　任

第263条　责任

1. 各国和各主管国际组织应负责确保其自己从事或为其从事的海洋科学研究均按照本公约进行。

2. 各国和各主管国际组织对其他国家,其自然人或法人或主管国际组织进行的海洋科学研究所采取的措施如果违反本公约,应承担责任,并对这种措施所造成的损害提供补偿。

3. 各国和各主管国际组织对其自己从事或为其从事的海洋科学研究产生海洋环境污染所造成的损害,应依据第235条承担责任。

第六节　争端的解决和临时措施

第264条　争端的解决

本公约关于海洋科学研究的规定在解释或适用上的争端,

应按照第十五部分第二节和第三节解决。

第 265 条　临时措施

在按照第十五部分第二节和第三节解决一项争端前，获准进行海洋科学研究计划的国家或主管国际组织，未经有关沿海国明示同意，不应准许开始或继续进行研究活动。

附录四　中华人民共和国涉外海洋科学研究管理规定

1996年6月18日中华人民共和国国务院令第199号发布，自1996年10月1日起施行

第一条　为了加强对在中华人民共和国管辖海域内进行涉外海洋科学研究活动的管理，促进海洋科学研究的国际交流与合作，维护国家安全和海洋权益，制定本规定。

第二条　本规定适用于国际组织、外国的组织和个人（以下简称外方）为和平目的，单独或者与中华人民共和国的组织（以下简称中方）合作，使用船舶或者其他运载工具、设施，在中华人民共和国内海、领海以及中华人民共和国管辖的其他海域内进行的对海洋环境和海洋资源等的调查研究活动。但是，海洋矿产资源（包括海洋石油资源）勘查、海洋渔业资源调查和国家重点保护的海洋野生动物考察等活动，适用中华人民共和国有关法律、行政法规的规定。

第三条　中华人民共和国国家海洋行政主管部门（以下简称国家海洋行政主管部门）及其派出机构或者其委托的机构，对在中华人民共和国管辖海域内进行的涉外海洋科学研究活动，

依照本规定实施管理。

国务院其他有关部门根据国务院规定的职责，协同国家海洋行政主管部门对在中华人民共和国管辖海域内刊进行的涉外海洋科学研究活动实施管理。

第四条　在中华人民共和国内海、领海内，外方进行海洋科学研究活动，应当采用与中方合作的方式。在中华人民共和国管辖的其他海域内，外方可以单独或者与中方合作进行海洋科学研究活动。

外方单独或者与中方合作进行海洋科学研究活动，须经国家海洋行政主管部门批准或者由国家海洋行政主管部门报请国务院批准，并遵守中华人民共和国的有关法律、法规。

第五条　外方与中方合作进行海洋科学研究活动的，中方应当在海洋科学研究计划预定开始日期 6 个月前，向国家海洋行政主管部门提出书面申请，并按照规定提交海洋科学研究计划和其他有关说明材料。

国家海洋行政主管部门收到海洋科学研究申请后，应当会同外交部、军事主管部门以及国务院其他有关部门进行审查，在 4 个月内作出批准或者不批准的决定，或者提出审查意见报请国务院决定。

第六条　经批准进行涉外海洋科学研究活动的，申请人应当在各航次开始之日 2 个月前，将海上船只活动计划报国家海洋行政主管部门审批。国家海洋行政主管部门应当自收到海上船只活动计划之日起 1 个月内作出批准或者不批准的决定，并书面通知申请人，同时通报国务院有关部门。

第七条　有关中外双方或者外方应当按照经批准的海洋科学研究计划和海上船只活动计划进行海洋科学研究活动；海洋科学研究计划或者海上船只活动计划在执行过程中需要作重大

修改的，应当征得国家海洋行政主管部门同意。

因不可抗力不能执行批准的海洋科学研究计划或者海上船只活动计划的，有关中外双方或者外方应当及时报告国家海洋行政主管部门；在不可抗力消失后，可以恢复执行、修改计划或者中止执行计划。

第八条 进行涉外海洋科学研究活动的，不得将有害物质引入海洋环境，不得擅自钻探或者作用炸药作业。

第九条 中外合作使用外国籍调查船在中华人民共和国内海、领海内进行海洋科学研究活动的，作业船舶应当于格林威治时间每天00时和08时，向国家海洋行政主管部门报告船位及船舶活动情况。外方单独或者中外合作使用外国籍调查船在中华人民共和国管辖的其他海域内进行海洋行政主管部门报告船位及船舶活动情况。

国家海洋行政主管部门或者其派出机构、其委托的机构可以对前款外国籍调查船进行海上监视或者登船检查。

第十条 中外合作在中华人民共和国内海、领海内进行海洋科学研究活动所获得的原始资料和样品，归中华人民共和国所有，参加合作研究的外方可以依照合同约定无偿使用。

中外合作在中华人民共和国管辖的其他海域内进行海洋科学研究活动所获得的原始资料和样品，在不违反中华人民共和国有关法律、法规和有关规定的前提下，由中外双方按照协议分享，都可以无偿使用。

外方单独进行海洋科学研究活动所获得的原始资料和样品，中华人民共和国的有关组织可以无偿使用；外方应当向国家海洋行政主管部门无偿提供所获得的资料的复制件和可分样品。

未经国家海洋行政主管部门以及国务院其他有关部门同

意，有关中外双方或者外方不得公开发表或者转让在中华人民共和国管辖海域内进行海洋科学研究活动所获得的原始资料和样品。

第十一条 中外合作进行的海洋科学研究活动结束后，所使用的外国籍调查船应当接受国家海洋行政主管部门或者其派出机构、其委托的机构检查。

第十二条 中外合作进行的海洋科学研究活动结束后，中方应当将研究成果和资料目录抄报国家海洋行政主管部门和国务院有关部门。

外方单独进行的海洋科学研究活动结束后，应当向国家海洋行政主管部门提供该项活动所获得的资料或者复制件和样品或者可分样品，并及时提供有关阶段性研究成果以及最后研究成果和结论。

第十三条 违反本规定进行涉外海洋科学研究活动的，由国家海洋行政主管部门或者其派出机构、其委托的机构责令停止该项活动，可以没收违法活动器具、没收违法获得的资料和样品，可以单处或者并处 5 万元人民币以下的罚款。

违反本规定造成重大损失或者引起严重后果，构成犯罪的，依法追究刑事责任。

第十四条 中华人民共和国缔结或者参加的国际条约与本规定有不同规定的，适用该国际条约的规定；但是，中华人民共和国声明保留的条款除外。

第十五条 本规定自 1996 年 10 月 1 日起施行。

附录五　俄罗斯联邦内海、领海、专属经济区和大陆架内海洋科学研究实施法规[①]

2004年7月30日俄罗斯联邦第391号政府令批准

一、总则

1. 本法规确定在俄联邦内海、领海、专属经济区和大陆架内进行海洋科学研究的程序，包括提请进行上述研究(以下简称申请)的程序、相应评估和决策程序。

本法规不适用于研究、勘探和捕捉上述海域生物资源以及研究、勘探和开发上述海域非生物资源的应用型科学研究工作。

2. 下述主体可进行海洋科学研究：

(a) 具有相应职能和管辖范围的联邦权力执行机关和俄联邦主体的权力执行机关，以及俄联邦公民和俄罗斯联邦法人(以下简称俄方申请人)；

(b) 他国和主管国际组织，以及他国或主管国际组织授权

---

① “俄罗斯联邦”在本法规中其他部分简称“俄联邦”。

的外国公民和外国法人(以下简称外方申请人)。

3．执行科学、科技活动领域国策的联邦权力执行机关发放的许可证是进行海洋科学研究的依据(以下分别简称许可证、联邦科学技术权力执行机关)。

4．即使俄方申请人或外方申请人具有实施某种活动的许可证,而且该种活动应当按照俄联邦法律发放许可证,这也不可作为未经许可进行海洋科学研究的依据。

5．如果海洋科学研究的部分区域位于俄联邦内海或领海内,则在整个区域内,包括位于俄联邦领海以外的部分,按照本法规中为俄联邦内海和领海规定的程序进行该项研究。

6．在俄联邦内海、领海、专属经济区和大陆架内,按照本海洋科学研究法规所规定的方式部署和使用任何类型的科研设施和装备,直接用于进行生物资源或非生物资源研究,以及用于保障俄联邦安全和防御能力的设施和装备除外。同时,上述设施和装备应具有表明其登记的国家或所属主管国际组织的识别标志,并应具有国际上议定的适当报警装置,以确保海上和空中航行安全,同时考虑主管国际组织所制订的规则和标准。

7．如果在冰覆盖地区进行海洋科学研究,则该海洋科学研究适用相应联邦法和俄联邦其他规范相应地区活动的法规条款。

8．在俄联邦海关过境时,按照俄联邦海关法规定的方法办理装备、物资和运载工具的海关手续和海关监管。

二、俄方申请人申请书的提交和审查

9．在海洋科学研究年份开始至少6个月前,俄方申请人向联邦科学技术权力执行机关提出申请,格式参照附件1。此时,每项海洋科学研究项目均需提交申请书,一式8份,附上以一种通用文本编辑程序编制的磁盘电子副本。

10. 申请书附上：

(a) 以一种通用地图投影编制而成的每项海洋科学研究区域的详细地图(示意图)，图上标注：

地理坐标格网；

海洋科学研究区域的边界；

海洋科学研究期间船舶(其他运载工具)的航行路线；

海洋科学研究所使用的自控测量器材的装设点；

(b) 海洋科学研究计划所规定的，且应当按照俄联邦法律发放许可证的各类活动的许可证公证副本

(c) 海洋科学研究中外国公民、外国法人或国际组织的参与形式和参与程度信息(如果计划有此类参与)；

(d) 申请人在俄联邦内海、领海、专属经济区或大陆架内最近一次进行的海洋科学研究的信息，包括：

进行海洋科学研究所依据的联邦科学技术权力执行机关许可证的日期和编号；

海洋科学研究的名称；

海洋科学研究所使用船舶(运载工具类型)的名称；

海洋科学研究区域的地理坐标；

进行海洋科学研究的期限；

向俄联邦国家科学组织提交上述海洋科学研究所获得的样品和资料副本的证明文件，或是说明未提交样品和资料副本的原因的文件，同时指出可能提交的期限；

(e) 许可证所申请海洋科学研究的其他材料以及这些研究的说明材料。

11. 若申请书违反本法规，则不予审查，联邦科学技术权力执行机关将在收到申请书后的 10 天内向俄方申请人做相应通知。

12. 如果海洋科学研究计划中计划敷设水下电缆和管道，以及进行科研钻探，则俄方申请人向地质和地下资源利用领域的联邦权力执行机关提交相应申请。上述申请与申请书一并提交，按照俄联邦法律规定的程序进行审查。按照本法规第22～29条规定的程序审查此类海洋科学研究的申请书。

13. 联邦科学技术权力执行机关每年根据予以审查的申请书制作海洋科学研究计划方案，格式参照附件2(以下简称计划方案)。

14. 联邦科学技术权力执行机关在海洋科学研究实施年份开始至少4个月前将计划方案和申请书报请国防、安全、反技术侦察和信息技术保护、环境保护、地质和地下资源利用、渔业、水文气象和自然环境监控以及海事领域的联邦权力执行机关同意。如果申请书的性质以及相应联邦权力执行机关的职权范围要求计划方案和申请书必须征得其他联邦权力执行机关的同意，则应当征得相应机关的同意。

15. 本法规第14条列出的联邦权力执行机关在收到上述文件后45天内，向联邦科学技术权力执行机关提交针对计划方案内的海洋科学研究以及针对整个计划方案的结论。如果在上述期限内，联邦科学技术权力执行机关没有收到相应联邦权力执行机关发来的有理由的结论，则视为获得同意。

16. 计划方案中排除以下海洋科学研究：

(a) 按照联邦科学技术权力执行机关的意见或按照本法规第15条获得的联邦权力执行机关的结论，要求提交补充信息；

(b) 按照本法规第15条收到反技术侦察和信息技术保护领域联邦权力执行机关的结论，结论要求对申请书所列出的外国技术研究器材依据《俄联邦境内、俄联邦大陆架和专属经济区内外国观测和监控技术器材的部署和使用条例》的规定进行鉴定，该条例由2001年8月29日俄联邦第633号政府令批准；

(c) 在计划方案报请协商后，申请人主动向联邦科学技术权力执行机关提供申请书资料改动信息或是该申请书的补充信息；

(d) 联邦科学技术权力执行机关按照本法规第15条收到的联邦权力执行机关的结论相互矛盾或无根据。

17. 本法规第16条(a)～(c)项规定的申请书将按照本法规第24～29条规定的程序进行审查。这些申请书的审查期限从联邦科学技术权力执行机关获得补充信息(申请书改动、鉴定结果)之日起算。同时，本法规第16条(b)项规定的申请书无须与反技术侦察和信息技术保护领域的联邦权力执行机关协商。

18. 对于联邦权力执行机关做出相互矛盾结论或无根据结论的每份申请书，在由联邦科学技术权力执行机关领导(副领导)主持召开的相关联邦权力执行机关代表会议上进行审查。在批准计划后的2个月内召开会议。

19. 按照本法规第13～16条规定的程序获得同意的计划由联邦科学技术权力执行机关领导令批准，并在批准后的10天内发送给本法规第14条列出的联邦权力执行机关。

20. 在海洋科学研究实施年份开始至少2个月前，联邦科学技术权力执行机关根据计划发给申请人相应的许可证，许可证使用联邦科学技术权力执行机关的公文用纸，格式参照附件3，或者通知申请人：

(a) 拒绝发放许可证；

(b) 必须提供海洋科学研究的补充信息；

(c) 必须对申请书所列出的外国技术研究器材进行本法规第16条(b)项规定的鉴定；

(d) 申请书中的信息不符合海洋科学研究的性质和目标以

及研究实施方法;

(e) 召开本法规第18条所规定的会议的日期和地点。

21. 许可证副本发给安全、国防、反技术侦察和信息技术保护、地质和地下资源利用领域的联邦权力执行机关。

三、提交和审查俄方申请人申请书的特殊程序

22. 在以下情况下,可按特殊程序审查俄方申请人的申请书:

(a) 客观情况导致未能在本法规第9条规定的期限内提交申请书;

(b) 按照海洋科学研究计划,计划敷设水下电缆和管道,以及进行科研钻探;

(c) 按照海洋科学研究计划,计划在俄联邦专属经济区和大陆架内建造人工岛屿、设施和结构。

23. 在海洋科学研究预定开始日期至少4个月前,向联邦科学技术权力执行机关提交本法规第22条规定的申请书。按照本法规第9～12条、第68条(a)项和第69条(a)项提交申请书。

24. 联邦科学技术权力执行机关予以审查的申请书发给本法规第14条、第68条(a)项和第69条(a)项规定的其他联邦权力执行机关以供协商。

25. 本法规第24条规定的联邦权力执行机关在收到申请书后45天内,向联邦科学技术权力执行机关提交申请书结论。如果在上述期限内,联邦科学技术权力执行机关没有收到相应联邦权力执行机关发来的有理有据的结论,则视为获得同意。

26. 如果联邦科学技术权力执行机关按照本法规第25条收到的有关申请书的结论相互矛盾或无根据,则在联邦科学技术权力执行机关领导(副领导)主持召开的相关联邦权力执行机关代表会议上进行审查。在海洋科学研究开始至少 40 天前召开会议，并在会议召开至少 5 天前通知相关联邦权力执行机关召开会议的日期和地点。

27. 在海洋科学研究开始至少 35 天前，联邦科学技术权力执行机关将以下文件发给俄方申请人：

(a) 按照本法规第 24～26 条规定进行协商后发放的许可证；

(b) 拒绝发放许可证的通知；

(c) 必须提交所申请海洋科学研究的补充信息的通知；

(d) 必须对申请书中列出的外国技术研究器材进行本法规第 16 条(b)项所规定鉴定的通知。

28. 申请书的审查期限从联邦科学技术权力执行机关获得俄方申请人发来的下列文件之日算起：

(a) 补充信息(如果按照联邦科学技术权力执行机关的意见或按照本法规第 25 条收到的相应联邦权力执行机关的结论，需要进行信息补充)；

(b) 鉴定结论（如果按照本法规第 25 条收到了反技术侦察和信息技术保护领域内联邦权力执行机关的结论，结论要求对申请书所列出的外国技术研究器材进行本法规第 16 条(b)项所规定的鉴定)；

(c) 申请书资料改动(如果申请人主动向联邦科学技术权力执行机关提供申请书资料改动信息，或是申请书的补充信息)。

29. 许可证副本或拒绝发放许可证通知的副本发给安全、国防、反技术侦察和信息技术保护、地质和地下资源利用领域的联邦权力执行机关。

四、外方申请人申请书的提交和审查

30. 外方申请人至少在研究预定开始日期 6 个月前通过外交途径(俄联邦参加的国际条约另有规定除外)，向联邦科学技术权力执行机关提出申请，格式参照本法规附件1，申请书使用俄语和申请人语言。

31. 外方申请人申请书附上：

(a) 以一种通用地图投影编制而成的每项海洋科学研究区域的详细地图(示意图)，图上标注：

地理坐标格网；

海洋科学研究区域的边界；

海洋科学研究期间船舶(其他运载工具)的航行路线；

海洋科学研究所使用的自控测量器材的装设点；

(b) 外方申请人在俄联邦内海、领海、专属经济区或大陆架内最近一次进行的海洋科学研究的信息，包括：

进行海洋科学研究所依据的联邦科学技术权力执行机关许可证的日期和编号；

海洋科学研究的名称；

海洋科学研究所使用船舶(运载工具类型)的名称；

海洋科学研究区域的地理坐标；

进行海洋科学研究的期限；

向俄联邦国家科学组织提交上述海洋科学研究所获得的样品和资料副本的证明文件，或是说明未提交样品和资料副本的原因的文件，同时指出可能的提交期限；

(c) 海洋科学研究中俄联邦公民和俄罗斯法人的参与形式和参与程度信息；

(d) 许可证所申请的海洋科学研究的其他材料以及这些研究的说明材料。

32. 如果海洋科学研究计划中计划敷设水下电缆和管道，以及进行科研钻探，则外方申请人向地质和地下资源利用领域的联邦权力执行机关提交相应申请。上述申请与申请书一并提交，按照俄联邦法律规定的程序进行审查。

33. 如果外方申请人根据联邦科学技术权力执行机关的要求提供或主动提供海洋科学研究的补充信息，则该申请书的审查期限从该机关获得上述信息之日起算。

34. 联邦科学技术权力执行机关予以审查的外方申请人的申请书应报请国防、安全、反技术侦察和信息技术保护、环境保护、地质和地下资源利用、渔业、水文气象和自然环境监控领域的联邦权力执行机关同意，如果按照本法规第 4 条规定的方式进行海洋科学研究，则还应报请海事领域的联邦权力执行机关同意。如果申请书的性质以及相应联邦权力执行机关的职权范围要求申请书必须征得其他联邦权力执行机关的同意，则应当征得相应机关的同意。

35. 联邦科学技术权力执行机关通过外交途径，在收到申请书后 4 个月内发给外方申请人许可证，许可证使用联邦科学技术权力执行机关的公文用纸，格式参照本法规附件 3，或者发出以下通知：

(a) 拒绝发放许可证；

(b) 必须提供海洋科学研究的补充信息；

(c) 申请书中的信息不符合海洋科学研究的性质和目标以及研究实施方法。

36. 许可证副本或拒绝发放许可证的通知的副本发给国防、安全、反技术侦察和信息技术保护、地质和地下资源利用领域的联邦权力执行机关。

37. 如果联邦科学技术权力执行机关没有按照本法规第 35 条规定的程序发给外方申请人相应的许可证或通知，则除本法规第 4 条所规定情况以外，外方申请人可在申请书指定的期限内着手进行海洋科学研究，但不得早于发出申请书或本法规第

33 条所指补充信息后的 6 个月。

五、拒绝发放许可证的依据

38. 如果怀疑所申请的研究是否专为和平目的而进行,以及在以下情况下,可拒绝向俄方申请人和外方申请人发放许可证:

(a) 与研究、寻找、勘探和开发非生物资源或研究、勘探和捕捉生物资源有直接关系;

(b) 违反海洋环境、生物或非生物资源的保护要求;

(c) 涉及大陆架的钻探、炸药、气动装置的使用或将有害物质引入海洋环境;

(d) 涉及人工岛屿、设施和结构的建造、操作或使用;

(e) 对俄联邦在专属经济区和大陆架内实现主权权利和管辖权所进行的活动造成不当干扰。

39. 如果海洋科学研究不符合申请书中指出的研究性质或目标的相关信息,则可拒绝向俄方申请人和外方申请人发放许可证。

40. 如果俄方申请人或外方申请人由于先前进行海洋科学研究而对俄联邦负有尚未履行的义务,则可拒绝向俄方申请人和外方申请人发放许可证。

41. 如果所申请的海洋科学研究计划在从测算领海宽度的基线量起 200 海里以外区域内的俄联邦大陆架上进行(俄联邦政府宣布正在或将要进行大陆架区域地质研究、寻找、勘探或开发非生物资源或研究、勘探或捕捉生物资源的区域除外),不得行使本法规第 38 条(a)项规定而拒绝向俄方申请人和外方申请人发放许可证。上述区域信息公布在“航海通告”上。

六、主管国际组织在俄联邦专属经济区和大陆架内进行海洋科学研究

42. 如果俄联邦参与的主管国际组织或者与俄联邦订有双

边条约的主管国际组织计划在俄联邦专属经济区或大陆架上进行海洋科学研究，在正式讨论和批准该研究项目之前，有权和该组织合作的联邦权力执行机关与联邦科学技术权力执行机关、国防、安全、反技术侦察和信息技术保护、外事领域的联邦权力执行机关以及其他相关联邦权力执行机关协商俄联邦在该问题上的立场。

43. 如果俄联邦同意本法规第 42 条所指海洋科学研究项目，或愿意参加该研究项目，则主管国际组织在研究预定开始日期至少 6 个月前通过外交途径将研究期限和区域，以及使用船舶(其他运载工具)进行研究的直接领导人的信息发给联邦科学技术权力执行机关，按照本法规第 32～34 条规定的程序审查该信息。

44. 如果联邦科学技术权力执行机关在获得本法规第 43 条所指信息后的 4 个月内，没有针对海洋科学研究的实施期限和区域向主管国际组织提出反对意见，则在商定期满后，主管国际组织可按照批准的计划以及本法规开始进行研究。本条款不适用于本法规第 5 条所规定的海洋科学研究。

七、获得许可证的申请人的义务

45. 获得许可证的俄方申请人向许可证所规定的安全和反技术侦察以及信息技术保护领域的联邦权力执行机关的地区管理局(机关)以及海军舰队(船队)司令部提供以下资料：

至少在海洋科学研究开始前 30 天——研究计划、实施期限的相关信息，以及直接参与研究的外国公民名单；

至少在研究开始前 5 天——研究开始的相关信息；

研究结束之日——研究结束的相关信息。

46. 在研究期间，俄方申请人和外方申请人，以及海洋科学研究的领导和研究所用船舶的船长必须：

(a) 确保履行本法规、俄联邦法律以及俄联邦参加的国际条约;

(b) 确保安全、地质和地下资源利用、环境保护、矿山和工业监督、渔业以及海事领域的联邦权力执行机关的负责人可自由登上船舶、查看研究项目或进入考察队岸上或冰上驻地,以便检查研究所用的设备和机械器材,以及用于保障生态安全和预防环境污染的器材,旨在确定是否符合申请书中的信息,在查看时要进行必要的说明;

(c) 定期与许可证中指出的俄联邦海岸部门保持联系;

(d) 如果研究计划发生任何变化,其中包括预定变化和紧急情况所引起的变化、研究中断、被迫偏离航线或航线延时、研究过程中修建和拆除科研工程、装设(撤收)航海、地球物理、水声和其他设备,应立即通知联邦科学技术权力执行机关。俄方申请人还应将该信息发至许可证所指出的安全、反技术侦察和信息技术保护领域的联邦权力执行机关的地区管理局(机关),以及海军舰队(船队)司令部;

(e) 于实际可行的情况下,尽快向俄联邦国家资料库提供气象、水文、水化学、水生生物观测、环境状态观测、环境污染观测,以及许可证规定的其他观测资料的副本(资料库所在地见许可证);

(f) 如果研究船、飞行器、设施和结构上的必需设备按照世界气象组织的标准程序在国际基本天气观测时经过海岸无线电中心(海岸无线电台)向最近的俄联邦水文气象中心传递气象、水文和高空气象观测联机数据,若许可证规定了上述观测,则告知所发现的石油、毒物、垃圾和废水对海洋环境的污染情况;

(g) 不对俄联邦为实现主权权利和管辖权所进行的活动造成不当干扰。

47. 俄方申请人和外方申请人必须自费确保联邦科学技术

权力执行机关专门委托的俄联邦代表(以下简称俄联邦代表)参加其举行的海洋科学研究,以监督申请人是否遵守许可证的条件,其中包括:

(a) 安置并完全确保在研究船、飞行器、设施和结构上与指挥(领导)人员同等条件;

(b) 使用海洋科学研究所用的设备和技术器材,以确定是否符合申请书的信息,并可使用通信工具;

(c) 查看海洋科学研究所获得的所有资料和样品,并且在许可证有所规定的情况下,获得可以复制的资料和可以分开而不致有损其科学价值的样品。

48. 完成海洋科学研究后,申请人必须:

(a) 于实际可行的情况下,尽快向联邦科学技术权力执行机关提供初步研究报告,并于海洋科学研究完成后的3个月内提供最终报告。外方申请人提供上述资料时同时使用俄语和申请人语言;

(b) 向联邦科学技术权力执行机关提供本法规第56条和第71条所规定的资料和样品的转交信息;

(c) 除非另有规定,海洋科学研究完成后立即拆除设施、结构和装备。

八、海洋科学研究计划的改动程序

49. 如果在海洋科学研究开始之前,俄方申请人或外方申请人必须更改研究计划或许可证所指的研究实施条件,则申请人应征得联邦科学技术权力执行机关的同意。

50. 如果联邦科学技术权力执行机关确认收到改动通知,在收到通知后的60天内没有提出反对意见,则视为同意改动海洋科学研究计划。

51. 根据改动的性质,联邦科学技术权力执行机关就自己做出的改动可行性决议征求本法规第 14 条所列出的联邦权力执行机关的同意。

改动研究期限、更换所用运载工具或加入额外运载工具而且运载工具属外方申请人所有、扩大研究区域或加入补充区域，以及扩充研究计划时，需征得国防、安全、反技术侦察和信息技术保护领域联邦权力执行机关的同意。

52. 联邦权力执行机关在收到相应信息后的 40 天内将是否可进行本法规第 49 条所指改动的结论提供给联邦科学技术权力执行机关。如果在上述期限内，联邦科学技术权力执行机关没有收到相关权力执行机关发来的说明理由的结论，则视为同意进行改动。

53. 如果在海洋科学研究过程中出现紧急情况而必须改动研究计划或许可证所指的研究实施条件，则俄方申请人或外方申请人、研究的直接领导或船长应立即将相关信息告知联邦科学技术权力执行机关、许可证规定的安全、反技术侦察和信息技术保护领域联邦权力执行机关的地区管理局(机关)，以及海军舰队(船队)司令部。

54. 如果收到了必须进行本法规第 53 条所指改动的信息，在 3 天内安全、反技术侦察和信息技术保护领域联邦权力执行机关地区管理局(机关)或海军舰队(船队)司令部没有告知联邦科学技术权力执行机关是否可进行上述改动，则视为同意进行改动。

55. 如果联邦科学技术权力执行机关确认收到改动信息，在收到信息后的 5 天内没有提出反对意见，则视为同意进行改动。

九、海洋科学研究所获得资料和样品的递交以及成果的公布

56. 俄方申请人和外方申请人必须将海洋科学研究所获得

的可进行复制的资料、可以分开而不致有损其科学价值的样品(按照本法规第47条(c)项所规定方式转交给俄联邦代表的除外)、资料和样品的最终处理成果,以及该项研究的结论提供给俄联邦国家科学组织(科学组织所在地见许可证)。

57. 外方申请人完成海洋科学研究并向俄联邦递交获得的所有资料后,通过国内或国际途径确保研究成果在国际上可取得,涉及本法规第38条(a)项所指信息时除外。经俄联邦政府同意后可公布这些信息。

十、海洋科学研究的暂停或终止

58. 如果海洋科学研究违反了本法规,则可根据联邦科学技术权力执行机关、保护机构或本法规第47条所指的俄联邦代表的决议予以暂停,或是根据联邦科学技术权力执行机关的决议予以终止。

59. 在以下情况下,可暂停海洋科学研究:

(a) 改动海洋科学研究方案,违背了申请书或本法规第43条所规定信息中给出的资料;

(b) 申请人不遵守本法规所规定的自己对俄联邦承担的义务。

60. 在规定期限内消除违规并向联邦科学技术权力执行机关、保护机关或本法规第47条所指的做出暂停海洋科学研究决定的俄联邦代表提交保证书,保证今后不发生类似违规,然后根据联邦科学技术权力执行机关的书面指示可重新开始海洋科学研究。

61. 在以下情况下,应立即终止海洋科学研究:

(a) 海洋科学研究未经许可(本法规第37、44条规定的情况除外);

(b) 俄方申请人或外方申请人在未按规定期限消除暂停违

规事项的情况下，重新开始已被暂停的海洋科学研究。

十一、海洋科学研究的监督

62. 安全、地质和地下资源利用、环境保护以及渔业领域的联邦权力执行机关及其地区机构通过观测和检查，以及联邦科学技术权力执行机关通过派遣本法规第47条所规定的俄联邦代表，对海洋科学研究进行监督。

十二、建造人工岛屿、设施和结构以进行海洋科学研究的程序

63. 如果海洋科学研究计划准备在俄联邦专属经济区和大陆架内建造人工岛屿、结构和设施(以下简称设施)，分别按照本法规第22～29条和第30～37条规定的方式提交和审查俄方申请人或外方申请人的申请。此时，海事领域的联邦权力执行机关参与审查和批准申请。

64. 除了本法规第9、10、30、31条规定提供的信息外，申请书附上以下资料：

(a) 设施的目的、用途和地理坐标信息；

(b) 船舶和计划在施工时使用的其他浮动工具的信息；

(c) 待建设施的设计前文件，包括设计施工的技术器材和工艺方法；

(d) 国家生态鉴定针对所提交设计前文件做出的肯定结论；

(e) 设施建造工程的起止日期，及其使用的起止日期；

(f) 警告或降低可能对海洋环境、生物和非生物资源造成损害的措施，包括建造闭路生产供水系统、浮动或固定净化设施以及用于接收油污水和其他有害物质的工具；

(g) 紧急情况预防和处理措施清单；

(h) 设施运行时将使用的通信工具的相关信息(无线电发

射机功率、频率、国际呼号)。

65. 国防领域的联邦权力执行机关征得安全和运输领域联邦权力执行机关的同意后,在设施周围设置安全地带,安全地带从设施的外缘各点量起,不超过设施周围五百米,并确定航行安全和设施安全保障措施。设施不得设在对国际航行具有重要意义的公认海道上。国防领域的联邦权力执行机关将关于设施建造、设施周围安全地带以及安全措施的信息公布在“航海通告”上。

66. 联邦权力执行机关及其地区机构(联邦科学技术权力执行机关除外)监督本法规第63条所规定海洋科学研究实施情况的权利和权能,在暂停、终止和重新开始这些研究方面,由海事领域的联邦权力执行机关及其地区机构进行管辖。

67. 完成本法规第63条规定的海洋科学研究后,俄方申请人或外方申请人将全部或部分撤除设施的信息告知联邦科学技术权力执行机关,指出未完全撤除的设施的深度、地理坐标和尺寸,同时告知国防领域的联邦权力执行机关以便公布在“航海通告”上。

十三、在俄联邦内海和领海内或使用沿岸基础设施进行海洋科学研究

68. 如果在俄联邦内海或领海内进行海洋科学研究:

(a) 俄方申请人向联邦科学技术权力执行机关提交申请书,一式九份,以及以一种通用文本编辑程序编制的申请书磁盘电子副本,联邦科学技术权力执行机关按照本法规第10~21条和第22~29条规定的程序审查申请书,此时,海事领域的联邦权力执行机关参与审查和同意申请书;

(b) 外方申请人可以是与俄联邦订有相应国际条约的他国或主管国际组织,以及俄联邦参加的主管国际组织。外方申请人向联邦科学技术权力执行机关提交申请书，联邦科学技术权力执行机关按照本法规第30～36条规定的程序审查申请书，此时，海事领域的联邦权力执行机关参与审查和同意申请书；

(c) 联邦权力执行机关及其地区机构(联邦科学技术权力执行机关除外)监督本条所规定海洋科学研究实施情况的权利和权能，在暂停、终止和重新开始这些研究方面，由海事领域的联邦权力执行机关及其地区机构进行管辖；

(d) 根据本法规第38条(a)和(d)项、第39、40条，以及属于以下情况的研究，可拒绝向俄方申请人和外方申请人发放许可证：

对俄联邦构成或可能构成安全威胁；

违背环境保护要求，其中包括生物或非生物资源保护；

包括内海和领海海底钻探工作、使用炸药、气动装置或将有害物质引入海洋环境；

对俄联邦在内海和领海内进行的活动造成干扰；

(e) 按照2000年1月19日俄联邦政府第44号决议批准的《俄联邦内海和领海内人工岛屿、设施和结构的建造、操作和使用程序》为海洋科学研究建造设施。

69. 如果海洋科学研究的某个部分是在俄联邦沿岸地带进行或是使用俄联邦的沿岸基础设施：

(a) 俄方申请人向联邦科学技术权力执行机关递交申请书，一式十份，以及以一种通用文本编辑程序编制的申请书磁盘电子副本，联邦科学技术权力执行机关按照本法规第10～21条和第22～29条规定的程序审查申请书，此时，海事领域的联邦权力执行机关，以及领土毗邻海洋科学研究实施地区或是领土用于海洋科学研究的俄联邦主体的权力执行机关参与审核和批准申请书；

(b) 外方申请人可以是与俄联邦订有相应国际条约的他国或主管国际组织,以及俄联邦参加的主管国际组织。外方申请人向联邦科学技术权力执行机关提交申请书,联邦科学技术权力执行机关按照本法规第30~36条规定的程序审查申请书,此时,海事领域的联邦权力执行机关,以及领土毗邻海洋科学研究实施地区或是领土用于海洋科学研究的俄联邦主体的权力执行机关参与审查和批准申请书;

(c) 联邦权力执行机关及其地区机构(联邦科学技术权力执行机关除外)监督本条所规定海洋科学研究实施情况的权利和权能,在暂停、终止和重新开始这些研究方面,由海事领域的联邦权力执行机关及其地区机构,以及领土毗邻海洋科学研究实施地区或是领土用于海洋科学研究的俄联邦主体的权力执行机关进行管辖。

70. 在以下情况下,应立即停止本法规第68、69条所指的海洋科学研究:

(a) 没有许可证;

(b) 改动海洋科学研究方案,违反申请书提供的信息;

(c) 俄方申请人或外方申请人不遵守自己对俄联邦的义务。

71. 俄方申请人和外方申请人必须将海洋科学研究所获得的资料和样品(按照本法规第47条(c)项所规定方式转交给俄联邦代表的除外)、上述资料和样品的最终处理成果,以及该项研究的结论提供给俄联邦国家科学组织(科学组织所在地见许可证)。外方申请人递交的最终成果和结论采用俄语和申请人语言。

72. 俄方申请人和外方申请人进行海洋科学研究并向俄联邦递交该研究所获得的资料和样品后,经联邦科学技术权力执行机关同意可允许第三方获得研究成果。外方申请人以外交途径征求该同意,俄联邦参加的国际条约另有规定除外。

十四、专门受托监督许可证条款履行情况的俄联邦代表

73. 通过联邦科学技术权力执行机关领导人的命令(包括根据相关联邦权力执行机关的推荐)来指定俄联邦代表。如果联邦科学技术权力执行机关派遣其他联邦权力执行机关、机构、科学组织或其他法人的工作人员作为俄联邦代表,则根据该工作人员的固定工作(服务)地点与之签订劳动协议书(合同),规定该工作人员在履行俄联邦代表职能期间必须完成联邦科学技术权力执行机关的指示。

74. 推荐该代表的联邦权力执行机关承担派遣俄联邦代表所造成的所有花费(其中包括外币),本法规第47条规定的花费除外。

75. 俄联邦代表应在实施海洋科学研究方面,有进行海洋科学研究的经验,具备俄联邦法律和国际法基础知识。

76. 俄联邦代表在履行职责时应持有有效的俄联邦国境穿越权文件、使用联邦科学技术权力执行机关公文用纸和按照附件4格式编制的证明书,以及技术任务书。技术任务书附上申请书和许可证副本,以及进行相应海洋科学研究所涉及的其他文件。

77. 俄联邦代表享有以下权利:

(a) 参加和被安置在研究船和研究客体上,以及岸上或冰上考察队驻地处,完全确保与海洋科学研究考察队指挥(领导)人员同等条件,包括粮食保障、生活保障、医疗保障、气候服和工作服保障以及其他类型保障;

(b) 使用进行和保障海洋科学研究所用的设备和技术器材,以确定是否符合申请书的信息,并可使用通信工具;

(c) 参加所有会议、进行实验以及采取与海洋科学研究相关的其他措施时在场；

(d) 查看海洋科学研究所获得的所有资料和样品，而且在许可证有所规定的情况下，获得可以复制的资料和可以分开而不致有损其科学价值的样品；

(e) 按照本法规第58～60条规定的方式暂停海洋科学研究。

78. 俄联邦代表必须：

(a) 监视海洋科学研究的实施是否符合许可证；

(b) 至少每周一次与联邦科学技术权力执行机关保持联系，并且汇报整个海洋科学研究及其重要阶段的起止，以及所有违背许可证的情况。

79. 如果暂停海洋科学研究，则俄联邦代表立即将做出的决定告知联邦科学技术权力执行机关并详细说明所发生的情况，并通知许可证所规定的安全、反技术侦察和信息技术保护领域联邦权力执行机关的地区管理局（机构）以及海军舰队（船队）司令部。

80. 当按照本法规第60条重新开始海洋科学研究时，俄联邦代表将相关事宜通知联邦科学技术权力执行机关，以及许可证所规定的安全、反技术侦察和信息技术保护领域联邦权力执行机关的地区管理局（机构）和海军舰队（船队）司令部。

81. 在海洋科学研究结束后的30天内，俄联邦代表向联邦科学技术权力执行机关递交工作报告，而本法规第77条(d)项所规定的资料副本和样品则应递交海洋科学研究许可证所指出的俄联邦科学组织。

十五、违反本法规需承担的责任

82. 如果联邦权力执行机关、俄联邦主体权力执行机关的职责人员,以及俄联邦公民和法人违反本法规,则按照俄联邦法律承担相应责任。

83. 公民和法人承担违反本法规的责任后,还必须按照俄联邦法律赔偿海洋科学研究所造成的损害(损失)。

84. 按照俄联邦法律规定的方式赔偿海洋科学研究所造成的损害(损失)。

莫斯科 2013 年 4 月 25 日

俄罗斯联邦政府第 372 号决议

《关于改动俄罗斯联邦内海、领海、专属经济区和大陆架内海洋科学研究实施法规》

俄罗斯联邦政府决定：

2004 年 7 月 30 日俄罗斯联邦政府第 391 号决议（俄联邦法律汇编，2004，N 32，3338 条）批准的《俄罗斯联邦内海、领海、专属经济区和大陆架内海洋科学研究实施法规》的第 65 条中，删除“并确定航行安全和设施安全保障措施”。

俄罗斯联邦政府主席

德·梅德韦杰夫

俄罗斯联邦政府命令

2004年7月30日第391号

莫斯科市

关于批准《俄罗斯联邦内海、领海、专属经济区和大陆架内海洋科学研究实施法规》和对《俄罗斯联邦内海和领海内人工岛屿、设施和结构的建造、操作和使用程序》第9条作补充

俄罗斯联邦政府决定：

1. 批准随附的《俄罗斯联邦内海、领海、专属经济区和大陆架内海洋科学研究实施法规》。

2. 2000年1月19日俄联邦第44号政府令(俄联邦法律汇编,2000,N 4,396条)批准的《俄罗斯联邦内海和领海内人工岛屿、设施和结构的建造、操作和使用程序》的第9条中补充以下段落：

"执行科学、科技活动领域国策的联邦权力执行机关,-当建造、操作和使用人工岛屿、设施和结构以进行海洋科学研究时。"

3. 确认2001年3月28日俄联邦第249号政府令《关于批准俄罗斯联邦专属经济区内海洋科学研究的提请和相应决策法规》(俄联邦法律汇编,2001,N 15,1490条)失效。

俄罗斯联邦政府主席

米·弗拉德科夫

附录六

俄罗斯联邦内海、领海、专属经济区和大陆架内海洋科学研究实施法规　附件1～4

附件1

海洋科学研究申请书

1. 申请人________________________________

（正式名称、国家、法定地址、电话、传真、电传、电子邮箱地址）

____

2. 授权进行海洋科学研究的法人（公民）（如果不是申请人则填写）

____

（正式名称（专用名）、国家、法定地址、电话、传真、电传、电子邮箱地址）

3. 除申请人和授权进行研究的法人（公民）外的海洋科学研究参与者：

法人________________________________

（正式名称、国家、法定地址、电话、传真、电传、电子邮箱地

址、参与形式、代表人数）

____

____

公民____

（姓氏、名字、父称、国籍、工作地点、参与形式）

4. 海洋科学研究所用船舶（其他运载工具）的描述：

1）名称________________________________

2）国籍________________________________

3）船主（如果不是申请人则填写）

____

（正式名称、国家、法定地址、电话、传真、电传、电子邮箱地址）

4）船籍港______________________________

5）用途________________________________

6）最大长度____________________________米

7）最大宽度____________________________米

8）最大吃水量__________________________米

9）航海性能____________________________级

10）满载排水量_________________________吨

11）主动力装置的类型和功率______________

12）射频_______________________________

13）无线电呼号_________________________

乘务组：

船长（运载工具管理负责人）______________

（姓氏、名字、父称、国籍）

船员__________________________________

（人数）

考察队成员____________________________

（人数）

船（其他运载工具）上的海洋科学研究领导人

____

（姓氏、名字、父称、国籍）

5. 海洋科学研究中与第4条所列船舶（其他运载工具）同时使用的船舶（其他运载工具）的描述（每艘船或每个其他运载工具单独填写）：

1）名称____________________________________

2）国籍____________________________________

3）船主（如果不是申请人则填写）

____

（正式名称、国家、法定地址、电话、传真、电传、电子邮箱地址）

4）船籍港__________________________________

5）用途____________________________________

6）最大长度______________________________米

7）最大宽度______________________________米

8）最大吃水量____________________________米

9）航海性能______________________________级

10）满载排水量___________________________吨

11）主动力装置的类型和功率_______________

12）射频___________________________________

13）无线电呼号____________________________

乘务组：

船长（运载工具管理负责人）_______________

（姓氏、名字、父称、国籍）

船员_____________________________________

（人数）

考察队成员_______________________________

（人数）

船（其他运载工具）上的海洋科学研究领导人

____

（姓氏、名字、父称、国籍）

6. 船舶从俄联邦过境点到海洋科学研究地区以及返回的航行路线(针对外方船舶)：

点编号	穿过日期(日、月、年)	纬度(度、分和秒)	经度(度、分和秒)

7. 俄联邦港口名称、日期(日、月、年)和访问目的(针对外方船舶)________________

(日、月、年)

8. 最初到达海洋科学研究区域的日期________________

(日、月、年)

最后离开海洋科学研究区域的日期________________

(日、月、年)

9. 海洋科学研究区域的坐标：

纬度(度、分和秒)	经度(度、分和秒)

船舶在海洋科学研究区域内的航行路线(如果沿航线进行研究)：

点编号	日期(日、月、年)	纬度(度、分和秒)	经度(度、分和秒)

10. 海洋科学研究计划：

1) 名称________________

2) 目的________________

3）海洋科学研究（工作）类型、实施方法和顺序

____

4）使用俄联邦沿岸基础设施的形式、俄联邦沿岸预定登陆地点的地理坐标（度、分和秒）

____

5）预定上冰地点的地理坐标（度、分和秒）________

6）对专业水文气象保障的需求（由水文气象和环境监测领域的联邦权力执行机关的下属机关根据与申请人签订的合同予以提供）______________________________

11．海洋科学研究的技术器材（主要性能、正式名称和物主的法定地址）（12条规定的除外）：

1）水道测量器材______________________

2）水声器材_________________________

3）重力测量器材______________________

4）磁力探测器材______________________

5）地震器材_________________________

6）气象器材_________________________

7）海洋学器材_______________________

8）生物研究设备______________________

9）水、土壤、海底沉积、生物以及其他试样的取样设备

____

10）潜水装置________________________

11）锚泊装置________________________

12）被牵引装置______________________

13）载人和无人装置___________________

水下装置___________________________

14）飞行器__________________________

15）其他设备________________________

12. 自控科研设施和装备：

1）主要性能 ____________________

2）所收信息的性质和信息传递方法 ____________________

3）使用地区（装设地点）的地理坐标（度、分和秒）____________

4）装设和拆除日期（日、月、年）、有效时间 ____________

5）正式名称和物主的法定地址 ____________________

13. 可能对环境造成的影响、保证对环境损失负责（有保险）____________________

14. 对俄联邦参与海洋科学研究形式的建议（申请人不是俄联邦国家组织时填写）

____

15. 使用海洋科学研究成果，包括公开发表和国际交流（研究材料计划转交给异国、异国法人和公民、国际组织的）

____

16. 报告提交期限 ____________________

如果收到俄联邦发放的所申请海洋科学研究的许可证，则申请人必须：

遵守俄联邦法律，以及许可证中指出的条件；

确保观察和监控器材的声明技术性能与事实相符，而且配置和使用这些器材所获得的信息与申请人在信息保护和输出管制领域的责任相符。

申请人签字　　　　　　　　　　　　　　　　日期

盖章

* 对于法人——申请人组织盖章。

对于自然人——受托证实申请人签字的机构盖章。

附件2

……年俄联邦内海、领海、专属经济区和大陆架内海洋科学研究

计　划

I部分＿＿＿＿＿＿＿＿＿＿

（大洋、海）

序号	申请人	参与海洋科学研究的法人和自然人	海洋科学研究地区坐标和研究期限	船舶和其他运载工具	参与者人数				海洋科学研究的目的
					俄方		外方		
					乘务组	考察队成员	总人数	其中科研人员	

附件3

海洋科学研究许可证

20＿＿年＿＿月＿＿日　编号＿＿＿＿＿

1. 申请人（申请人委托进行海洋科学研究的法人（公民））

＿＿＿＿＿＿＿＿＿＿＿＿＿＿＿＿＿＿＿＿＿＿＿＿＿＿＿＿

＿＿＿＿＿＿＿＿＿＿＿＿＿＿＿＿＿＿＿＿＿＿＿＿＿＿＿＿

＿＿＿＿＿＿＿＿＿＿＿＿＿＿＿＿＿＿＿＿＿＿＿＿＿＿＿＿

（正式名称或专用名、国家、法定地址、电话、传真、电传、电子邮箱地址）

2. 海洋科学研究领导人________________________________

（姓氏、名字、父称、国籍）

3. 除申请人和授权进行研究的法人（公民）外的海洋科学研究参与者：

法人____

____

（正式名称、国家、代表人数）

公民____

（姓氏、名字、父称、国籍）

4. 参与海洋科学研究的船舶（其他运载工具）：

1）名称______________________________________

2）国籍______________________________________

3）船籍港____________________________________

4）射频______________________________________

5）无线电呼号________________________________

乘务组：

船长（运载工具管理负责人）____________________

（姓氏、名字、父称、国籍）

船员____

（人数）

考察队成员__________________________________

（人数）

5. 船舶从俄联邦过境点到海洋科学研究地区以及返回的航行路线（针对外方船舶）：

点编号	穿过日期（日、月、年）	纬度（度、分和秒）	经度（度、分和秒）

6. 最初到达海洋科学研究区域的日期__________

（日、月、年）

最后离开海洋科学研究区域的日期__________

（日、月、年）

7. 海洋科学研究区域的坐标：

纬度（度、分和秒）	经度（度、分和秒）

船舶在海洋科学研究区域内的航行路线（如果沿航线进行研究）：

点编号	日期（日、月、年）	纬度（度、分和秒）	经度（度、分和秒）

8. 海洋科学研究计划：

1）名称__________

2）目的__________

3）海洋科学研究（工作）类型、实施方法和顺序__________

4）使用俄联邦沿岸基础设施的形式、俄联邦沿岸预定登陆地点的地理坐标（度、分和秒）__________

5）预定上冰地点的地理坐标（度、分和秒）__________

9. 海洋科学研究技术器材的名称，第10条规定的除外，及其使用限制__________

10. 自控科研设施和装备及其使用限制：

1）名称：__________

2）使用地区（装设地点）的地理坐标（度、分和秒）

____

____

3）安装和拆除日期（日、月、年）、有效时间__________

11．使用海洋科学研究成果，包括公开发表和国际交流

____

12．俄联邦国家科学组织的地址（以递交海洋科学研究所获得的资料和样品）______________________________

13．报告提交期限______________________________

14．其他涉及海洋科学研究其他条件、方法和器材的信息

____

签字

公章

附件 4

证 明 书

20____年____月____日 编号________

本件持有人，__________________________________，

（姓氏、名字、父称）

身份证__________________________________，

（系列、编号）

是俄罗斯联邦代表，被

__________________________________指定

（联邦科学技术权力执行机关的名称）

监督依照由__________________________________

（联邦科学技术权力执行机关的名称）

发放的日期____________编号____________许可

证所进行的海洋科学研究。

俄联邦代表有权：

(a) 出席、被安置并完全确保与海洋科学研究考察队指挥（领导）人员同等条件，包括粮食保障、生活保障、医疗保障、气候服和工作服保障以及其他类型保障；

(b) 使用进行和保障海洋科学研究所用的设备和技术器材，以确定是否符合申请书中指出的信息，并可使用通信工具；

(c) 参加所有会议、进行实验以及采取与海洋科学研究相关的其他措施时在场；

(d) 查看海洋科学研究所获得的所有资料和样品，必要时，获得可以复制的资料和可以分开而不致有损其科学价值的样品；

(e) 按照俄联邦法律规定的方式暂停海洋科学研究。

签名

公章

附录七　关于外国在挪威内水、领海和经济区以及大陆架上进行海洋科学研究的规章

依据 1963 年 6 月 21 日第 12 号法令关于海底油气资源及其他自然资源科学研究与勘探开发的第 2 条和第 3 条，1966 年 6 月 17 日第 19 号法令关于挪威捕鱼区和禁止外国人在该捕鱼区捕鱼等行为的第 6 条，1976 年 12 月 17 日第 91 号法令关于挪威经济区的第 7b 条，1983 年 6 月 3 日第 40 号法令关于海水渔业等的第 4、4a、5、5a、7、8、9、9a、13、21、23、24、25、32 和 45 条，1997 年 6 月 13 日第 42 号法令关于外交部提出的挪威海岸警卫队的第 3、9、12、15 和 32 条，2001 年 3 月 30 日依据 Crown Prince Regent 法令颁布本规章。

总　　则

第 1 条

本规章目的是依据 1982 年《联合国海洋法公约》之规定促

进海洋科学研究的发展与实施，以提高增进海洋环境以及其演变过程的科学知识，并确保这些研究符合规范挪威内水、领海和经济区以及大陆架上活动的随时有效的挪威法规。

第2条

本规章的适用受到国际法或与外国签订的协定的任何限制。

第3条

本规章规范在挪威内水、领海和经济区，以及大陆架上的外国海洋科学研究。外国研究对于自然资源的勘探和开发，无论是生物资源或非生物资源都具有直接的意义，或者以任何其他方式影响挪威依据国际法享有的权利，本规章对依据本规章第7条所列法律所规定的，或依据这些法律所颁布的规章没有效力，如果发生任何冲突时，这些规章比本规章优先适用。

第4条

本规章所称的海洋科学研究是指研究国是外国而不是挪威，或者该研究是由国际组织实施。依据本规章，研究国是指领导该计划的研究人员或机构是该国居民。如果来自几个国家的研究人员或机构参加一个研究计划，该计划的首席研究员或机构所属的国家被视为研究国。本规章所称的“国际组织”应指其目标是实施科学研究的政府间国际组织。

第5条

本规章不适用于外国军舰。“外国军舰”是指挪威随时有效的规章所规定的船只，即在和平时期准许进入挪威领海的军舰和军用飞机。

第6条

在挪威内水、领海和经济区，以及大陆架上的外国海洋科学研究未经渔业局同意，不得实施。符合本规章第10条规定的情况下,视为给予默示同意。渔业局在特殊情况下,可免除同意这一要求。

申请程序

第7条

本规章不影响申请人对下列法律负有的义务:

1914.8.14 No.3 关于国防机密的法律

1963.6.21 No.12 关于海底油气资源及其他自然资源科学研究与勘探开发的法律

1966.6.17 No.19 关于挪威捕鱼区和禁止外国人在该捕鱼区捕鱼等行为的法律

1983.6.3 No.40 关于海水渔业的法律

1988.6.24 No.64 关于外国人进入挪威王国和停留的法律

1989.6.16 No.59 关于引航服务的法律

1996.12.29 No.72 关于石油活动的法律

1997.6.13 No.42 关于挪威海岸警卫队的法律

1973.6.1 No.3780 关于在斯瓦尔巴群岛设立鸟类保护和大型自然保护区的规章

1990.12.21 No.1028 关于外国人进入挪威王国和停留的规章

1994.12.23 No.1130 关于和平时期外国非军事船只进入和通过挪威领海的规章

第8条

海洋科学研究申请书应当由实施该研究的研究人员、研究机构或国际组织提交给渔业局。申请书应当在研究计划开始日期前6个月提交,除非与个人申请有关渔业局允许缩短提交的时间限制。渔业局应当尽快回复申请书，通常在收到申请书 2 个月内回复。

第 9 条

海洋科学研究的申请书应当包括下列完整的说明：

(1) 负责计划的机构及其主持人、计划负责人的名称和国籍；

(2) 计划的性质和目标；

(3) 使用的方法和工具，包括船只的名称、船东、注册国家、责任保险、吨位、类型和等级，以及科学装备的说明；

(4) 进行计划的精确地理区域，研究船只最初到达和最后离开的预定日期，或如有的话，设备的部署和拆除的预计日期；

(5) 认为沿岸国应能参加或有代表参与计划的程度。

第 10 条

当渔业局通知申请人后，视为给予同意进行海洋科学研究。

渔业局收到申请书 4 个月后，如果渔业局没有正式通知研究国或国际组织下列事项，则视为给予同意：

(1) 不予同意；

(2) 已经提交的信息明显与事实不符；

(3) 要求提交进一步的信息；

(4) 申请的国家或国际组织对在挪威内水、领海和经济区或大陆架上先前进行的研究计划而对沿海国负有尚未履行的义务。

第二段不适用：

(1) 如果依据本规章第 7 条所列法律所规定的，或依据这些法律所颁布的规章另有规定的除外；或

(2) 在挪威内水和领海进行的研究。

给予同意的条件

第 11 条

渔业局可对符合下列条件的海洋科学研究给予同意：

(1) 挪威当局或其指定的研究人员应当有权参与或有代表参与海洋科学研究计划，特别是基于可行时在研究船和其他船只上或在科学研究设施上进行，但对沿海国的科学工作者无须支付任何报酬，沿海国亦无分担计划费用的义务；

(2) 挪威当局要求如果提出要求，应当在实际可行范围内尽快向其提供初步报告，并于研究完成后提供所得的最后成果和结论；

(3) 挪威当局要求如果提出要求，应当向其提供从海洋科学研究计划所取得的一切资料和样品，并同样向其提供可以复制的资料和可以分开而不致有损其科学价值的样品；

(4) 挪威当局要求如果提出要求，应当向其提供第(3)款所提及的此种资料、样品和研究成果的评价，或协助其加以评价或解释。

与研究相关的义务

第 12 条

海洋科学研究不得不当地干扰其他对海洋的合法使用。

第 13 条

与海洋科学研究有关的任何活动应当符合适用于挪威内水、领海和经济区以及大陆架的所有法规，包括海洋环境保护和保存的法规。

第 14 条

如果研究计划有重大改变和所用船只有任何变化，研究国或国际组织应当通知迅速沿海国。

第 15 条

研究人员、研究机构或国际组织负有义务接受挪威海岸警卫队检查研究船只或研究设施的要求。

如果船只或设施的使用符合下列情况下，检查可采取强制手段：

(1) 其活动位于依据《联合国海洋法公约》第五部分和第六部分的规定，挪威享有主权权利的范围；

(2) 研究位于领海内。

第 16 条

渔业局可要求研究船只每天报告位置，要求研究船只应当安装卫星跟踪设备和要求研究船只报告其他与研究活动相关的事项，例如，研究活动的开始和取样时间。

科学研究设施和装备

第 17 条

海洋科学研究设施的周围可建立不超过 500 米的合理宽度的安全区。

第 18 条

任何类型的科学研究设施或装备的部署和使用不得对已经确立的国际航线构成障碍。

第 19 条

本条所指的设施或装备应当具有识别标记，标明它们所属的登记国或国际组织，并且拥有足够数量的国际认定的警告标志以确保海上安全和飞行安全，同时须考虑到主管国际组织制定的规则与标准。

第 20 条

研究人员、研究机构或国际组织应当尽快将在挪威内水、领海、经济区和大陆架上获得的科学研究成果通过适当的国内和国际途径，使其在国际上可以取得。

执 行

第 21 条

渔业局可要求海洋科学研究活动暂停，如果该研究活动的进行不按照本法第 9 条规定所提出的信息，或者未能遵守依据本法第 11 条所给予同意的条件。

第 22 条

渔业局可要求海洋科学研究活动停止，如果依据本法第 21 条暂停的任何情况在合理期间内仍未得到纠正，或者如果海洋科学研究的进行方式与挪威当局依据本法第 8 条收到的研究信息不同，等同于将研究活动作重大变化。

第 23 条

本规章不影响挪威当局执行依据本规章第 7 条所列法律规定的，或依据这些法律所颁布的规章的权利，包括以控制或强制措施的方式执行。

生 效

第 24 条

本规章自 2001 年 7 月 1 日起生效。

参考文献

一、著作

（一）中文著作

［1］ 北极问题研究编写组.北极问题研究[M].北京：海洋出版社，2011.

［2］ 陈德恭.现代海洋法[M].北京：海洋出版社，2009.

［3］ 陈奕彤. 国际环境法视野下的北极环境法律遵守研究[M].北京：中国政法大学出版社，2014.

［4］ 傅崐成.海洋法相关公约及中英文索引[M].厦门：厦门大学出版社，2005.

［5］ 弗吉尼亚大学海洋法论文三十年精选集(1977～2007)，[M].傅崐成，编译.厦门：厦门大学出版社，2010.

［6］ 丁煌.极地国家政策研究报告(2012～2013)[M].北京：科学出版社，2013.

［7］ 丁煌.极地国家政策研究报告(2013～2014)[M].北京：科学出版社，2014.

［8］ 高健军.《联合国海洋法公约》争端解决机制研究[M].北京：中国政法大学出版社，2014.

［9］ 200 海里外大陆架外部界限的划定：划界案的执行摘要

和大陆架界限委员会的建议摘要[M].高健军,译,张海文审校.北京:海洋出版社,2014.
[10] 郭培清、石伟华.南极政治问题的多角度探讨[M].北京:海洋出版社,2012.
[11] 贾宇.极地法律问题[M].北京:社会科学文献出版社,2014.
[12] 贾宇.极地周边国家海洋划界图文辑要[M].北京:社会科学文献出版社,2014.
[13] 姜皇池.国际海洋法[M].台北:学林文化事业有限公司,2004.
[14] 南极条约体系[M].李占生,宋荔,高风,编译.天津:天津大学出版社,1997.
[15] 华薇娜、张侠.南极条约协商国南极活动能力调研统计报告[M].北京:海洋出版社,2012.
[16] 刘惠荣,刘秀.南极生物遗传资源利用与保护的国际法研究[M].北京:中国政法大学出版社,2013.
[17] 刘楠来等.国际海洋法[M].北京:海洋出版社,1986.
[18] 大陆架外部界限:科学与法律的交汇[M].吕文正,张海文,译.北京:海洋出版社,2012.
[19] 路易斯·B·宋恩.海洋法精要[M].傅崐成,等译.上海:上海交通大学出版社,2014.
[20] 丘君,张海文.图说世界海洋政治边界[M].北京:海洋出版社,2014.
[21] 萨切雅·南丹,沙卜泰·罗森.1982年《联合国海洋法公约》评注[M].北京:海洋出版社,2014.
[22] (俄)N.N.米哈依洛夫,俄罗斯的海洋调查[M].蔡东明等,编译.北京:海洋出版社,2014.

[23] 王泽林.北极航道法律地位研究[M].上海：上海交通大学出版社，2014.

[24] 魏敏.海洋法[M].北京：法律出版社，1987.

[25] （澳）维克托·普雷斯科特，克莱夫·斯科菲尔德.世界海洋政治边界[M].吴继陆，张海文，译.北京：海洋出版社，2014.

[26] 韩国海洋法律法规文件汇编[M].邢建芬译.北京：海洋出版社，2012.

[27] 詹宁斯、瓦茨.《奥本海国际法》（第一卷第二分册）[M].王铁崖，译.北京：中国大百科全书出版社，1998.

[28] 美国海洋政策的未来[M].张耀光，韩增林，译.北京：海洋出版社，2010.

[29] 中国地名研究所.国际组织南极地名工作研究[M].北京：中国社会出版社，2010.

[30] 朱建庚.海洋环境保护的国际法[M].北京：中国政法大学出版社，2013.

（二）英文著作（报告）

[1] Arvind Anand. Marine Scientific Research Governance in the Arctic Ocean[R]. 2008.

[2] Beiträge zum ausländischen öffentlichen Recht und Völkerrecht , Volume 235 [M]. Springer Berlin Heidelberg, 2012.

[3] Boleslaw Adam Boczek. The Peaceful Purposes Reservation of the UN Convention on the Law of the Sea. Ocean Yearbook 8 [M]. eds. Elisabeth Mann Borgese, Norton Ginsbur, and Joseph R. Morgan, The University of Chicago Press, 1989.

[4] Changes in the Arctic Environment and the Law of the Sea, Panel Ⅸ [M]. Leiden/Boston: Martinus Nijhoff Publishers, 2010.

[5] David Joseph Attard. The Exclusive Economic Zone in International Law[M]. New York: Oxford University Press, 1987.

[6] David A. Ross. Marine Scientific Research Boundaries and the Law of the Sea[R]. 1987.

[7] Florian H. Th Wegelein. Marine Scientific Research: The Operation and Status Research Vessels and Other Platforms in International Law[M]. Leiden/Boston: Martinus Nijhoff Publishers, 2005.

[8] Franceso Francioni & Tullio Scovazzi ed. International Law for Antarctica [M]. Hague: Kluwer Law International, 1996.

[9] George K. Walker General Editor. Definitions For the Law of the Sea: Terms not Defined by the 1982 Convention [M]. Leiden/Boston: Martinus Nijhoff Publishers, 2012.

[10] Gillian D. Triggs ed. The Antarctic Treaty regime-Law, Environment and Resources [M]. New York: Cambridge University Press, 1987.

[11] Gunter E. Chairman. Priorities in Arctic Marine Science[M]. Washington D. C.: National Academy Press, 1988.

[12] R. R. Churchill & A. V. Lowe. The Law of the Sea, third edition[M]. Manchester: Manchester University

Press,1999.

[13] Shabtai Rosenne & Alexander Yankov. Volume Editors. United Nations Convention on the Law of the Sea 1982：A Commentary，Volume Ⅳ[M]. Dordrecht/Boston/London：Martinus Nijhoff Publishers,1991.

[14] US National Academy of Sciences. Marine Scientific Research and the Third Law of the Sea Conference [R]. 1974.

[15] Victor Prescott & Clive Schofield. The Maritime Political Boundaries of the World [M]. Leiden：Martinus Nijhoff Publishers，Second Edition,2005.

二、论文

(一) 中文论文

[1] 陈力.论南极海域的法律地位[J].复旦学报(社会科学版),2014(5).

[2] 陈连增.中国极地科学考察回顾与展望[J].中国科学基金,2008(4).

[3] 贾宇.北极地区领土主权和海洋权益争端探析[J].中国海洋大学学报(社会科学版),2010(1).

[4] 金建才.深海底生物多样性与基因资源管理问题[J].地球科学进展,2005(1).

[5] 金永明.专属经济区内军事活动问题与国家实践[J].法学.2008(3).

[6] 林新珍.国家管辖范围以外区域海洋生物多样性的保护与管理[J].太平洋学报,2011(10).

[7] 凌晓良,陈丹红等.南极特别保护区的现状与展望[J].极地研究,2008(1)

[8] 卢芳华.《斯瓦尔巴德条约》与我国的北极利益[J].法学论丛,2013(4).

[9] 阮振宇.南极条约体系与国际海洋法：冲突与协调[J].复旦学报(社会科学版),2001(1).

[10] 宿涛.试论《联合国海洋法公约》的和平规定对专属经济区军事活动的限制和影响——美国军事测量船在中国专属经济区内活动引发的法律思考[J].厦门大学法律评论.2003(5).

[11] 王泽林.论人类共同继承财产原则的确立和发展[J].国际法评论,2012(3).

[12] 徐世杰.关于环境保护的南极条约议定书：对南极活动影响分析[J].海洋开发与管理,2008(3).

[13] 吴宁铂.澳大利亚南极外大陆架划界评析[J].太平洋学报,2015(7).

[14] 吴宁铂.南极外大陆架划界法律问题研究(硕士学位论文)[D].上海：复旦大学,2012.

[15] 邹克渊.南极条约体系与第三国[J].中外法学,1995(5).

[16] 张海文.《沿海国海洋科学研究管辖权与军事测量的冲突问题》[J].中国海洋法学评论,2006(2).

[17] 周忠海.论海洋法中的剩余权利[J].政法论坛，2004(5).

[18] 朱瑛,薛桂芳,李金蓉.南极地区大陆架划界引发的法律制度碰撞[J].极地研究,2011(4).

[19] 朱瑛,薛桂芳.大陆架划界对南极条约体系的挑战[J].中国海洋大学学报(社会科学版),2012(1).

[20] 何柳.新西兰南极领土主权的历史与现状论析[J].理论月刊,2015(5).

［21］ 李影.南极特别保护区发展现状与影响因素研究(硕士学位论文)［D］.上海：复旦大学,2013.

［22］ 刘丹.海洋生物资源国际保护研究(博士学位论文)［D］.上海：复旦大学,2011.

［23］ 周超.科考合作背后的权力竞逐：一项对南极科学考察站的研究(硕士学位论文)［D］.上海：复旦大学,2013.

［24］ 龚迎春.试论南极条约体系确立的环境保护规范对各国的效力［J］.外交学院学报,1990(3).

［25］ 曹亚斌.全球治理视域下的南极矿产资源问题研究［J］.中国矿业大学学报(社会科学版),2015(3).

(二) 外文论文

［1］ A. Charlotte de Fontaubert, David R. Downes & Tundi S. Agardy. Biodiversity in the Seas：Implementing the Convention on Biological Diversity in Marine and Coastal Habitats［J］. Georgetown International Environmental Law Review, 1998(10).

［2］ Allan Young. Antarctic Resource Jurisdiction and the Law of the Sea：A Question of Compromise［J］. Brooklyn Journal of International Law, 1985(11).

［3］ Angelica Bonfanti & Seline Trevisanut. Trips on The Seas：Intellectual Property Rights on Marine Genetic Resources［J］. Brooklyn Journal of International Law, 2011(37).

［4］ Anna-Maria Hubert. The New Paradox in Marine Scientific Research：Regulating the Potential Environmental Impacts of Conducting Ocean Science［J］. Ocean Development & International Law ,2011

(42).

[5] Anne M. Cottrell. The Law of the Sea and International Marine Archaeology: Abandoning Admiralty Law to Protect Historic Shipwrecks [J]. Fordham International Law Journal, 1994(17).

[6] Arctic Law & Policy Institute, University of Washington. Arctic Law & Policy Year in Review: 2014 [J]. Washington Journal of Environmental Law & Policy, 2015(5).

[7] Arianna Broggiato. Exploration and Exploitation of Marine Genetic Resources in Areas Beyond National Jurisdiction and Environmental Impact Assessment [J]. European Journal of Risk Regulation, 2013(4).

[8] Bernard Herbert Oxman. The High Seas and the International Seabed Area [J]. Michigan Journal of International Law, 1989(10).

[9] Bernard N. Oxman. Antarctica and the New Law of The Sea [J]. Cornell International Law Journal, 1986 (19).

[10] Bernard P. Herber. Mining or World Park? A Politico-Economic Analysis of Alternative Land Use Regimes in Antarctica [J]. Natural Resources Journal, 1991(31).

[11] Betsy Baker. Law, Science, and the Continental Shelf: The Russian Federation and The Promise of Arctic Cooperation [J]. American University International Law Review, 2010(25).

[12] Brian Wilson. An Avoidable Maritime Conflict: Disputes Regarding Military Activities in the Exclusive Economic Zone [J]. Journal of Maritime Law and Commerce,2010(41).

[13] Christopher C. Joyner. The Antarctic Treaty and the Law of the Sea: Fifty Years On [J]. Polar Record, 2010(46).

[14] Craig H. Allen. "Lead In The Far North" By Acceding to the Law of the Sea Convention [J]. Washington Journal of Environmental Law & Policy, 2015(5).

[15] 傅崐成. Military Survey and Liquid Cargo Transfer in the EEZ: Some Undefined Rights of the Coastal State [J].《中国海洋法学评论》.2006(2).

[16] David A. Colson. The Delimitation of the Outer Continental Shelf Between Neighboring [J]. American Journal of International Law,2003(97).

[17] David J. Bederman. Historic Salvage and the Law of the Sea [J]. University of Miami Inter-American Law Review, 1998(30).

[18] David M. Ong. Preliminary Report of International Law Association: Committee on Legal Issues of the Outer Continental Shelf [R]. 15 January 2002.

[19] Edward T. Canuel. The Four Arctic Law Pillars: A Legal Framework [J]. Georgetown Journal of International Law,2015(46).

[20] Elliot L. Richardson. Legal Regimes of the Arctic

[J]. American Society of International Law Proceedings, 1988(82).

[21] Erica Wales. Marine Genetic Resources: The Clash between Patent Law and Marine Law [J]. Natural Resources & Environment, 2015(29).

[22] Eve Heafey. Access and Benefit Sharing of Marine Genetic Resource from Areas beyond National Jurisdiction [J]. Chicago Journal of International Law, 2014(14).

[23] George D. Haimbaugh, Jr. Impact of The Reagan Administration on The Law of The Sea [J]. Washington and Lee Law Review, 1989(46).

[24] George V. Galdorisi & Alan G. Kaufman. Military Activities in the Exclusive Economic Zone: Preventing Uncertainty and Defusing Conflict [J]. California Western International Law Journal, 2002(32).

[25] Horace B. Robertson Jr. The 1982 United Nations Convention on the Law of the Sea: An Historical Perspective on Prospects for Us Accession [J]. International Law Studies, 2008(84).

[26] Howard S. Schiffman. Scientific Research Whaling in International Law: Objectives and Objections [J]. ILSA Journal of International and Comparative Law, 2002(8).

[27] Jacek Machowshi. Scientific activities on Spitsbergen in the light of the international legal status of the archipelago[J]. Polish Polar Research. 2008(16).

[28] J. Ashley Roach. Dispute Settlement in Specific Situations [J]. Georgetown International Environmental Law Review,1995(7).

[29] J. Ashley Roach. Marine Scientific Research and the New Law of the Sea[J]. 27 Ocean Dev. & Int'l L. 2004.

[30] James Kraska. The Law of the Sea Convention: A National Security Success — Global Strategic Mobility through The Rule Of Law [J]. George Washington International Law Review, 2007(39).

[31] John A. Knauss. The Effects of the Law of the Sea on Future Marine Scientific Research and of Marine Scientific Research on the Future Law of the Sea[J]. Louisiana Law Review. 1985(45).

[32] Jonathan I. Charney. Entry into Force of the 1982 Convention On The Law Of the Sea [J]. Virginia Journal of International Law,1995(35).

[33] Jonathan I. Charney. The Implications of Expanding International Dispute Settlement Systems: The 1982 Convention on the Law of the Sea [J]. American Journal of International Law, 1996(90).

[34] John King Gamble, Jr. The 1982 UN Convention on the Law of the Sea: Binding Dispute Settlement? [J]. Boston University International Law Journal, 1991(9).

[35] John R. Stevenson & Bernard H. Oxman. The Future of the United Nations Convention on The Law Of The

Sea [J]. American Journal of International Law, 1994 (88).

[36] Jorge A. Vargas. U. S. Marine Scientific Research Activities Offshore Mexico: An Evaluation of Mexico's Recent Regulatory Legal Framework [J]. Denver Journal of International Law and Policy, 1995 (24).

[37] Juliana Gonzalez-Pinto. Interdiction of Narcotics in International Waters [J]. University of Miami International and Comparative Law Review, 2008 (15).

[38] Kay Hailbronner. Freedom of the Air and the Convention on the Law of the Sea [J]. American Journal of International Law, 1983(77).

[39] Kirsten E. Zewers. Bright Future for Marine Genetic Resources, Bleak Future for Settlement of Ownership Rights: Reflections on the United Nations Law of the Sea Consultative Process on Marine Genetic Resources [J]. Loyola University Chicago International Law Review, 2008(5).

[40] Lyle Glowka. Bioprospecting, Alien Invasive Species, and Hydrothermal Vents: Three Emerging Legal Issues in the Conservation and Sustainable Use of Biodiversity [J]. Tulane Environmental Law Journal, 2000(13).

[41] Marko Pavliha & Norman A. Martinez Gutierrez. Marine Scientific Research and the 1982 United

Nations Convention on the Law of the Sea[J]. Ocean & Coastal Law Journal. 2011(16).

[42] Moira L. McConnell. The Modern Law of The Sea: Framework for the Protection and Preservation of the Marine Environment? [J]. Case Western Reserve Journal of International Law, 1991(23).

[43] Matthew T. Drenan. Gone Overboard: Why the Arctic Sunrise Case Signals an Over-Expansion of the Ship-As-A-Unit Concept in the Diplomatic Protection Context [J]. California Western International Law Journal, 2014(45).

[44] Narayana Rao Rampilla. The Law of the Sea: Customary Norms and Conventional Rules [J]. American Society of International Law Proceedings, 1987(81).

[45] Pamela L. Schoenberg. A Polarizing Dilemma: Assessing Potential Regulatory Gap-Filling Measures for Arctic and Antarctic Marine Genetic Resource Access and Benefit Sharing [J]. Cornell International Law Journal, 2009(42).

[46] Raul Pedrozo. Military Activities in the Exclusive Economic Zone: East Asia Focus [J]. International Law Studies, 2014(90).

[47] Rolf Einar Fife, cite from E. J. Molenaar. Fisheries Regulation in the Maritime Zones of Svalbard[J]. The International Journal of Marine and Coastal Law, 2012 (27).

[48] Ron Macnab, Olav Loken and Arivind Anand. The Law of the Sea and Marine Scientific Research in the Arctic Ocean[J]. Meridian, 2007.

[49] Scott C. Truver. The Law of the Sea and the Military Use of the Oceans in 2010 [J]. Louisiana Law Review, 1995(42).

[50] Stephen A. Rose. Naval Activity in the EEZ—Troubled Waters Ahead? [J]. Naval Law Review, 1990(39).

[51] Ted L. Mcdoman. The Continental Shelf Beyond 200 nm: Law and Politics in the Arctic Ocean [J]. Journal of Transnational Law & Policy, 2009(18).

[52] T. Pedersen. The Svalbard's Continental Shelf Controversy: Legal Disputes and Political Rivalries [J]. Ocean Development & International Law, 2006(37).

[53] Wu Jilu. China's Marine Legal System — An Overall Review [J]. Ocean And Coastal Law Journal, 2012 (17).